第2版

新 野菜つくりの実際

誰でもできる
露地・トンネル・
無加温ハウス栽培

根茎菜Ⅱ

ネギ類・レンコン

川城英夫 編

農文協

はじめに

『新 野菜つくりの実際』（全5巻、76種類144作型）は、2001年に直売向けの野菜生産者を主な対象として発刊されました。現場指導で活躍している技術者に、各野菜の生理・生態と栽培の基本技術などを初心者にもわかりやすく解説していただきました。おかげで各方面から好評を得て、生産者はもちろん、研究者や農業改良普及員、ＪＡ営農指導員などの必携の書となりました。

発刊後、増刷を重ねてきましたが20年余り経ち、野菜生産の状況も変わってきました。専業農家の中に少量多品目を生産して直売所専門に出荷する方が現われ、農外からの若い新規就農者も増えました。国は2022年5月に「みどりの食料システム法」を制定し、2050年までに化学農薬の50％低減、化学肥料の30％低減、有機農業の取り組みを全農地の25％に当たる100万haに拡大させることを目標に掲げました。米余りが続く中で水田の作物転換が進み、加工・業務用野菜が拡大し、イタリア野菜やタイ野菜などの栽培も増えてきました。

こうした変化を踏まえて改訂版を出版することにしました。新たな版では主な読者対象は変えず、凡例を入れるなど、予備知識の少ない新規就農者にも配慮して編集しました。また、読者の要望を踏まえて各作型の新規項目として「品種の選び方」を加えました。取り上げる野菜の種類は、近年、直売所やレストランでよく見かけるようになったものを新たに加えました。さらに新しい作型や優れた栽培技術も積極的に加えました。

こうして新版では、野菜87種類171作型を収録して全7巻とし、判型はA5判からB5判に大判化し、文字も一回り大きくして読みやすくしました。今後20年の野菜つくりの土台となることをめざし、現場の第一線で農家の指導に当たっておられる研究者や農業改良普及員などに執筆をお願いしました。各野菜の生理・生態、栄養や機能性、利用法といった基礎知識、栽培の基本技術から最新の技術・知見までをわかりやすく、しかもベテランの生産者にとっても十分活用できる濃い内容に仕上げていただいており、執筆者各位に深謝いたします。また、本書ができたのは企画・編集された農山漁村文化協会編集部のおかげであり、記してお礼申し上げます。

本シリーズは、「根茎菜Ⅱ」のほか、「果菜Ⅰ」「果菜Ⅱ」「葉菜Ⅰ」「葉菜Ⅱ」「根茎菜Ⅰ」「軟化・芽物」の7巻からなり、本「根茎菜Ⅱ」では7種類21作型を取り上げています。他の巻とあわせてご活用いただき、安全でおいしい野菜生産と活気あふれる直売所経営に、そして人と環境にやさしいグリーン農業の推進と野菜産地活性化の一助としていただければ幸いです。

2024年4月

川城英夫

目次

この本の使い方

◆各品目の基本構成

本書では、各品目は「この野菜の特徴と利用」と「○○栽培」（各作型の特徴と栽培技術）からなります。以下は基本的な解説項目です。一部の品目では、産地の実情や技術体系を踏まえて、項目立てが異なる場合があります。各種資材や経営指標など掲載情報は執筆時のものです。

この野菜の特徴と利用

(1) 野菜としての特徴と利用
(2) 生理的な特徴と適地

○○栽培

1 この作型の特徴と導入

(1) 作型の特徴と導入の注意点
(2) 他の野菜・作物との組合せ方

2 栽培のおさえどころ

(1) どこで失敗しやすいか
(2) おいしく安全につくるためのポイント
(3) 品種の選び方

3 栽培の手順

(1) 育苗のやり方（あるいは「畑の準備」）
(2) 定植のやり方（あるいは「播種のやり方」）
(3) 定植後の管理（あるいは「播種後の管理」）
(4) 収穫

4 病害虫防除

(1) 基本になる防除方法
(2) 農薬を使わない工夫

5 経営的特徴

◆巻末付録

初心者からベテランまで参考となる基本技術と基礎データです。「農薬を減らすための防除の工夫」「天敵の利用」「各種土壌消毒の方法」「被覆資材の種類と特徴」「主な肥料の特徴」「主な作業機」を収録しました。

栽植様式の用語（1ウネ２条の場合）

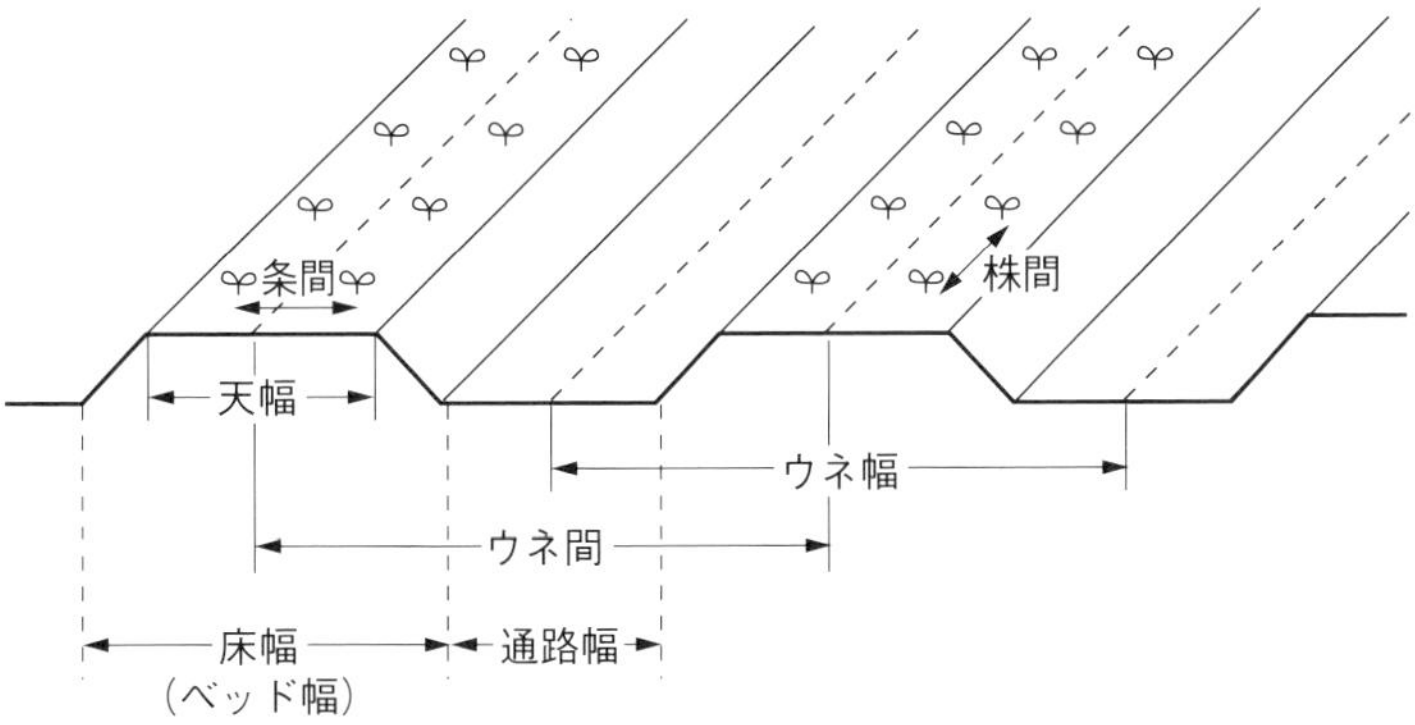

※栽植密度は株間と条数とウネ幅によって決まります

◆栽植様式の用語

本書では、栽植様式の用語は農業現場での本来の用法に従い、次の意味で使っています。

ウネ幅　ウネの間を通る溝（通路）の中心と中心の間隔、あるいは床幅と通路幅を合わせた長さのことです。

ウネ間　ウネの中心と中心の間隔のことです。ウネ幅とウネ間は同じ長さになります。

条間　種子を等間隔で条《すじ》状に播く方法を条《じょう》播《は》と呼び、播いた条《じょう》と条の間隔を条間といいます。苗を複数列植え付ける場合の列の間隔も条間といいます。1ウネ1条で播種もしくは植え付けた場合、条間とウネ間は同じ長さになります。

株間　ウネ方向の株と株の間隔のことです。

◆苗数の計算方法

10ａ（1000㎡）当たりの苗数（栽植株数）は、次の計算式で求められます。

1000（㎡）÷ウネ幅（m）÷株間（m）×条数＝10ａ当たりの苗数

ハウスの場合

1000（㎡）÷ハウスの間口（m）÷株間（m）×ハウス内の条数＝10ａ当たりの苗数

ただし、枕地や両端のウネの余裕をどのくらいにするかで苗数は変わります。

近年、家庭菜園の本では床幅を「ウネ幅」と表記している例が見られますが、床幅をウネ幅として計算してしまうと面積当たりの正しい苗数は得られませんので、ご注意ください。また、1ウネ2条の場合は2倍した苗数、3条の場合は3倍した苗数になります。

◆農薬情報に関する注意点

本書の農薬情報は執筆時のものです。対象となる農作物・病害虫に登録のない農薬の使用は、農薬取締法で禁止されています。使用にあたっては、必ずラベルに記載された登録内容をご確認のうえ、使用方法を遵守してください。

タマネギ

表1　タマネギの作型，特徴と栽培のポイント

主な作型と適地

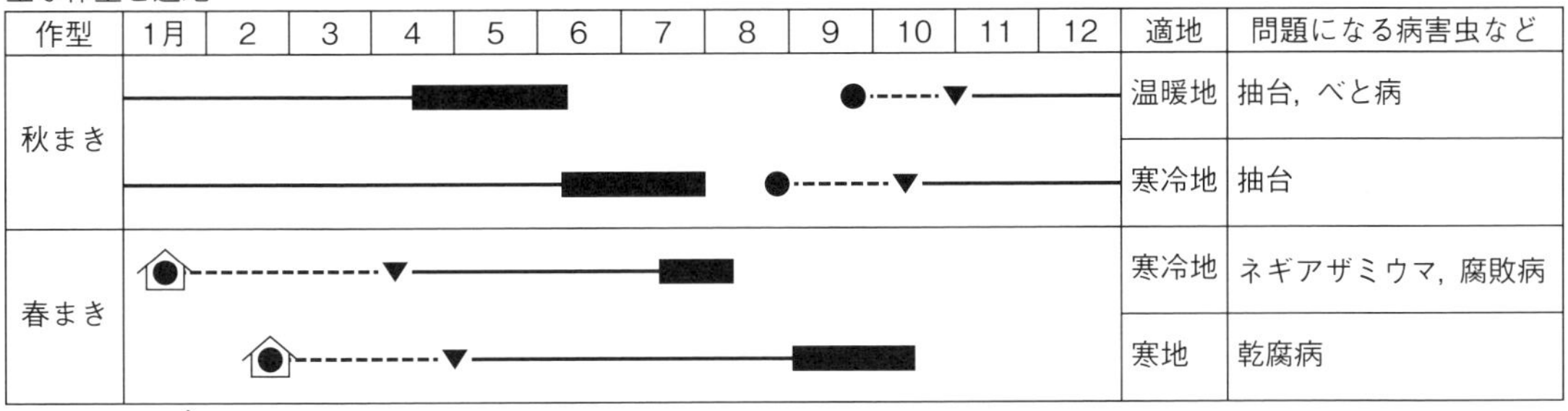

●：播種，　⌂：ハウス（無加温），▼：定植，■：収穫

特徴	名称	タマネギ（ヒガンバナ科ネギ属）
	原産地・来歴	起源地は中央アジアの山岳地帯とされる。起源地から西に伝播したタマネギは，地中海沿岸部で栽培化が進みヨーロッパからアメリカ大陸へ伝わる。日本には明治時代になって導入された比較的新しい野菜である
	栄養・機能性成分	機能性成分として，含硫アミノ酸（アルキルシステインスルフォキシド），フルクトオリゴ糖（フルクタン），フラボノイド（ケルセチン）を多く含有している
	機能性・薬効など	ネギ属植物の香気のもととなる含硫アミノ酸の代謝産物は循環器疾患予防の効果があるとされる。フルクタンは整腸作用があるとされ，ケルセチンは認知機能改善効果が報告されている
生理・生態的特徴	発芽条件	発芽適温15～25℃，最低4℃，最高33℃，好暗性種子，保存中に出芽能力が低下しやすいので，常に新しい種子を利用する
	温度への反応	生育の適温は20℃程度，5℃～20℃の間では積算気温の増加とともに伸長するが，25℃以上では生育が抑制される
	花芽分化条件	葉鞘径8mm以上の苗が，9℃前後の低温に当たることにより花芽分化する
	土壌適応性	好適な土壌pHは，pH6.0～6.5程度とされる
	土壌水分条件	球肥大期以降は過湿条件の影響が出やすい。雨の多い時期と重なる地域・作型では，圃場内で滞水しないよう，表面水の排水対策を講じる
栽培のポイント	主な病害虫・生理障害	病気：べと病，乾腐病，紅色根腐病，白色疫病，軟腐病，腐敗病，黒かび病，灰色腐敗病 害虫：ネギアザミウマ，タマネギバエ，タネバエ，ネギハモグリバエ 生理障害：抽台，青立ち，（外）分球，貯蔵中の発根・萌芽
	他の作物との組合せ	秋まき栽培では，「タマネギ―水稲」の組合せが有名であった。しかし，作型によらず，基本的な作付け方法は畑地での連作になるため，収穫後に緑肥作物を組み合わせ，持続的な作付けになるように検討したい

この野菜の特徴と利用

(1) 野菜としての特徴と利用

① 起源と日本への伝播

タマネギは、肥厚した葉鞘部（りん片葉）が幾重にも重なるりん茎と呼ばれる部位であり、結球性の葉茎菜類として扱われる。

栽培タマネギの起源地はイラン北部、アフガニスタン、タジキスタン、キルギスに連なる山岳地帯とされている。

作物としてのタマネギの歴史は古く、ピラミッドの建設作業従事者が、タマネギを利用している様子が壁画として残されている。

起源地から西に伝播したタマネギは、地中海沿岸部で栽培化が進み、ローマ時代にはヨーロッパ各地に伝播したと考えられている。

ヨーロッパでの栽培拡大の過程で、栽培地の緯度や気象に応じて品種分化が進み、現在のタマネギ品種の源流が確立したとされている。その後、ヨーロッパからの移民とともにアメリカ大陸へ伝わり、北アメリカの東部高緯度地帯から西部低緯度地帯まで、栽培される地域に合わせてさらに品種が分化した。起源地の東側の地域は西回りでの伝播になったため、日本には明治時代になって導入された比較的新しい野菜である。

② 生産の現状

野菜生産出荷統計によれば、２０２０年度の国内のタマネギ出荷量は約１２１万ｔであり、ジャガイモ、キャベツに次いで出荷量の多い野菜になっている。そのうち、約80万ｔが北海道で、残り約40万ｔが兵庫県（淡路島）、佐賀県、長崎県など、西日本を中心とした本州で生産されている（図１）。

また、農林水産物輸出入概況（２０１９年）によれば、タマネギの輸入量は生鮮野菜類としては最も多い約28万ｔ、金額にして約１００億円にもおよび、国内消費量（出荷量＋輸入量）の２割弱が輸入品である。

貯蔵性や輸送性に優れ、用途も多様なタマネギは、世界で約１億ｔ生産されており（２０１９年、ＦＡＯ統計）、トマトに次いで

図1　各産地での栽培の概略

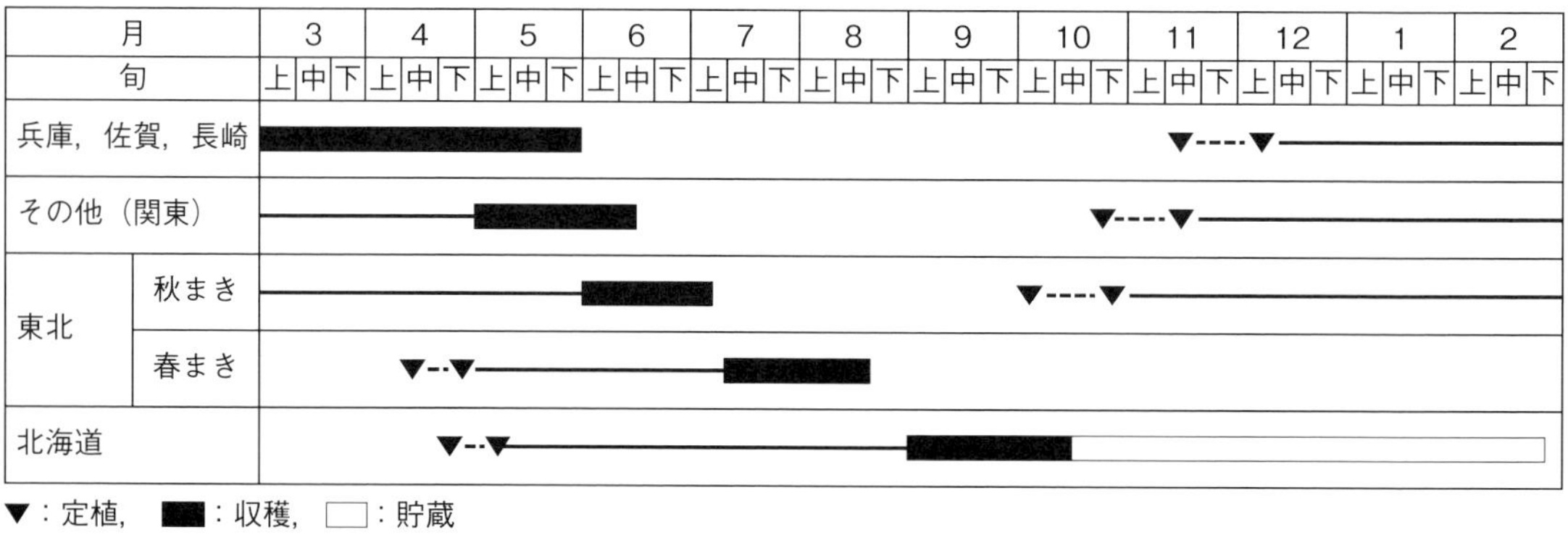

生産量が多く、世界中で生産・消費されていることが窺われる。生産量の最も多い国は中国だが、近年インドの生産量が急拡大しており、この2カ国で世界の生産量の約半数を占めている。なお、日本の生産量は世界で18位になっている。

③栄養・機能性

タマネギは、ネギ、ニンニク、ニラ、ラッキョウなどと同じ、ネギ属（Allium）の野菜である。いずれの品目も、植物体にネギ属特有の香気（フレーバー）があり、ニンニクなどは強い香気を生かした香辛料として、香気の少しマイルドなネギやタマネギは香味野菜として利用され、用途は幅広い。保存が可能なことから、各家庭に常備され、日々の食生活に欠かせない野菜になっている。

また、人々の健康維持にかかわる、いわゆる機能性成分が複数含まれており、「血液サラサラ」といったイメージの健康野菜として親しまれている。健康機能性を示す成分として注目されているポリフェノールの一種であるケルセチンとその配糖体（以下、ケルセチン類）は、野菜類の中ではタマネギに多く含まれている。可食部にも含まれるが、外皮にはより高濃度で含有されており、ケルセチン類の摂取を見込んだ「タマネギの皮茶」なる商品も存在する。ケルセチン類は抗酸化作用を持ち、体内では活性酸素による細胞の酸化を抑制する働きがあると考えられている。

最近、日常の食事の中で摂取するタマネギが、加齢にともなって低下する認知機能の維持に役立つ結果が示されている。

国内品種では、秋まき品種に比べて、春まき品種のほうが可食部に含まれるケルセチン類の含有量が多い傾向が認められ、タマネギに含まれるケルセチン類の多少は遺伝的な影響（品種の違い）の強い特性であると考えられている。

(2) 生理的な特徴と適地

①生理的な特徴と土壌適応性

タマネギは冷涼な気候を好む作物であり、生育期間を通じて適した生育環境は、日平均気温20℃以下が目安になる。自然環境下では、寒さで枯死することはほとんどないが、日平均気温23℃以上の高温では生育が停滞するため、夏の生産は困難である。

寒い時期は出葉がゆっくり進むなど、地域や季節によって葉が展開する速度が変わるように観察されるが、日平均気温やその積算値（以下、積算気温）を指標にすると、季節を問わず一定の生育速度になる。

たとえば、播種から出芽までは、期間中の平均気温が20℃の場合、出芽まで10日程度、10℃であれば20日程度が目安になる。いずれの場合も積算気温は２００℃程度になっており、日々の管理基準に積算気温を取り入れると、生育が把握しやすい。

圃場で生育した後、日長が長くなる時期に球（りん茎）が肥大し休眠に入るが、品種によって肥大を開始する時期は毎年ほぼ同じであり、日長に反応して肥大を開始すると説明されている。

また、葉の展開する速度が品種を問わず一定なので、早生品種は出葉数が少なく、晩生品種は出葉数が多い。したがって、定期的に出葉数を記録することで、残りの出葉数と地域の気温平年値から、収穫時期を把握することも可能である。

球が十分に肥大すると自然に茎葉部が倒れ、タマネギ自身が収穫のタイミングを教えてくれる。茎葉が倒伏したタマネギは、呼吸や生長などの活動を停止した休眠と呼ばれる状態になるため、収穫後は室温でも数カ月以上の保存が可能である。

表2　品種のタイプと品種例

品種名	春まき	秋まき	含水率	早晩性
スーパー北もみじ 北もみじ2000 オホーツク222 北はやて2号	北海道		少	晩
トタナ マルソー ガイア	東北		↑	↑
ケルたま もみじ3号 ネオアース オーロラ ターザン ターボ アンサー アドバンス 七宝早生7号 レクスター1号 貴錦	東北	東北 関東 北陸 西南 暖地	↓ 高	↓ 早

図2　抽台株

好適土壌pHは6～6・5で、土壌適応性は広いが耐湿性は強くないので、排水性良好でリン酸が多い肥沃な畑地を選択したい。

②抽台について

越冬する作型では大きな問題になる抽台（図2）については、従来は生育量と低温との関係で説明されてきたが、葉齢（展開した葉の枚数）の要因も大きいと観察されている。したがって、越冬時の生育量（重量、葉鞘径など）だけでなく、葉齢（≒播種日）を評価に取り入れることで、抽台のリスクを下げながら多収になる条件が見いだせる。つまり、栽培地での抽台リスクの少ない播種日を把握し、その播種日にとって最も生育を確保できる圃場管理をすることが多収の要件になる。

先にも述べたように、播種後の積算気温で葉齢の進み方が把握できるので、播種日からの積算気温を指標に葉齢と生育量の関係を整理することで、年次間の比較も容易になる。

③作型と品種

標準的な作型は、温暖地の秋まき栽培と冷涼地の春まき栽培であり、それぞれ利用される品種群が異なる（表2）。日本の秋まき栽培では、地域を問わず花芽分化に必要な低温条件を満たしており、世界的に見ても抽台株の発生しやすい気象条件での栽培になっている。

栽培技術の視点では、株重や葉齢といった株の大きさの指標は生育期間の長さ（播種後の積算気温）を反映するため、播種時期が早いと抽台の発生リスクが高まる。しかし、播種が遅すぎても球が大きくならないため、地域と品種に応じた適期の播種・定植が重要である。地域に応じた播種適期は種子袋などに記載されているので、播種前によく確認する。

しかし、近年は秋冬期の気温上昇が顕著であり、温暖化の影響を無視できない状況になりつつある。温暖化の進み具合によっては、従来の栽培暦で予測される日平均気温などを参考に、播種・定植時期を調整することも必要になってくる。また、北海道でも、秋まき栽培に取り組むことができるようになることも十分に考えられる。

（執筆：室　崇人）

秋まき普通・貯蔵栽培

1 この作型の特徴と導入

(1) 作型の特徴と導入の注意点

① 秋まき普通・貯蔵栽培の作型

秋まき普通・貯蔵栽培には、極早生種から早生種、中生種、中晩生種の品種を用いた作型があり、10月から2月上旬までに定植し、各作型により2月下旬から6月中下旬までに収穫される（図3）。

その中でも、広く本州、四国、九州地方で基本になるのが、図4に示した、中晩生種を用いた9月下旬播種、11～12月定植、5月中旬～6月収穫の作型である。

この作型は、収穫後に吊り小屋や倉庫内で、除湿機や通風施設などを利用して乾燥させ、10月まで出荷する短期貯蔵栽培や、乾燥後は冷蔵庫に入庫し2月まで出荷する長期貯蔵栽培がある。

西日本の冬に温暖な地方では、立地条件を生かし、極早生や早生種を用いて播種・定植時期を早め、端境期の3～4月の早出しをねらった、マルチ栽培が行なわれている。

また、水田の高度利用をねらって、稲刈り後に秋冬どりのレタスやハクサイを栽培し、その後2月に定植する作型もある。

早生種は、りん片が肉厚で柔らかく、サラダなどに適している。一方、中晩生種はりん片がよく締まって玉が硬く加熱調理に向き、日持ちがよく貯蔵用に適している。

② 土壌条件

主なタマネギ産地は、北海道や一部の砂丘地を除いて、多くは水田転換畑である。圃場の均平がとれ、土壌水分が均一で生育が揃いやすく、灌排水施設が整備されていて、乾燥時にはウネ間灌水が行なえる利点がある。

土壌条件は、沖積土壌や砂質土壌地帯では排水性がよく、耕うんによって土も軟らかくなり、植付けの作業性がよく、収穫時も根が引きやすい。粘質な圃場では、耕うんしたときに土塊が粗く、植付けの作業性が悪く、そ

図3　タマネギの秋まき普通・貯蔵栽培の品種の早晩性と作期

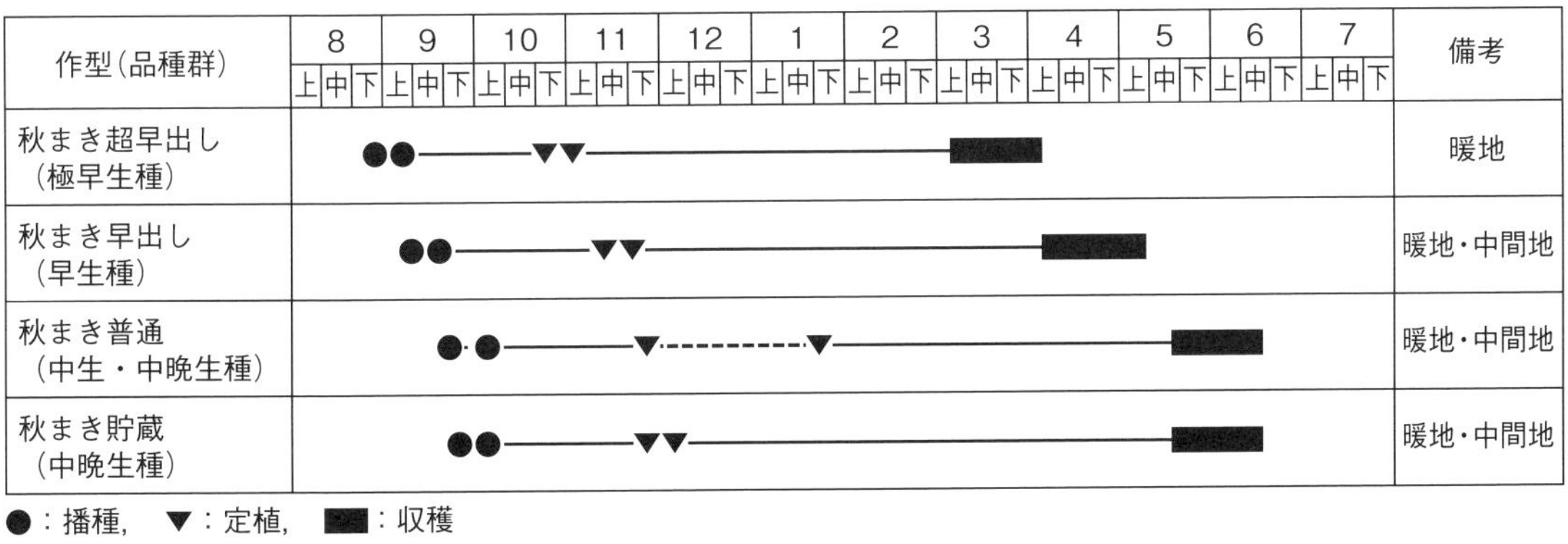

図4　秋まき普通・貯蔵栽培　中晩生種の栽培暦例

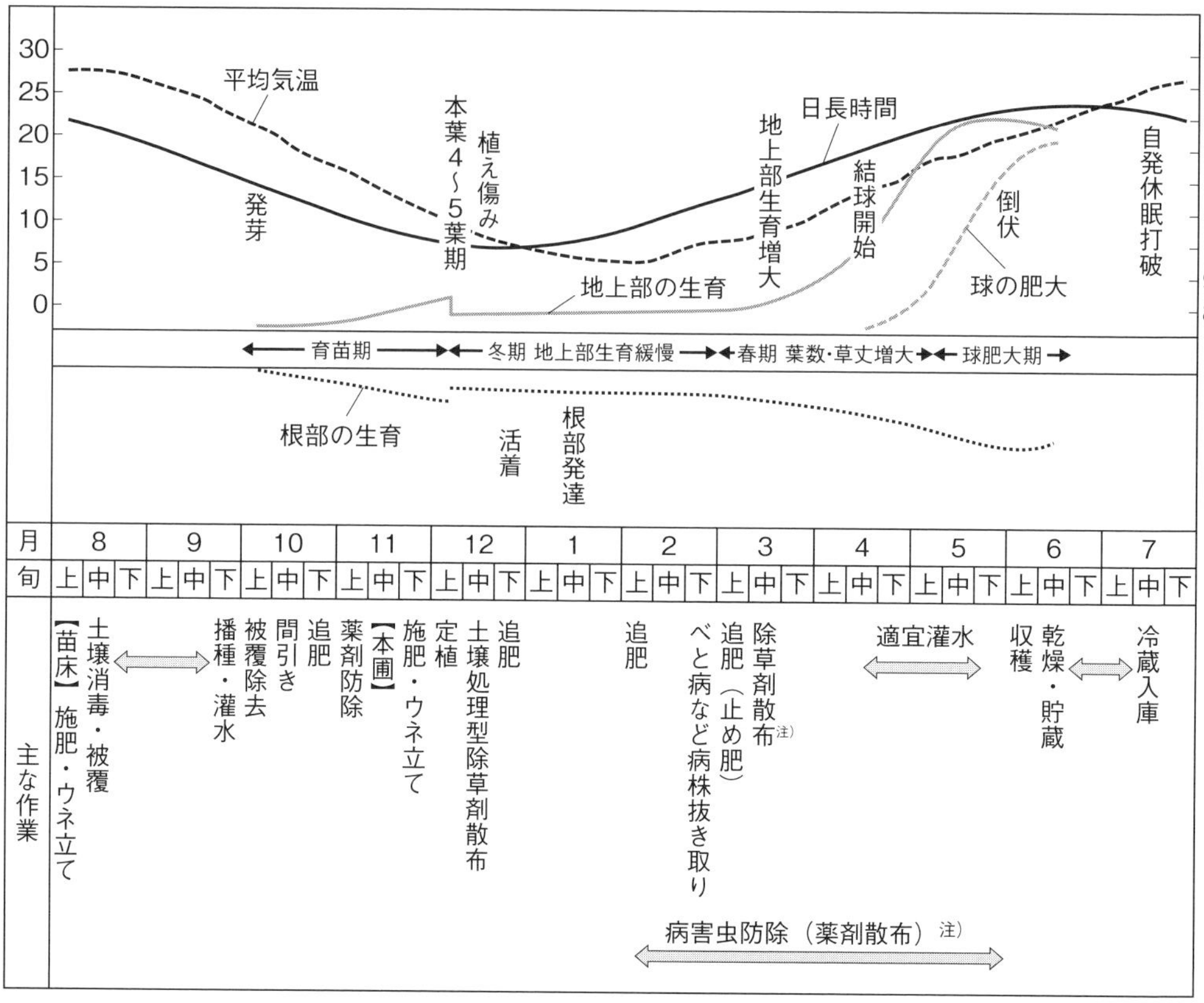

注）薬剤散布（殺菌剤・殺虫剤，除草剤）は，防除基準の防除回数・収穫前日数に注意する

図5　水田転換畑でのタマネギ栽培

タマネギ収穫後は，右隣の圃場のように水を張り田植えが行なわれる

の後の活着も遅れる。これを改善するため、堆肥などの有機物を投入し土壌を軟らかくする。

(2) 他の野菜・作物との組合せ方

前項で述べたように、夏に水田にすることで栽培がしやすくなる（図5）。病害虫防除や雑草対策の面でも、長期間水を張ることで病原菌や害虫の繁殖を抑え、雑草の繁茂や種子の発芽を抑えるなどの効果がある。

また、定植時期を2月まで遅らせることで、前作にレタスやハクサイなどの作付けができる。

2 栽培のおさえどころ

(1) どこで失敗しやすいか

①圃場の選定

タマネギは、土の中でりん片が肥厚して球になるため、土が軟らかいと肥大しやすい。粘土質の硬い土では根も伸びにくく、球も大きくならないので、まずは堆肥の投入など土つくりが大切である。

また、定植後の活着を促したり、球肥大期の乾燥を防ぐため適宜灌水を行なう。このため、豊富な水源や用水の確保ができる圃場を選ぶことが必要である。

②作期・作型の選定

タマネギは、定植の適期幅は広いほうであるが、収穫時期は一斉であり、取り入れや出荷、販売などの作業が集中する。これを避けるために、早生種、中生種、晩生種などの品種ごとの収穫時期を把握し、労力に応じて作付け面積を配分し作業を分散する。

③苗の選定と植付け

タマネギは、定植してから収穫するまで、中晩生種では6カ月と長い期間を要する。このため、良質な苗を植え付けることが大切である。

詳しくは、育苗のやり方や定植のやり方の項で述べるが、苗の大きさの基準や植付けの深さをしっかり守り、冬季の乾燥や低温、強風などの厳しい気象環境に耐えられるよう、株元をしっかり押さえ、活着させることが大切である。

④病害・雑草対策（定植から収穫までの圃場管理）

定植作業が完了すると、収穫までの期間は大きな作業がなくなり、圃場に行く機会が減る。しかし、この期間の変化を見逃さないよう、圃場に出てよく観察することが大切である。

最も警戒が必要な病害の一つであるべと病は、1月から一次感染株が発病を始める。この株を見過ごすと、春、暖かくなると大量の胞子が風雨で飛散し、圃場全体に感染が拡大して大発生になる。このため、冬の病株の抜き取り作業が重要である。

雑草も気温が低い間は目立たないが、気温の上昇とともに急激に旺盛になって圃場を覆いつくし、収量の減少だけでなく収穫作業の妨げになる。

これらの圃場管理は、手遅れにならないよう、日頃から早めに行なうことが大切である。

(2) おいしく安全につくるためのポイント

①食味

タマネギを食べる場合、サラダやオニオンスライスなどの生食と、炒めたり煮込んだりする加熱調理があるが、用途によって求められる品質が変わってくる。

生食では、辛味が少なく甘味のあるもの、柔らかくてサクサクした食感があるものが好まれる。加熱調理では、甘さ、柔らかさ、歯ごたえ、香りなどが好まれる要素になる。

早生種はみずみずしくて辛味が少なく、シャキッとした食感で、生食用に向く品種特性のものが多い。中晩生種になるほど、貯蔵性が重視されるため、甘さや辛さなどの内容成分が濃く、1枚1枚のりん片もしっかりして煮崩れしにくく、加熱調理に向く特性のものが多い。おいしいタマネギをつくるためには、まず、用途に適した特性の品種を選ぶことがポイントになる。

②減農薬の条件

病害虫に感染しにくい圃場を選ぶ　タマネギを減農薬でつくるには、まず、圃場条件が大きなポイントになる。

タマネギに大きな被害をおよぼすべと病、灰色腐敗病、ネギアザミウマなどの病害虫は、周辺の圃場から胞子や成虫が飛び込んできて発生する場合が多いので、周囲にタマネギやネギなどを栽培する圃場がない場所を選定する必要がある。

排水性の悪い圃場は、病害の発生しやすい条件となり、収穫後のタマネギの乾燥が不十分だと細菌性病害が首部から感染し貯蔵性低下の原因になるので、排水性がよく日当たりのよい圃場が前提条件になる。

連作を避ける　前年に、べと病、灰色腐敗病や細菌性病害などの病害が発生した圃場では、土壌中に病原菌が生息している。翌年、同一圃場にタマネギを作付けると、病害の発生量が増えてくるので、できるだけ連作は避け、複数の圃場で年次計画を立て他品目とのローテーションを行なう。

適正な施肥　窒素肥料の効きすぎは、葉が軟弱な生育になり、春先からの強い風雨で葉が折れ、傷口から病原菌が侵入しやすくなるので適正な施肥に努める。

発病株の処理、水張り　病害を発見したときは、すみやかに発病株を抜き取り、次の発生源にならないように処分する。タマネギの収穫後、夏場に圃場に水を張り病害虫や雑草の繁殖を抑えることも、次作以降のためには大切である。

中耕による雑草抑制　雑草防除には、マルチ栽培の効果が高い。また、タマネギの葉が大きくなるまでは、条間やウネ間を小型の管理機で中耕することで、雑草の繁茂を抑えることができる。

(3) 品種の選び方

①固定種とF_1種

タマネギには、地域で古くから選抜・淘汰を繰り返してつくられてきた在来の固定種と、雄性不稔（花粉の出ない母親系統）を利用した交配によるF_1種（一代雑種）がある（表3）。

固定種は、地域の気候風土に適した特性があり、自家採種が可能である。F_1種は、貯蔵性などの形質が改良された、優れた特性を持つ品種が育成されているが、毎年、種子を購入する必要がある。

②早晩性

タマネギ品種には、極早生種から早生、中生、中晩生種とあるが、中生種や中晩生種には、腐敗や肩落ち、萌芽などの少ない優れた貯蔵性が求められる。

とくに、中晩生種は長期の冷蔵貯蔵が可能であるが、収穫時期が入梅期にかかるので、労働配分や乾燥・貯蔵施設の収容量を考慮して、順次作業ができるよう熟期の違う品種で作付け配分することが大切である。

品種の早晩性は、日長時間で決定される。極早生種の〝愛知白早生〟11・5時間、〝七宝早生7号〟12・5時間、中生種の〝ターザン〟〝ターボ〟13時間、中晩生種の〝もみじ3号〟〝ネオアース〟は13・5時間以上の日長条件で球（りん茎）の形成・肥大が始まる。

このため、早生種ほど球の肥大が開始されるまでに地上部を大きくしておかなければ十分な収量が得られないので、播種・定植時期を早める必要があり、本州中部以南の冬期温暖な地域が適する。

表3　秋まき普通・貯蔵栽培に適した主要品種の特性

品種名	販売元	特性
愛知白早生	愛知県在来	明治初期にフランスの秋まき辛タマネギ品種‘ブラン・アチーフ・ド・パリ’を導入，愛知県の知多や渥美地方で順化した固定種。白球で，日長時間11.5時間で結球を開始する極早生
浜笑	カネコ種苗	9月上旬播種，3月中下旬収穫の極早生の固定種。球形は比較的甲高である。温暖地での栽培に適する。みずみずしく辛味が少ないため，サラダなどの生食向きである
春いちばん	松永種苗，サカタのタネ，他	9月上旬播種，3月中下旬収穫の極早生の固定種。球形は，扁平になりにくい。温暖地での栽培に適する。柔らかく，辛味が少なく甘味があり生食向きである
七宝早生7号	七宝	5月上旬に収穫する早生種。球形は，甲高で収量，品質が安定し早生種としては日持ちする。みずみずしく辛味が少なく生食に向く
湘南レッド	神奈川県在来，サカタのタネ	‘スタクトン・アーリー・レッド’から育成された，赤色系甘タマネギの中生の固定種。辛味が少なく水分に富み，サラダなどの生食に適する
ターボ	タキイ種苗	5月中下旬に収穫する中早生種。肥大性がよく，過熟にならないようにする。青切りから短期貯蔵に適する。辛味が少なく，サラダから加熱調理したときの食味の評価も高い
ターザン	七宝	5月下旬～6月上旬に収穫する中生種。球形は甲高で，貯蔵性が高く，乾燥後の外皮の発色など外観もよく，甘味が強く，あらゆる調理用途に適する
もみじ3号	七宝	6月上中旬に収穫する晩生種。球形は球に近い。熟期は遅いが，乾燥後に外皮の赤味が増し，熟成するほどに甘味が増す。貯蔵性が最も高く，冷蔵により翌年3月まで出荷可能である
淡路中甲高	兵庫県在来	‘イエローダンバース’から選抜淘汰された，秋まき春どり用の中晩生の固定種。多収品種として育成され，1970年代後半までは全国的に広く栽培された。その後，F_1品種の育種素材としても受け継がれている
ネオアース	タキイ種苗	6月上中旬に収穫する晩生種。球形は甲高で，肥大性に優れ，貯蔵性も高い。10月に播種し，野菜後の2月に定植する作型でも，十分な収量を確保できる

③球の形、色、味

球の形については、早生種では扁平型、中晩生種になるほど球型になる傾向がある。

外皮の色は、白色、黄色、赤色の3色に大別されるが、黄色系が主流を占め、収穫後、貯蔵中に色が濃く褐色になり皮も硬くなる。赤系は珍しいので、サラダなどの彩りに向くが、柔らかく貯蔵性はないので、つくりすぎないよう売り先を考えておく。

わが国で栽培されている品種は、ほとんどが辛タマネギである。辛味成分は、早生種は少なく晩生種ほど多くなる傾向にある。

3 栽培の手順

(1) 育苗のやり方

①苗床の準備

苗床の選択　苗半作といわれるように、健全な苗を育てるためには、大雨でも水に浸からず、日が行き届き、日々の管理に便利な圃場を選ぶ。

土壌は、排水性がよく有機質に富んだ、軟らかく播種作業がしやすい砂壌土～壌土が適

表4　秋まき普通・貯蔵栽培のポイント

	技術目標とポイント	技術内容
作付け準備	◎作型と品種の選定	・作業労力や販売方法などを考慮し，作型別の作付け面積と品種を決める
	◎圃場の選定	・豊富な水源や用水が確保できる，日当たり，排水性のよい水田転換畑がよい。粘質な圃場では，堆肥などの有機物を投入し土を軟らかくする
育苗管理	◎苗床の準備	・目の行き届く便利な場所で，大雨でも水に浸からず，排水性がよく，有機質に富んだ軟らかく播種作業のしやすい圃場を選ぶ ・盛夏期にウネをつくり，太陽熱土壌消毒などの土壌消毒を行なう ・1m²当たり，熟成堆肥を2kg，石灰質資材100g施用して土壌の酸度を調整し，元肥として化成肥料（窒素：リン酸：カリ＝10：15：10）を50g施用する
	◎播種，間引き，追肥	・裸種子を条播する。本圃1a当たり種子40mℓ，苗床面積5～6m²が必要。本葉3葉期ころに間引き，条間を中耕し，元肥と同じ肥料を同じ量，株間に追肥する
	◎セル育苗	・栽培面積が広く，機械移植する場合は，コーティング種子を用いたセル育苗で省力化を図る
定植準備	◎本圃の準備	・排水性が悪い圃場では，事前に弾丸暗渠や額縁明渠などを施工する。完熟堆肥，土壌改良資材，元肥を施用しウネを立てる
	◎苗取り	・1本4～6gの揃った苗を選ぶ。根を多くつけ，葉は3分の1～2分の1の長さに切ってもよい。薬剤の苗浸漬処理を行なってから植える
	◎植付け	・株間11cm前後，植え溝を切り，深さは葉鞘部の半分が土中に入る程度に植える。株元を押さえ乾燥を防ぎ，よく乾く場合は灌水して活着を促進する ・栽植様式は，図7を参考に作型や圃場の排水性などを考慮して決める
定植後の管理	◎除草剤散布	・定植後，雑草の種子が発芽する前に，土壌処理型の除草剤を散布する
	◎追肥	・中晩生種は，12月，2月，3月と追肥を3回行なう。3月の止め肥は，遅くなったり量が多すぎると，球の締まりが悪く貯蔵性が低下するので注意する
	◎灌水	・春の球の肥大期に乾燥が著しい場合は，ウネ間灌水などを行なう
	◎病害虫防除	・早生種では12月下旬から，中晩生種では2月から予防的に，定期的な防除を開始する。ネギアザミウマは，4月ころに飛来が確認されたら防除を開始する。
収穫・乾燥・貯蔵	◎収穫	・中晩生種では，倒伏1週間後，葉鞘部の水分が抜けてからが収穫適期である ・掘り取り後，ウネの上で天日干しを行ない，病害球などを除いて取り入れる。早生種は，倒伏を待たなくてもよい
	◎吊り玉乾燥	・葉身を長さの2分の1程度に切り揃え，首部を束ねてヒモでくくり，2つの束を結び風通しのよい吊り小屋などに掛け乾燥する
	◎コンテナ収納	・コンテナ収納では，倉庫などでパレットに積み上げ，強制通風乾燥や除湿機で葉鞘部の水分を完全に乾かす
	◎冷蔵貯蔵	・7月の梅雨明け以降は，冷蔵庫へ入れ翌年の2～3月まで貯蔵・出荷する

する。

苗床の土壌消毒　苗床は、病害の発生を防ぐため、太陽熱を利用した土壌消毒を行なう。盛夏期に堆肥、土壌改良資材、元肥を施用し、耕うんして幅1mのウネをつくり、灌水して十分に土を湿らせた状態で、ウネ全面をビニールフィルムで被覆する。

晴天日には地温が40℃以上に上昇し、殺菌効果がある。播種するまでそのままにして、雑草種子の飛び込みなども防ぐ。

なお、病害発生の心配がある場所では、バスアミド微粒剤で土壌消毒を行なう。

苗床の施肥　元肥として1㎡当たり熟成した堆肥を2kg、石灰質資材を100g施用して土壌の酸度を調整し、化成肥料（窒素：リン酸：カリ＝10：15：10）50gを散布する。

追肥は、本葉2葉期ころに間引き、土寄せした後に、元肥と同じ肥料を1㎡当たり50g条間に施用する。

②播種と育苗管理

播種の方法は、条播するのが管理もしやすく生育も揃う（図6左参照）。ウネの上面に幅1m、深さ5㎜程度の播き溝を6～8㎝の間隔でつくり、1条に100～120粒ずつ播く。播種後、覆土を行ない十分灌水した

図6　播種・育苗床

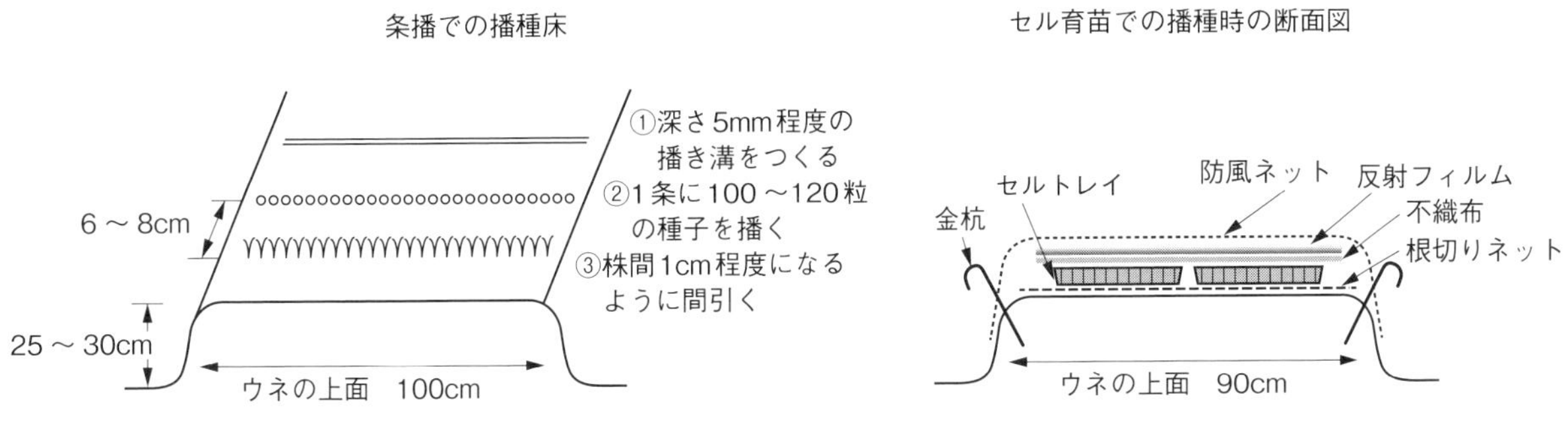

後、コモや通気性の不織布を掛け、雨に打たれたり乾燥するのを防ぐ。

本圃1a当たりの種子の量は40mℓ、苗床面積は5～6㎡になる。なお、1a当たりの植付け本数は2600本前後である。

播種後7日前後で発芽するので、播種時の被覆は、強い日射の時間帯を避けて除去する。本葉2枚目ころまでは生長も遅く、乾燥に注意する。本葉3枚ころまでに、葉が込み合わないよう株間1cm程度に間引きを行ない、条間を中耕し土寄せして追肥をする。

育苗期間は60日程度で、後半は追肥や灌水を控え、苗が軟弱徒長しないようにする。

③セル育苗

タマネギは、1a当たりの栽植本数が2600本前後と多く、栽培面積が大きくなると播種や定植前の苗取り作業などに労力や時間を要するので、成型セルトレイを利用した育苗法が便利である（図6右）。

1枚当たり324～448穴前後のトレイに、育苗用培養土を詰め、各穴に1粒ずつ播種し、同じ培養土で覆土する。セル育苗用のコーティング種子があれば、粒が大きく丸く形成されているので、1粒ずつ播きやすく発芽率も高いので、播種作業も楽になる。裸種子の場合は、発芽率を見込んで多めに苗をつくる。

苗床は、条播の場合と同様につくったウネに、網戸のような根切りネットを張っておくと、苗取りでトレイを持ち上げるときに床土がはがれやすい。ネットの上に播種したトレイを並べ、上から強く押さえて土と密着させる。

種子が浮き出ないよう注意しながら少しずつ灌水し、トレイの上に不織布、高温時の播種の場合は反射フィルムを被覆する。さらに、強風に備えて防風ネットで被覆し、周囲を金杭や角材などで飛ばないように押さえる。

発芽後は、不織布や反射フィルムは除去するが、防風ネットはタマネギの根がトレイの底の穴から床土に張るまでは被覆しておく。

播種後2カ月ほどで、セルの中に根が張って鉢の土が崩れなくなるので、植付け可能である。

(2) 定植のやり方

①本圃の準備と施肥

本圃の準備　水田転換畑では、水稲作の中干しによる落水時に土を十分乾かして地面に

表5　施肥例（中晩生種）

（単位：kg/10a）

化成肥料体系

肥料名	施肥量					成分量		
	総量	元肥	追肥（月/旬）注1)			窒素	リン酸注2)	カリ
			12/下	2/上	3/上			
堆肥	2,000	2,000						
苦土石灰	100	100						
アズミン	40	40						
化成肥料（10-15-15）	80	40	40			8	12	12
化成肥料（15-10-10）	80			40	40	12	8	8
施肥成分量						20	20	20

注1）早生種の場合は，追肥時期を12月中旬，1月上旬，2月中旬とする
注2）火山灰土地帯では，リン酸の施用量を20％程度増やす

有機肥料体系

肥料名	施肥量					成分量		
	総量	元肥	追肥（月/旬）			窒素	リン酸	カリ
			12/下	2/上	3/上			
堆肥	2,000	2,000						
カキ殻石灰	100	100						
発酵鶏糞（4-6-3）	200	200				8	12	6
油粕ペレット（5-3-1）	240		80	80	80	12	7.2	2.4
草木灰（0-3-6）	80	80					2.4	4.8
施肥成分量						20	21.6	13.2

図7　各産地でのタマネギ栽培のウネの形状，植え方，栽植本数

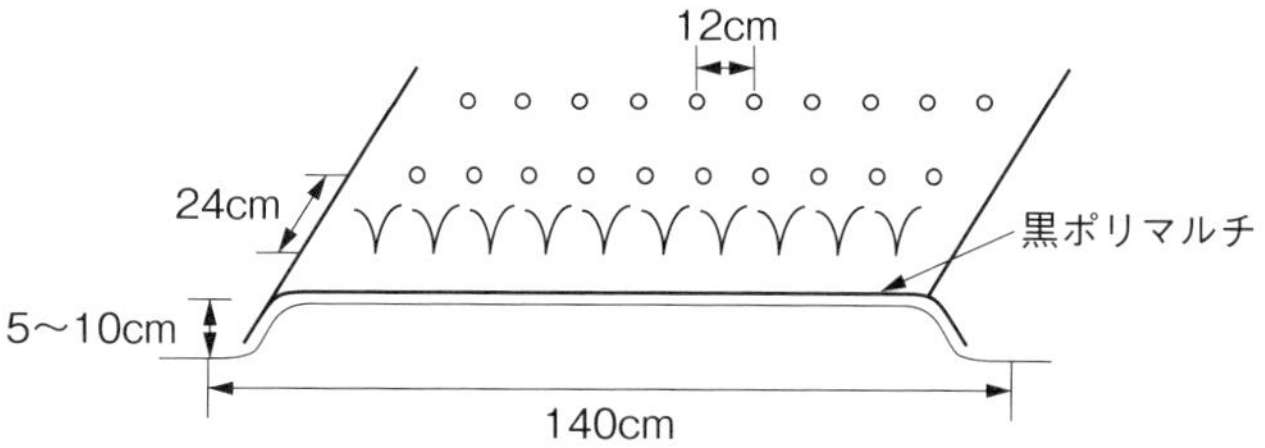

早出しマルチ栽培（愛知県知多市）
29,760株/10a

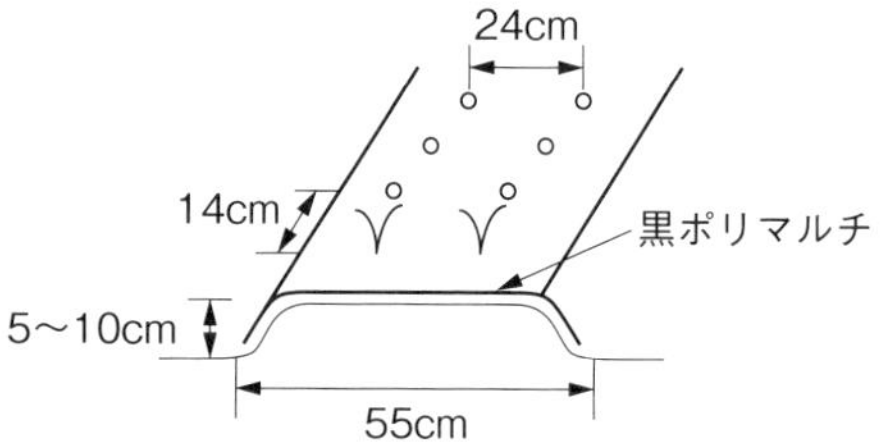

早出しマルチ栽培（静岡県浜松市）
25,900株/10a

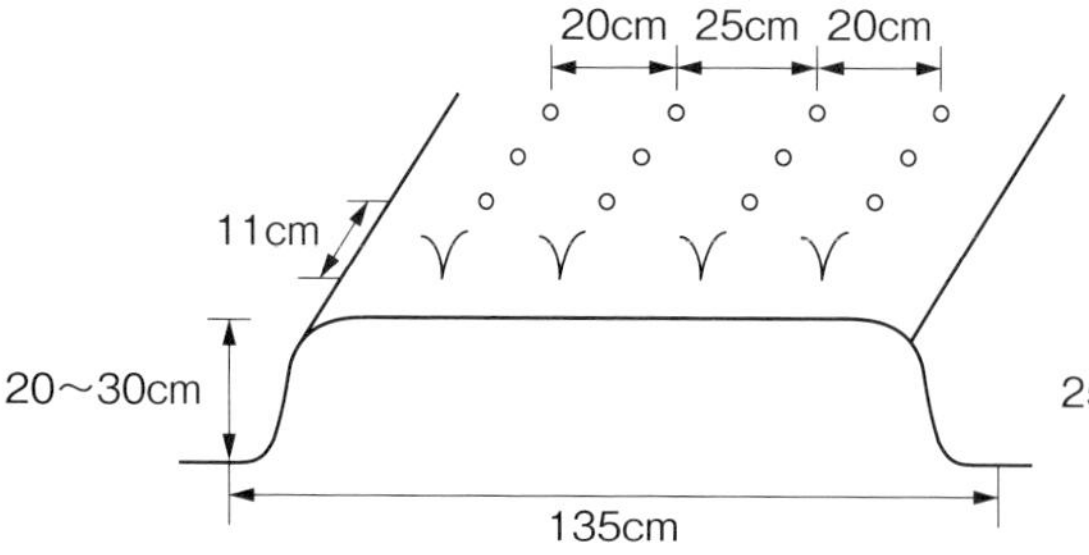

普通・貯蔵栽培（兵庫県淡路島）
26,900～29,600株/10a

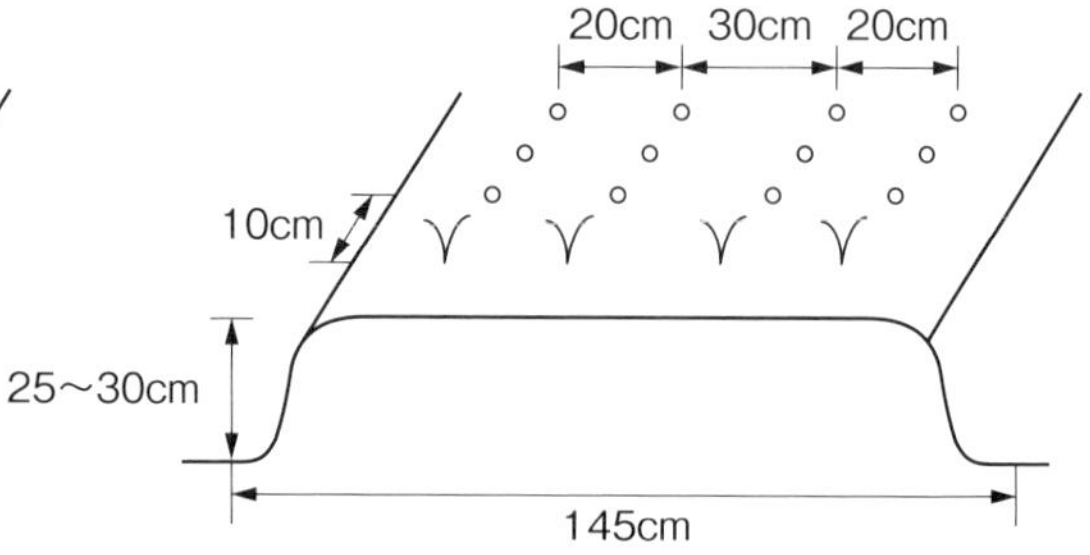

普通・貯蔵栽培（佐賀県白石町）
27,600株/10a

ひび割れをつくったり、稲刈り後に弾丸暗渠を施工して排水性をよくする。

作付け前に、完熟堆肥を施用する。施用量は、十分に肥沃な土壌では10a当たり2～3t、土が粘質で硬く締まりやすい圃場では多めに施用する。

施肥と耕うん、ウネ立て　本圃の施肥量は、総量で10a当たり窒素、リン酸、カリともに成分量で20kg／10aを基準にするが、やせた圃場では多めに施用する（表5）。定植前に堆肥、土壌改良資材、元肥を施用し耕うん、ウネ立てを行なう。

有機肥料体系では、追肥時期は低温で肥料の分解が遅く成分が溶出しにくいため、油粕以外は定植前に元肥として施用し土となじませる。

耕うん時に土壌水分が過湿状態では、土が固まりになりやすく、また乾燥しすぎると土壌粒子が細かくなり、いずれの場合も根の発達が悪くなるので、適度な土壌水分状態の時期にウネを立て、その後すみやかに定植することが大切である。

マルチ栽培では、ウネ上面に雨が当たらないので肥料の流亡がほとんどないため、施肥量は露地栽培の80％程度でよく、全量元肥として施用し追肥は行なわない。

②苗取り

1本の重さが4～6gの揃った苗を選ぶ。苗が大きいと球は大きくなるが、抽台や分球、変形球が多くなる。逆に小さい苗では、収量が上がらない。根を多くつけて採苗し、葉は長くて植えにくい場合は、3分の1～2分の1ほど切ってもよい。

傷口からの病害の侵入を防ぐため、セイビアーフロアブル20の500倍液に苗を浸漬してから植える。

セル育苗では、苗取りの作業が大幅に短縮される。苗取りは、地床の土がはがれやすいように、根切りネットを押さえながらトレイを持ち上げればきれいに取れる。

③植付け

ウネの形状は各産地で特徴があり、ウネ幅、高さ、条数、10a当たり栽植本数は、図7を参考に作型や圃場の排水性などを考慮して決める。株間は11cm前後で、広くすると球は大きくなる。

植付けは、溝を切り葉鞘部の半分が土中に入る程度で、浅くなると乾燥によって活着が悪くなる。定植後は、株元を押さえ乾燥を防ぎ、よく乾く場合は灌水して活着を促す。

セル苗も同様に植え付ける。苗取り後、鉢土を乾かさず根鉢が崩れないように、ていねいに植えてやると活着が早くなる。

(3) 定植後の管理

①除草剤の散布

雑草の多い圃場では、定植したら、まず、雑草の種子が発芽するまでにサターンバアロ粒剤などの、土壌処理型の除草剤を散布する。

降雨後の土壌水分がある間に散布し、土壌表面に除草剤の処理層をつくることで効果が安定する。

②追肥

中晩生種では、12月、2月、3月と3回行なう（表5参照）。2月までは、生育が穏やかで肥料も必要ないように思われるが、この低温期に肥切れを起こすと抽台が多くなるので、欠かさず行なう。

3月の止め肥は、生育の確保のために行なうが、旺盛になりすぎると球の締まりが悪く貯蔵性が低下するので、遅くなったり量が多すぎないように注意する。

③灌水

春になり暖かくなると、草丈が伸び、葉数

図8　タマネギ吊り小屋

間口3.6m × 奥行5.4m × 軒高3mの小屋に4mの杉丸太を掛け，1本に1束20球を18束吊るす。1段に15本×7段まで掛けると20球×18束×15本×7段＝37,800球の収容量がある

図9　ポリコンテナの強制通風乾燥

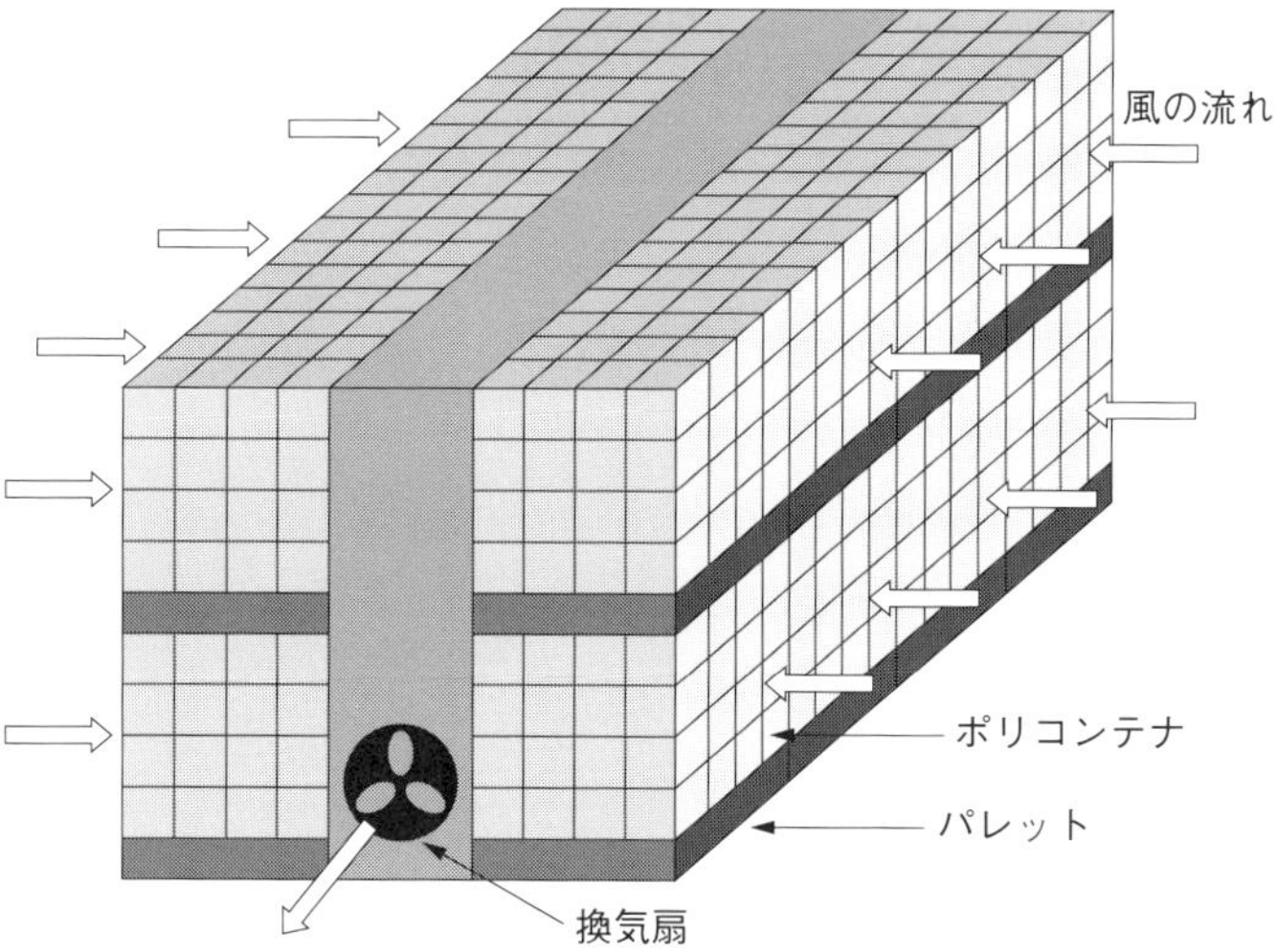

前面，後面，上面全体をビニールフィルムで覆い，換気扇を回すことで，両サイドからコンテナ内に風が通り，乾燥が進む

が増え、球の肥大期になる。この時期に乾燥が著しい場合は、球の肥大にも影響するので、ウネ間灌水などを行なう。

(4) 収穫

タマネギは、日長時間が長くなると生長点でりん葉（球になる葉）が分化し、球の肥大が始まる。さらに球の肥大が進むと、葉身と球の間に中空部ができて葉が倒れる。これが、倒伏といわれる現象である。倒伏後も徐々に肥大は続き、約1週間で葉鞘部の水分が抜け、首部分が軟らかくなったら収穫の適期である。

掘り取りは、できるだけ晴天日に行ない、1～2日はウネの上に球を並べて天日干しを行なう。病害球や不良球を除去し、根の土をよく落として取り入れる。

(5) 乾燥、貯蔵

①吊り玉乾燥

ウネの上に並べたタマネギの葉身を、2分の1程度の長さに切り揃え、7～10球を束ねて首の部分をヒモでくくり、2束を結んで丸太などに振り分けて吊るす。

大量に吊り玉乾燥・貯蔵する場合は、吊り小屋が必要である（図8）。吊り小屋は、タマネギの持ち運びに便利で、風通しのよい場所を選んで建てる。

吊り玉乾燥・貯蔵は、収穫時期の後半は入梅にさしかかり、取り入れ時に雨に濡れても、玉が吊り下がっているので自然の風でよく乾く。また、乾燥のための施設や電力の必要がなく、自然の気象条件を利用した理にかなった伝統的な技法である。

②ポリコンテナの強制通風乾燥

葉鞘部（葉の付け根の白い部分）を10㎝程度残して切断し、20㎏ポリコンテナに8分目くらい入れ、倉庫などでパレットに2列に積み上げる。2列の間には、大型の換気扇が設置できる幅の通路をとる。2列に積み上げたポリコンテナの、前面、後面、上面をすべてビニールフィルムで被覆する。こうして、通路に設置した換気扇を回すことで、両側面からコンテナ内部に風が通って乾燥が進む（図9）。

　風の強さは、ポリコンテナの側面に新聞紙を広げて当て、落ちない程度が目安である。換気扇を7～10日程度回し、葉鞘部の水分が完全に乾けば完了である。その後は、日の当たらない、風通しのよい涼しい場所に移動する。

③除湿乾燥

　強制通風乾燥の場合と同様に、タマネギを収納したポリコンテナをパレットに積み上げ、倉庫内に通路をとり列状に並べる。積み上げたポリコンテナの周囲と天井にシートを張って、外の湿った空気の流入を防ぎ、通路に設置した除湿機を稼働させる。

　除湿機の送風口からダクトを伸ばしたり、扇風機を設置するなどして庫内の空気を循環させ、ムラなく乾燥するように工夫する。庫内の温度が35℃以上になると黒かび病が発生しやすくなるので、夏の晴天日の昼間は換気を行なう。

　除湿機は、5馬力タイプで一度に1000ケース程度の乾燥が可能である。4～5日の稼働で葉鞘部の水分が乾けば、順次コンテナを入れ替える。

④冷蔵庫貯蔵

　7月中旬の梅雨明け以降、高温期になると黒かび病や細菌性病害の発生が増えてくる。また、中晩生種では休眠が覚め、10月以降に気温が低下してくると萌芽葉が球外に出てくるので、品質が低下するまでに販売を終える。

　これらの品質低下を防ぎ、長期間にわたって販売する場合は、冷蔵貯蔵庫が必要になる。

4 病害虫防除

(1) 基本になる防除方法

　主な病害虫の症状や発生条件、対策については表6に示した。

　育苗期には、べと病、白色疫病、灰色腐敗病、軟腐病などに対し、予防的に防除を行なう。本圃では、早生種では12月下旬から、中晩生種では2月から、予防的に定期的な防除を開始する。

　ネギアザミウマは、4月ころに飛来が確認されたら防除を開始する。

(2) 農薬を使わない工夫

　表6に主な病害虫に対する耕種的な対策を示した。

①育苗での対策

　苗床では、太陽熱を利用した土壌消毒の効果が高い。

②本圃での対策

　降雨後の浸冠水や、多湿環境が発病を助長する。このため、圃場の排水対策が重要になる。排水の悪い圃場では、暗渠排水の施工や、夏の水稲作の中干しで地面にひび割れが入るまで圃場を乾かすと、秋からのタマネギ作付け時に、降雨後の水の引きが早くなる。

　また、水がたまりやすい圃場では、できるだけウネを高くしたり、額縁明渠（圃場の周囲に溝を掘り排水路へつなげる）の施工を行なう。

　定植後は、圃場の見回りを励行し、病害虫

表6　病害虫防除の方法

	病害虫名		症状と発生条件	防除法	
				耕種的防除	薬剤防除[注)]
病気	白色疫病		病斑部で葉が曲がって白～灰白色になり，健全部との境が明瞭となる。病原菌の適温は15～20℃で，晩秋から春に発生し，雨滴や浸冠水で蔓延する	低湿地での作付けを避け，排水をよくする。被害残渣は，伝染源になるので圃場から取り除く	レーバスフロアブル　2,000倍 ドイツボルドーA　500倍 ダコニール1000　1,000倍
	べと病		1月下旬ころから一次伝染株が見られ，健全株に比べ株張りが小さく，葉が湾曲して葉色が薄くなり，胞子が発生する。胞子が周辺に飛散し，気温15℃前後で曇雨天が続くと二次感染し蔓延する	一次伝染株の早期発見と抜き取りを行なう	ジマンダイセン　500倍 ランマンフロアブル　2,000倍 リドミルゴールドMZ　1,000倍 ピシロックフロアブル　1,000倍ほか
	軟腐病		下位葉の葉鞘部から褪色し褐変枯死する。葉身や心葉までも萎凋軟化症状が見られる。さらにりん葉部に達し，軟化腐敗し悪臭を放つ。貯蔵中にも発生する。菌の生育適温は32～33℃で，風雨により傷口から侵入する	適正な施肥により，地上部の軟弱過繁茂な生育を抑える。収穫後は，他の球に感染しないよう取り除く	コサイド3000　2,000倍 カセット水和剤　1,000倍 アグレプト液剤　1,000倍ほか
	貯蔵病害	黒かび病	貯蔵中の球の表面に黒色の斑点を生じる。収穫後の乾燥中の高温により多発する	収穫後は，高温多湿な場所での保存はしない	登録農薬はない
		灰色腐敗病	下葉から黄化して萎れる。球部は赤褐色になり，灰色の胞子をつけ，球の肥大とともに縦に割れる。貯蔵中は，表面にビロード状の灰色のカビが密生し，黒色の菌核をつくる	被害球から胞子が飛散し，次作の伝染源になるので放置せず処分する	【定植前の苗根部浸漬】 セイビアーフロアブル20　500倍 【散布】 ロブラール水和剤　1,000培 アミスター20フロアブル　2,000培 ベルクート水和剤　1,000倍 アフェットフロアブル　2,000倍ほか
		腐敗病	2～3月ころから発生し，葉に黄白色の病斑を生じ，しだいに広がり葉身が萎凋する。病斑部から黄白色の菌泥を出し，強風雨によって飛散して蔓延する。貯蔵中にりん片1～数枚を黄褐色に腐敗させるが，腐敗臭が強くないので外見では健全球と見分けにくい	適正な施肥により，地上部の軟弱過繁茂な生育を抑える。収穫後は，他の球に感染しないよう取り除く	バリダシン　500倍
		りん片腐敗病	葉鞘部付近に黄褐色の病斑を形成し，やがて葉身全体まで枯死する。貯蔵中は，腐敗病と同様の病徴を示し，出荷後も消費者に届くまで気づかれないことがある	収穫時の作業で感染するので，それまでに圃場から取り除く。内部腐敗球については，近赤外光を利用した非破壊検出技術が開発され，（一財）雑賀技術研究所から販売されているので，選果場などで利用可能である	コサイド3000　2,000培
害虫	ネギアザミウマ（スリップス）		虫は黄色く，体長1mm程度で細長い。葉の汁を吸った痕がかすり状に色が抜けて白くなる。高温少雨で発生し，収穫時に早生種から中晩生種へと飛来する。多発すると，吸汁痕から他の病害や肩落ち球など発生の原因になる	圃場周辺にネットを張り，飛来を防ぐ	コルト顆粒水和剤　2,000倍 ディアナSC　5,000倍ほか

注）薬剤による防除は，最新の農薬登録基準を確認し遵守する

の早期発見・対策が大切である。タマネギの病害で、最も急激に蔓延する危険性が高いべと病は、一次伝染株を早期に発見し、株を抜き取り処分することが重要である。

夏に水稲の作付けや水張りをすることで、病原菌や雑草の繁殖を抑え、密度を低下させることができる。

③貯蔵病害

タマネギ掘り取り後に、天日干しを行なって切り口を十分に乾かし、葉鞘部から球への病原菌の侵入を防ぐ。その後、吊り小屋やコンテナ乾燥でも、できるだけ滞留することなくすみやかに乾燥を完了させる。

④雑草対策

黒マルチ栽培は、雑草種子の発芽を抑えるだけでなく、早生タマネギでは、地温の上昇により収穫時期を早める効果がある。一方、中晩生種では、収穫前にマルチ内が高温になり、日焼けなどの品質低下につながることがあるので注意が必要である。

タマネギの葉が大きくなるまでは、条間やウネ間に管理機を走らせる中耕作業が行なえるが、雑草が種子をつけるまで大きくしないことが大切である。

5 経営的特徴

(1) 労力

主な産地で行なわれている、作業別労働時間を表7に示した。タマネギ栽培は、栽植本数が10a当たり約2万6000本と多く、手植え作業では苗取りと植付けに36時間を要する。また、収穫作業は、掘り取りから吊り玉乾燥まで50時間かかり、しかも梅雨前に済まさなければならない最も重労働な作業であった。

これらの労力を必要とする作業を改善するため、セル成型苗全自動移植機、歩行型掘取機、20kgポリコンテナ用ピッカーが開発され、フォークリフトを利用した機械化体系が確立され、労働時間は小規模で機械を利用しない手作業体系に比べ大幅に減少している。

慌ただしい圃場での収穫・収納を終えた後は、一段落し、倉庫内での作業になる。タマネギを1球ずつ根や葉をハサミで切りながら、腐敗球や変形球などを取り除き、規格別に選別し、出荷形態に合わせて荷造りし出荷する。

(2) 経営

表8に作型別の経営指標のモデルを示した。収量は、淡路島の産地での2013～2018年の5年間の平均値から、10a当たり早生種6・7t、中生種6・8t、中晩

表7　秋まき普通・貯蔵栽培の作業別労働時間

（単位：時間 /10a）

作業名	労働時間 注1)			
	早生（即売）	中生（短期貯蔵）	中晩生（冷蔵）	手作業体系 注2)
育苗	19.2	17.8	17.8	15.5
耕起・資材施用	7.3	6.8	6.8	11.0
定植	7.5	7.5	7.5	36.0
施肥・追肥	1.5	1.5	1.5	12.0
防除	16.5	16.5	16.5	13.5
管理	4.0	5.0	5.0	10.0
収穫・収納	9.0	16.0	16.0	50.0
選別・荷造り・出荷	46.5	60.0	67.0	64.0
後片付け	3.0	4.0	4.0	4.0
合計	114.5	135.1	142.1	216.0

注1）セル成型苗全自動移植機，歩行型掘取機，20kg ポリコンテナ用ピッカー，フォークリフト利用の試算
注2）手作業体系は，手植え，吊り玉乾燥での試算

表8　秋まき普通・貯蔵栽培の経営指標[注1)]

	早生（即売）	中生（短期貯蔵）	中晩生（冷蔵）
収量（kg/10a）[注2)]	6,700	6,780	7,131
単価（円 /kg）[注3)]	109	141	186
粗収益（円 /10a）	730,300	955,980	1,326,366
経営費（円 /10a）	794,814	863,114	1,235,704
資材費[注4)]・労働費・料金	615,885	669,744	985,704
種苗費	32,724	29,160	27,216
肥料費	40,726	40,726	40,726
農薬費	38,156	40,581	40,581
光熱費	12,688	13,988	13,988
諸材料費	12,344	33,794	33,794
労働費[注5)]	260,488	307,353	323,278
荷造り出荷費	136,175	105,400	356,000
販売手数料	82,584	98,742	150,121
固定経費	178,929	193,370	250,000
機械経費	66,400	72,338	71,160
構築物経費	21,090	21,736	36,679
管理費[注6)]	91,439	99,296	142,161
所得（円 /10a）	－64,514	92,866	90,662
労働費を経営費に計上しない場合	195,974	400,219	413,940

注1）セル成型苗全自動移植機，歩行型掘取機，20kg ポリコンテナ用ピッカー，フォークリフト利用の試算
注2）収量は過去５年間の平均値
注3）単価は市場価格の過去５年間の平均値
注4）資材費と料金は農協出荷を前提とする
注5）労働費は2,275円 / 時間
注6）管理費は租税公課，労災保険料等社会保険料，その他として経営費合計の13％を計上

生種7・1ｔとし、販売単価は２０１３〜２０１８年の５年間の市場価格の平均値から、それぞれ1kg当たり１０９円、１４１円、１８６円とした。

種苗、肥料、農薬などの資材費は、地元ＪＡの栽培暦、防除基準にもとづいた。荷造り出荷費、販売手数料は、市場出荷による共同販売の場合の料金である。労働費は、表７の労働時間に対する労務単価２２７５円／時間より求めた。作付け面積が小さく家族労働ですべてを行なう場合は０円で、その分が所得に加算される。

(3) 販売先・方法

まとまった規模の産地から卸売市場へ出荷される場合は、品種や規格が統一される。

しかし、直売所などのローカルな市場への出荷では、食味や用途に応じたいろいろな品種や、減農薬など特色を生かした栽培方法も導入でき、つくる側も消費する側もタマネギのいろいろな楽しみ方を味わえる喜びを感じることができる。

（執筆：小林尚司）

冬温暖な地域で、普通タマネギ栽培に準じて栽培する。品種は、極早生種を用い、8月下旬に播種する。マルチ栽培や12月からトンネルを掛けて生育を促進させる。土壌が乾燥すると生育が進まないので、乾燥した場合は十分に灌水する。

葉タマネギの栽培

葉タマネギは、成熟する前の葉と球を食用にするため、まだ若いみずみずしい状態のままていねいに掘り取り、根と傷んだ葉を切り落として出荷する。

（執筆：小林尚司）

春まき栽培（東北）

1 この作型の特徴と導入

(1) 作型の特徴と導入の注意点

東北地域は、その気候的特徴から、春まき栽培と秋まき栽培の両方が生産可能である。両作型は作業競合が少ないため、機械類の利用効率を高めながら、規模拡大に取り組めるなどメリットが大きい。東北地域での春まき栽培は、他の野菜類でいえば抑制栽培に準じ、収穫時期は秋まき栽培より遅くなる（図10）。

東北地域の収穫・出荷時期は佐賀県などより遅く、北海道より早くなるため、国産タマネギの安定供給に貢献している。また、南北に長い東北地域の特徴と作型を組み合わせることで、国産の端境期を中心に3カ月以上の収穫（出荷）期間が見込めるなど、他の地域にはない利点がある。

播種から収穫まで機械化体系が確立しており、持続的な経営のためには、こうした作業機を活用した省力的な生産体系の導入が望ましい。

図10　タマネギの春まき栽培（東北）　栽培暦例

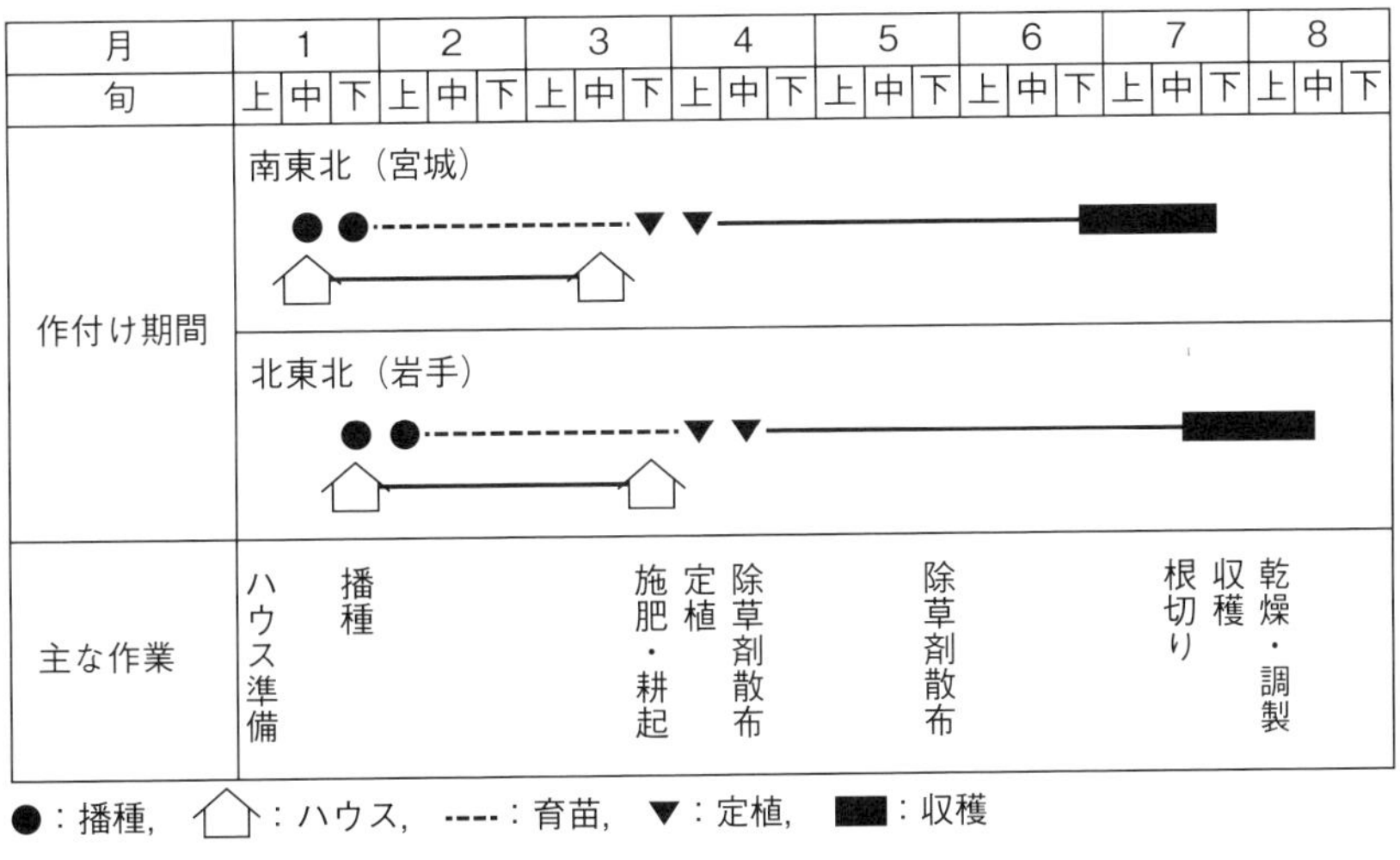

(2) 他の野菜・作物との組合せ方

①葉茎菜類や緑肥との組合せ

この地域でのタマネギ栽培は、初夏から夏に収穫するので、育苗する葉茎菜類であれば、タマネギ収穫後に組み合わせることが可能である。

秋まきタマネギの収穫後にキャベツ、ブロッコリーなどを定植し、翌春、春まきタマネギを定植する、秋まきタマネギ—キャベツ（ブロッコリー）—春まきタマネギの輪作は可能である。

なお、ネギ類との組合せは、共通の病害虫による被害を受けるので注意する。

産地では連作する場合が多いが、作付け後に緑肥などを取り入れる事例も増えている。

②大規模な輪作体系

省力的な土地利用型の野菜の特徴を生かして、畑作物などとの組合せにより大規模な輪作体系、すなわち、北海道での畑輪作のように、複数品目（ムギ、ダイズ、ジャガイモ、テンサイ）を組み合わせた、数十haにもおよぶ生産体系の確立も不可能ではない。

最近では、水田転換畑での転作作物としての栽培も増えている。この場合は、大型機械による作業を考慮して、排水性のよい圃場を選択し、水田輪作ではなく畑輪作に移行することがタマネギの特徴を生かしやすい。

2 栽培のおさえどころ

(1) どこで失敗しやすいか

①3～4葉苗を適期に植える

春まきタマネギ栽培のむずかしさは、播種・定植適期が短いことである。春まき栽培では、冬から春の気候、日平均気温や積雪量などに応じて、まず定植時期が定まる。日平均気温を目安にした場合、平年値で8℃になる日を中心にした2週間が適期と考えられ、盛岡では4月7～21日の約2週間になる。

タマネギは球が大きくなる時期が決まっており、その時期までに株をいかに大きく育てるかが重要であり、小さな苗の定植や定植遅れは減収につながる。そのため、タマネギ栽培では、適期に、定植に適した3～4葉期の苗を準備し、すみやかに定植することが最も重要になる。

無加温ハウスを利用した冬春期の育苗では、播種から定植までの目安は、ハウス内の日平均気温の積算（積算温度）で1000℃程度、日数で60～90日程度になる。ハウスの温度管理は、60日では日平均気温17℃、90日では日平均気温11℃を上回る必要がある。

②収穫後のすみやかな乾燥

この作型では生育後半が梅雨や高温期になるため、栽培管理に注意が必要である。とくに収穫から乾燥は、天気を選んで作業し、できるだけすみやかに葉を乾燥させることが、貯蔵性のよいタマネギに仕上げるために大切である。

小規模栽培であれば、葉付きで収穫したタマネギを、雨の当たらない軒先などに吊るして乾燥できる。しかし、大規模栽培では、倒伏後に根切り作業や反転作業を行なって、ある程度乾燥させてから収穫をすることが、その後の乾燥や選果作業の効率や出荷歩留りの向上につながる。

(2) おいしく安全につくるためのポイント

生育後半の高温・多湿条件での管理が重要になる。

発生しやすい病害虫のうち、ネギアザミウ

マは、多発すると球重の低下だけでなく、食害痕に起因する茎の細菌性腐敗の増加につながるため、栽培期間を通じて防除を徹底する。とくに初発時と高温期の防除が重要になるため、時期を逃さないように防除する。

病害では、生育前半はべと病（図11）、生育後半は各種細菌性病害に注意する。いずれの病害も予防を対策の重点とし、定期的な防除で対応をする。

図11　べと病（二次感染）

(3) 品種の選び方

春まき栽培では、秋まき栽培の晩生品種、もしくは東北地域の春まき用品種を選択する（表9）。

東北地域南部では'ターザン'、'オーロラ'、'ネオアース'、北部では'もみじ3号'、'ケルたま'、'ガイア'、'トタナ'などが選択されている。温暖な地域では'もみじ3号'かそれより早生の品種、寒冷な地域では'もみじ3号'かそれより晩生の品種が適する。

なお、適品種をそれぞれの地域で判断するために、圃場の一部で継続的な品種試作の実施をおすすめする。

表9　春まき栽培（東北）に適した主要品種の特性

品種名	用途	含水率	早晩性
トタナ マルソー ガイア	春まき用	少 ↑	晩 ↑
ケルたま もみじ3号 ネオアース オーロラ ターザン ターボ	春・秋兼用	↓ 高	↓ 早

注）早生品種は南東北での，晩生品種は北東北での栽培に適している

3 栽培の手順

(1) 育苗のやり方

育苗は冬期間になるため、パイプハウスなど保温できる施設で行なう。

①セルトレイの選択と播種

228〜448穴のセルトレイを利用した育苗が基本になるが、全自動移植機で定植する場合は448穴を選択する。

セルトレイ、育苗培土、コート種子は毎年更新し、セルトレイ用の播種機を用いて播種する。

なお、定植機利用の場合、植えられる苗の大きさ（草丈）が決まっているため、育苗中に複数回「せん葉」して定植時の草丈を調整する。

表10　春まき栽培（東北）のポイント

	技術目標とポイント	技術内容
播種	◎適期播種 ◎育苗場所（ハウス内）の準備	・育苗資材を必要量準備する（数量が多いので注意） ・作業速度から播種に必要な日数・人員を概算する ・セルトレイを設置する場所は凹凸ができないように均平し，遮根（防草）シートなどを設置する。ベンチを準備してもよい ・セルトレイ設置後に，トンネルやベタがけを設置。育苗前半は保温に努め，定植までに4葉目が出るような温度管理（積算気温1,000℃）をする
圃場準備	◎耕起 ◎施肥	・積雪地帯ほど排水性のよい圃場を選択する。ゆるい傾斜圃場など雨水が滞留しにくい圃場が望ましい。ウネ立ては必須ではない ・機械作業の効率化のために，長辺の長い圃場を選択する。圃場の前後に旋回スペースを確保すると作業性が向上する ・ディスクハローなどでならした後に，ブロードキャスターなどで土壌改良資材や肥料を散布し，ロータリーなどで耕起する
定植	◎定植のやり方 ◎定植精度 ◎雑草防除	・4条植えで，条間24cm，株間10～12cmが栽植の目安。適期の苗をセルトレイから外し，セルの土が隠れる程度に植える ・機械定植では，砕土状況が定植精度やその後の管理作業（除草剤の効果）に影響するため，細かく砕土するように作業する ・定植直後から1週間以内に土壌処理型除草剤を散布するが，圃場がやや湿った状態で効果が高いので，降雨後作業を目安にする
定植後の管理	◎防除スケジュール作成と実施	・防除スケジュールはマニュアル（「東北地域における春まきタマネギ栽培マニュアル」で検索）を目安に計画する ・薬剤を準備し，スケジュールどおりに防除を実施する。降雨などへの対処の仕方（前倒し，後倒し）も決めておくとよい
収穫	◎圃場乾燥と乾燥・調製作業の効率化	・倒伏後は，圃場乾燥・収穫・収穫後乾燥・調製の順で作業を進める ・圃場で茎葉から水分を飛ばすため，倒伏や球の状態を目安に，根切り作業を実施する。作業は半日以上は降雨がない日を選択する ・根切り3日後以降に，デガーにより球を反転する。さらに数日後から収穫を開始する ・乾燥したタマネギを計画的に圃場から引き上げるため，作業速度を目安に人員配置を計画する
乾燥	◎作業速度に応じた工程管理	・乾燥作業は，収穫作業との連携を考慮した計画を立てる ・収穫の状態によっては，すぐに乾燥を始めないと球が腐敗する場合もあり，収穫後のコンテナが滞留する状態を避けることが重要
調製	◎出荷用の調製作業	・乾燥したタマネギの表面の土を落とし，葉と根を除去する ・球の横茎を基準にサイズ分けをして，段ボールやネットに詰める

表11　施肥例

（単位：kg/10a）

作型	種類	肥料名	施肥量	成分量		
				窒素	リン酸	カリ
春まき	元肥	くみあい苦土ほう素入り複合硝燐加安S444号（NN444，14-14-14）	100	14	14	14

②灌水と施肥

春まき栽培では育苗期の気温が低いので、培土量の少ないセルトレイによる育苗でも、1日1回程度の灌水で対応できる。そのため、根鉢の形成を考慮して、ベンチ育苗もしくは遮根育苗を行なう。

培土量の少ないセルトレイを用いた長期育苗のため、育苗後半に肥切れしやすい。基本は液肥などを用いた追肥で対応するが、培土に細粒の緩効性肥料（マイクロロングトータルなど）を重量比で2％程度混和することで、育苗中の追肥が不要になる。

③セルトレイの設置場所

播種後のセルトレイの設置場所は、滞水箇所ができないよう、耕うん後は凹凸のないようにていねいに均平し、遮根のための防草シートなどを敷設する。

ベンチなどを設置し、その上で育苗を行なえば、生育ムラがより少なくなる。

④温度管理と病害虫防除

温度管理は、日平均気温で10～20℃ぐらいを目安にし、必要に応じてトンネル被覆など行ない、定植時に積算気温1000℃になるように調整する。

冬でも晴天時にはハウス内が高温になるので、30℃を上限に換気を行なって温度を下げる。

施設内育苗のため、基本的には病害虫防除は不要である。

(2) 定植のやり方

①定植方法と栽植様式

定植は、苗の根鉢が土に隠れ、葉の分岐部分が地上に出るように実施する。

高ウネ、平ウネどちらでもよく、ウネ幅140～150cm、株間10～12cm、条間24cm、4条植えが目安になる。平ウネであればウネ幅130cm程度でもよいが、防除用機械が走行するウネ（防除ウネ）を設置する必要がある。

1haの圃場（100m×100mと想定）では、ウネ当たり3300～4000株が植えられ、圃場全体で21万7800～26万4000株になる。大規模機械化体系では、大型作業機による作業効率を考えて、枕地や防除ウネを適宜設定する。

なお、施肥例を表11に示した。

②根鉢形成への対応

根鉢形成が不十分な場合、機械定植では、作業中に機械で根鉢が崩れ定植精度が低下する。タマネギは網状の根鉢を形成しないので、遮根育苗しても、定植に必要な根鉢が形成されるまで時間がかかる。

高価になるが、培土自体が固まる固化培土（バインダー培土）であれば、根鉢の状態にかかわらず、播種後45日ごろまでに培土自体が固まるので定植できる。

③適期の苗を定植する

春まき栽培では、3～4葉期の苗を定植する。葉齢の進んだ苗は、十分に根鉢が形成されていて植えやすい反面、抽台株が発生して収量が低下しやすい。反対に、小苗を定植すると生育が遅れ、球肥大のタイミングがより高温条件になるので、小球化や病気の発生を誘引しやすい。

したがって、地域での播種時期や定植時期を遵守し、計画どおりに作業を進めることが大切である。

(3) 定植後の管理

春まき栽培は全量元肥で、追肥はしない。そのため定植後の管理は、病害虫と雑草の防除になる。

栽培期間中は雑草の発生が続き、繁茂すると病気の発生を助長し、機械作業を阻害する

表12　春まき栽培（東北）に用いる除草剤例

<table>
<tr><th rowspan="2">薬剤名</th><th rowspan="2">適用雑草名</th><th rowspan="2" colspan="2">使用時期</th><th colspan="2">使用量（10a当たり）</th><th rowspan="2">使用回数</th><th rowspan="2">使用方法</th></tr>
<tr><th>薬量</th><th>希釈水量</th></tr>
<tr><td>モーティブ乳剤</td><td rowspan="3">一年生雑草</td><td rowspan="3">雑草発生前</td><td>定植後
ただし，定植30日後まで</td><td>200～400mℓ</td><td rowspan="3">100ℓ</td><td>1回</td><td rowspan="2">全面土壌散布</td></tr>
<tr><td>グラメックス水和剤</td><td>定植活着後
ただし，収穫90日前まで</td><td>100～200g</td><td>1回</td></tr>
<tr><td>ボクサー</td><td>定植後または中耕後
ただし，収穫45日前まで</td><td>400～500mℓ</td><td>2回以内</td><td>雑草茎葉散布，または全面土壌散布</td></tr>
<tr><td>ナブ乳剤</td><td>一年生イネ科雑草（スズメノカタビラを除く）</td><td>イネ科雑草6～8葉期</td><td>収穫14日前まで</td><td>200mℓ</td><td>100～150ℓ</td><td>2回以内</td><td rowspan="3">雑草茎葉散布，または全面散布</td></tr>
<tr><td rowspan="2">アクチノールB乳剤</td><td rowspan="2">一年生広葉雑草</td><td rowspan="2">雑草生育初期</td><td>秋まき栽培の早春期
ただし，収穫30日前まで</td><td>100～200mℓ</td><td>70～100ℓ</td><td>2回以内</td></tr>
<tr><td>春まき栽培の生育期
ただし，収穫30日前まで</td><td>100～150mℓ</td><td>70～100ℓ</td><td>2回以内</td></tr>
</table>

注）2022年3月1日現在。使用前にラベルなどにて要確認

ので、雑草の発生量の少ない圃場を選択したい。雑草の発生が多い圃場では、作付け前や収穫後の殺草処理など、栽培期間外も含めた対策を講じる。

定植直後と40日後の、2回の土壌処理型除草剤による抑草を基本に、必要に応じて手取りや茎葉処理剤の追加散布で発生した雑草を防除する（表12）。

土壌処理剤は土壌が乾いていると効果が劣るため、土壌がほどよく湿っている降雨後などに処理をする。収穫が遅くなると、除草剤の効果がなくなり雑草が発生するので、2回目の散布は収穫時期に合わせて実施するとよい。

(4) 収穫

①収穫時期と小規模での収穫

収穫時期は、80％の株が倒伏（倒伏揃期）してから1週間後が目安になる。なお、倒伏期は品種の早晩性によって異なる。

小規模であれば、倒伏揃期に圃場で茎葉を切りながら収穫する。切り口を乾燥させるために、20kgコンテナに収穫し、遮光したハウスなどで風を当てながら乾燥を進める。

②大規模栽培での収穫

大規模栽培では、収穫前に圃場で茎葉を乾燥させる工程が必須となる。収穫作業は、①根切り、②反転、③拾い上げの順で進める。

倒伏揃期に、まず根切り作業を実施する。タイミングが早いと日焼け球（球の南側面が凹む）の発生につながるため、球に茶色の皮（保護葉）ができ始めていることを確認してから作業する。

また、作業中に茎葉が損傷するので、作業は晴天時に行ない、傷口がふさがる時間を半日程度は確保する。その後の降雨では、病気の発生が助長されることはない。

根切り後3日程度で茎葉の張りがなくなるのを見きわめて、デガーで球を反転させてさらに乾燥を進める。その後、3日程度で茎葉の緑色の部分が目立たなくなったら、大型ピッカーで拾い上げる。1tのスチールコンテナを利用するピッカーでは、コンテナの入れ替えにフォークリフトも必要になる。

収穫では作業全体の最適化が重要で、収穫

表13　病害虫防除の方法

	病害虫名	症状と発病条件	防除法
病気	べと病	一次感染株に形成された分生胞子によって感染し，葉に淡黄緑色の境界が不明瞭な楕円形の病斑が現われる。平均気温10～20℃で，葉面が濡れている状態が続くと感染リスクが高まる	・連作の回避 ・一次感染株の抜き取り，圃場からの持ち出し ・適期にメタラキシル剤やマンゼブ剤による防除
	腐敗病	肥大期以降に葉身の基部から腐敗が進行し，その葉身からつながる肥厚葉が腐敗する。収穫直後は腐敗が進んでいないので選別がむずかしく，出荷先で病徴が現われ問題となる	・ネギアザミウマの食害痕上での菌の増殖が疑われる ・アザミウマ類の防除により腐敗病が減少したため，とくに生育後半のアザミウマ防除の徹底 ・適期に銅剤，抗生物質，オキソリニック酸などのローテーションによる防除
	乾腐病	タマネギの茎（茎盤）に侵入した菌により発症する。生育期全般にわたり感染するが，活動は高温（28℃前後）で活発になる。肥大前に発症した場合は葉や株に湾曲が生じる。球で発症した場合は，茎盤部から進行した腐敗によって，茎盤部は崩壊し，球全体が腐敗する	・栽培中の防除は困難なため，連作の回避・抵抗性品種の利用などで対応 ・移植栽培では育苗資材の消毒を徹底 ・春まき栽培で問題となりやすい
害虫	ネギアザミウマ	成虫および幼虫が葉を食害し，多発すると葉全体が白いかすり状になる。東北地域では4～5月ころに最初の発生が見られ，盛夏に向けて頭数が増える。寒冷地では約3世代を繰り返すとされる。タマネギでは，食害による減収以外に，上記の腐敗病との関連が指摘されている	・侵入防止対策や天敵による防除はむずかしいため，プロチオホスやスピネトラムなど，効果のある薬剤のローテーションによる防除を徹底 ・詳しくは「東北地域における春まきタマネギ栽培マニュアル」（web検索）を参照

後の乾燥・調製も一連の工程と考え、最も時間を要する調製工程の作業速度に合わせて、他の作業を組み合わせて実施する。

4 病害虫防除

(1) 基本になる防除方法

生育の後半が梅雨時期になる春まき栽培では、病害虫による被害が発生しやすい。生育中に展開する葉の数が限られていることもあり、葉身の被害は回復しにくい。そのため、予防的防除を基本とし、地域の慣行や前年度の実績などを参考に、あらかじめ計画したスケジュールで防除を実施する。天候不良などでリスク増大が懸念される場合は、薬剤の散布回数を増やすようにする。

東北地域ではべと病や灰色かび病の被害は少なく、ネギアザミウマと腐敗病の被害が多いため、これらの対策が主になる。

ネギアザミウマの初発時期は4～5月であり、南の地域ほど発生時期が早くなる。タマネギでは出荷部位（球）への加害は少ないが、食害で葉身が白くかすり状になり、結果的に球重が低下する。本種に対してはトクチオン乳剤やディアナSCの効果が高いので、これらを主体に10～15日間隔で殺虫剤散布を行なう（表13）。

腐敗病は、球肥大期に葉身基部付近から症状が拡大することが多く、最終的に球が腐敗する。感染した葉でのみ症状が進行し、他の葉には症状が現われないので気づきにくい。本病害は、ネギアザミウマ食害痕から感染が始まると考えられており、殺菌剤散布に加えて、殺虫剤でネギアザミウマを防除することも被害軽減のポイントになる。

(2) 農薬を使わない工夫

タマネギそのものは、ある程度病気に強い作物である。東北地域では、生産の歴史も浅いことから、病害虫の被害が比較的少なくつくりやすい品目でもある。今後とも、よい条件で生産を続けるためには、過度な連作をしない、病害株は圃場から持ち出し処分するな

表14　春まき栽培（東北・機械化体系）の経営指標

項目	
収量（kg/10a）	4,000
単価（円/kg）	65
粗収入（円/10a）	260,000
支出（円/10a）	170,000
種苗費	25,000
肥料費	20,000
農薬費	15,000
諸資材費	15,000
機械費	45,000
その他	10,000
流通経費	40,000
労働時間（時間/10a）	（家族）6 （雇用）31
労働費（円/10a）	40,000
所得（円/10a）	50,000

ど、作付け当初から被害の拡大を防ぐ対策を行ないたい。

ネギアザミウマの防除については、現状では農薬を使わない体系は想定しがたいが、青色粘着トラップで多く捕殺されることや、天敵や光反射シートなどを利用した場合に寄生数の抑制効果などが報告されており、露地でも寄生数の抑制につながる技術の実用化が期待される。

5 経営的特徴

機械化体系により栽培管理は省力的に行なえるが、栽培規模が大きくなると、時間を要する乾燥・調製作業は雇用労働力が必要となる。調査結果をもとにした、東北地域での大規模タマネギ生産の10a当たりの物財費は概算で13万円程度であり、北海道も同水準のため一つの目安としたい。それに労働費、流通経費などを加えた、総支出額は10a当たり約21万円になる（表14）。

流通経費には、選果経費、梱包資材費、輸送経費などが含まれ、こうした負担を生産者と買い手のどちらで負担するかによっても、収支が大きく変化する。

このように、販売単価だけではなく、出荷規格の簡素化による省力化、コンテナ流通による梱包資材の削減、引き取りによる輸送費の削減など、付帯する条件に注意する。付帯条件によっては、100円／kgの市場流通より、70円／kgの加工原料として出荷したほうが、経営的に有利になる場合もある。

（執筆：室　崇人）

春まき栽培（北海道）

1 この作型の特徴と導入

(1) 作型の特徴と導入の注意点

北海道での春まき栽培は、定植と直播の二つに分かれ、定植が中心になっている。そこで、本稿では定植栽培について述べる。

品種には、極早生種、早生種、中生種、中晩生種があり、中晩生種が最も多く約50％になっている。ねらった出荷時期に、高品質なタマネギの供給ができるよう、各産地で作型ごとに品種が設定されている（図12）。

(2) 他の野菜・作物との組合せ方

北海道内の多くの産地は、従来は連作が主流であった。しかし現在は、連作障害回避を目的とした、畑作物（コムギ、ダイズ、テンサイなど）や秋野菜（ハクサイなど）との輪作が行なわれる産地が増えつつある。

図12　タマネギの春まき栽培（北海道）の主要作型，品種と栽培暦例

	品種	2月〜10月（上・中・下旬）
早期播種	SN-3A 北はやて2号 バレットベア	●---●————▼---▼————■■■（播種：2月上旬〜2月下旬，定植：4月上旬〜4月下旬，収穫：8月上旬〜8月下旬）
普通播種	オホーツク222 北もみじ2000	●-------●————▼----▼————■■■（播種：2月下旬〜3月下旬，定植：4月下旬〜5月中旬，収穫：8月下旬〜9月下旬）
主な作業（普通播種の場合）		・中耕：5月中下旬（2回程度） ・手取り除草：6月下旬まで（以降は茎葉を傷め病害発生を助長） ・病害虫防除：発生状況に応じて ・葉分け：8月中下旬（根切り前に行なう） ・根切り：8月下旬ころ

●：播種，▼：定植，■■：収穫

また、土つくりの視点から、極早生品種の後作に緑肥を導入する事例も多くなっている。

2　栽培のおさえどころ

(1) どこで失敗しやすいか

①積極的な物理性改善の実施

安定生産のためには、降雨リスクの低下と、初期生育量が確保できる生産基盤を築くことが重要になる。

降雨リスクの低下は、温暖化にともなう突発的豪雨や長雨にともなう圃場停滞水を、早期に圃場外へ排出することが重要になる。対策例としては、心土破砕や額縁明渠があげられ、傾斜均平も有効である。

初期生育量の確保には、根域拡大が有効である。対策例としては、心土破砕（サブソイラ、パラソイラなど）や広幅心土破砕（ハーフソイラ、プラソイラなど）による耕盤層の破壊が効果的である。

②積極的な土つくりの実践

品質や貯蔵性の高いタマネギを生産するためには、良質堆肥の施用や後作緑肥の導入など、土つくりが基本になる。

良質堆肥として家畜堆肥（牛糞堆肥など）を毎年施用したり、タマネギの極早生品種の収穫後に緑肥を播種し、生育量を十分に確保してからすき込むなどがある。

こうした土つくりにより、土壌物理性（とくに孔隙率）が向上し、タマネギの生育と収量の安定につながる。

③来年の準備は当年から始める

苗床は定植後から、本畑は収穫後から次年度に向けた準備が重要になる。

有機質に富んだ排水性のよい苗床になるよう、①育苗後に緑肥を播種して土つくりに努め、②土壌診断も忘れずに行ない適正なpHに調整し、③秋のうちにビニールハウスの被覆を行なう。

本畑は、土つくりを目的とした収穫後の緑肥導入や、融雪促進による地温の確保を目的にプラウ耕を行なう。

(2) おいしく安全につくるためのポイント

①適品種の選択

タマネギは、品種によって作型や用途が異

表15　春まき栽培（北海道）に適した主要品種の特性

	品種名	販売元	倒伏期	耐抽台性	乾腐病	規格内率	規格内収量	球の大きさ	球外観品質	貯蔵性	硬さ
早期播種	SN-3A	七宝	早の中生	強	やや強	良	多	大	並	やや不良	軟
	北はやて2号	タキイ種苗	早の中生	強	並	やや良	並	並	やや良	やや不良	やや軟
	バレットベア	タキイ種苗	早の中生	強	やや強	やや良	やや多	やや大	やや良	やや不良	やや軟
普通播種	オホーツク222	七宝	早の晩生	強	やや強	良	やや多	やや大	良	やや良	やや軟
	北もみじ2000	七宝	中の早生	強	やや強	良	多	大	良	良	硬

注）「北海道野菜地図 その46」より引用

なる。おいしいタマネギをつくるには、作型や用途に適した品種を選ぶことが重要である（表15）。

種苗会社から販売されている品種はF_1が大部分で、早生～晩生種は球形が甲高～丸形をしている。カタログには、品種ごとに熟期の早晩性、球の大きさ、貯蔵性、食味などが記載されているので、それをもとに選択するとよい。

②初期防除の徹底

タマネギは、病害虫の初発期を逃して防除に苦慮するほど品質に影響し、さらによけいな農薬費もかかり、経済性への影響が大きい。そのため、病害虫の初発期を確認してすみやかに防除することが、農薬の使用を極力抑え、高品質で安全・安心な生産への分岐点になる。

病害虫や貯蔵腐敗の発生を抑えるためにも、徹底した圃場観察に努めることが重要である。

③適正な根切り時期

根切り作業は、タマネギの生長を止め、過肥大による球の変形、裂皮や皮むけの防止、鬼皮の着色促進など、品質向上のために行なわれている。しかし、作業が遅れたり、降雨後や土壌水分が高いなど土壌条件が悪いときに実施すると、変形球や裂皮の発生、外皮が薄くなるなどの品質低下につながる。

また、過大に球を肥大させようと、根切り時期を遅らせすぎると、内分球（通称：抱き玉）になって品質低下をまねき、規格内収量が低下する。

したがって、倒伏や球肥大の状況を把握し、品種の早晩性や出荷計画なども考慮しながら、ベストなタイミングで根切り作業を進めることが重要である。

3　栽培の手順

(1)　育苗のやり方

①目標とする苗

大苗にしすぎると抽台発生率が高まる恐れがあるため、育苗日数は55～60日、生育目標は葉鞘径4㎜、生葉数3枚以上、苗1本重4～6gに設定し、適切な温度と水分管理で「硬くて締まった」苗つくりに努める。

なお、育苗はハウス内で行なう。

②苗床づくり

施肥は、土壌診断結果にもとづいて行なう（表17）。一般的に、EC値や窒素は低いほうがよく、リン酸は高いほうがよい。

施肥後は、育苗時の生育不良の原因である「苗床の凹凸」がないよう、注意しながら正転ロータリーで混和し、混和後に根切りネットを設置する。

10a当たりの必要苗箱数は70〜75枚であり、必要面積は14〜15㎡である。

③播種のやり方

北海道では、448穴の成型ポット（セルトレイ）による育苗が主流である。以下、その育苗例をもとに解説する。

播種は、苗箱供給→土詰め→播種→覆土→灌水まで自動で行なう「全自動播種機」が使用されている。播種後は、苗床の根切りネットの上に成型ポットを並べ、灌水ムラや生育不良による成苗率の低下を回避するため、踏み板でポットと土壌を十分に圧着させるよ

表16　春まき栽培（北海道）のポイント

	技術目標とポイント	技術内容
定植準備	◎圃場の選定と土つくり ・透排水性改善と根域確保が重要	・透排水性改善は額縁明渠や傾斜均平，根域確保は心土破砕による耕盤層の破壊が効果的
	◎施肥標準 ・土壌診断結果にもとづく適正量で	・窒素，リン酸，カリともに15kg/10aを施用する。ただし，土壌診断結果にもとづいた施肥対応に努める
	◎圃場つくり ・各圃場の砕土性に合わせる	・各圃場の砕土性に合わせて，作業機械の使い方と回数を変更し，定植精度の向上を図る
育苗方法	◎苗質目標 ・大苗にしない	・葉鞘径4mm，生葉数3枚以上，苗1本重4〜6g，適切な温度と水分管理で「硬くて締まった」苗つくりに努める
	◎温度管理 ・生育ステージに合わせる	・発芽までは高めに管理し，90％以上の発芽確認後にシルバーポリを除去する。その後は，天候に合わせて手動でトンネルを開閉し「苗焼け」を発症しないよう留意する
	◎せん葉 ・生育状況を見ながら実施	・曲がり苗の回避と生育促進を目的に行なう。新葉を傷つけると生育が停滞するため注意する
定植方法	◎定植時期 ・極端な早植えはしない	・初期生育確保に適した地温が確保される4月下旬ころから行なう
	◎栽植密度 ・適正な栽植本数とする	・ウネ幅120cm，株間11.5cm，条間27cmの4条植えで，10a当たりの栽植本数は，通路分を除くと約2万7,000本である ・密植すると単収は向上するが1球重は小さくなり，さらにクズ球や病害球が増える傾向にあるため，過度な密植は避ける
定植後の管理	◎雑草対策 ・初期対策が重要	・雑草発生前に除草剤の土壌処理を行なう ・初期対策の成否は初動でほとんど決まるため，「遅れず」「均一に」「確実に」実施する
	◎病害虫防除 ・初発を見逃さない	・病害虫や貯蔵腐敗の発生を抑えるため，徹底した圃場観察に努める
収穫	◎根切り作業 ・倒伏揃期を基準日とする	・倒伏揃日から極早生種は5日後，早生種は7〜10日後，中生種は10〜15日後，晩生種は15〜20日後を目安に作業する
	◎収穫作業 ・晴天日に行なう	・土壌水分が高いときは，泥をすりつけられてタマネギが汚れ外観品質を落としてしまうため，必ず晴天日が続くときに行なう

表17　苗床のEC値と窒素施肥量

EC値（mS/cm）	窒素施肥量（g/m^2）
0.3以下	12.0
0.3〜0.5	10.0
0.5〜0.8	6.0
0.8以上	0.0〜2.0

注）北海道での施肥例

う、しっかりと踏み込む（図13）。

その後、シルバーポリでベタがけ被覆し、さらに、シルバーポリや保温資材でトンネルを設置する（図14）。

播種は2月下旬ころの極早生品種から始まり、その後は品種の早晩性に合わせて順次行ない、3月上旬までには終える。

④ベタがけの除去とトンネルの開閉

90％以上の発芽を確認したら、ベタがけ被覆しているシルバーポリを除去する。

トンネルは、天候に合わせて手動で開閉する。とくに、「苗焼け」を発症しないよう、トンネル内の温湿度に留意する。

なお、ハウス内の温度は、ハウスの出入り口や側窓を開閉し、最高温度が25℃以上、最低温度が5℃以下にならないよう管理する。

⑤灌水管理

育苗初期の灌水は、発芽と初期生育の成否に重要である。発芽揃いまでは、毎日午前中に少量灌水を行ない、覆土が乾かないよう注意する。

発芽揃い後は、基本的に培土が乾いたら灌水する程度とする。灌水量は、生育ステージや生育状況をよく観察しながら、徒長させないよう、一度に多量に行なわないようにする。

図13　踏み板で土壌とポットを圧着

図14　シルバーポリのベタがけとトンネル保温

図15　せん葉機

⑥温度管理

温度は、発芽までは高め（地温20℃）にする。発芽後は、本葉1～2葉までは20～23℃、本葉2～3葉までは18～23℃、移植2週間前からは17～18℃で管理し、葉齢に合わせて徐々に下げていく。

図16　定植床つくりの事例

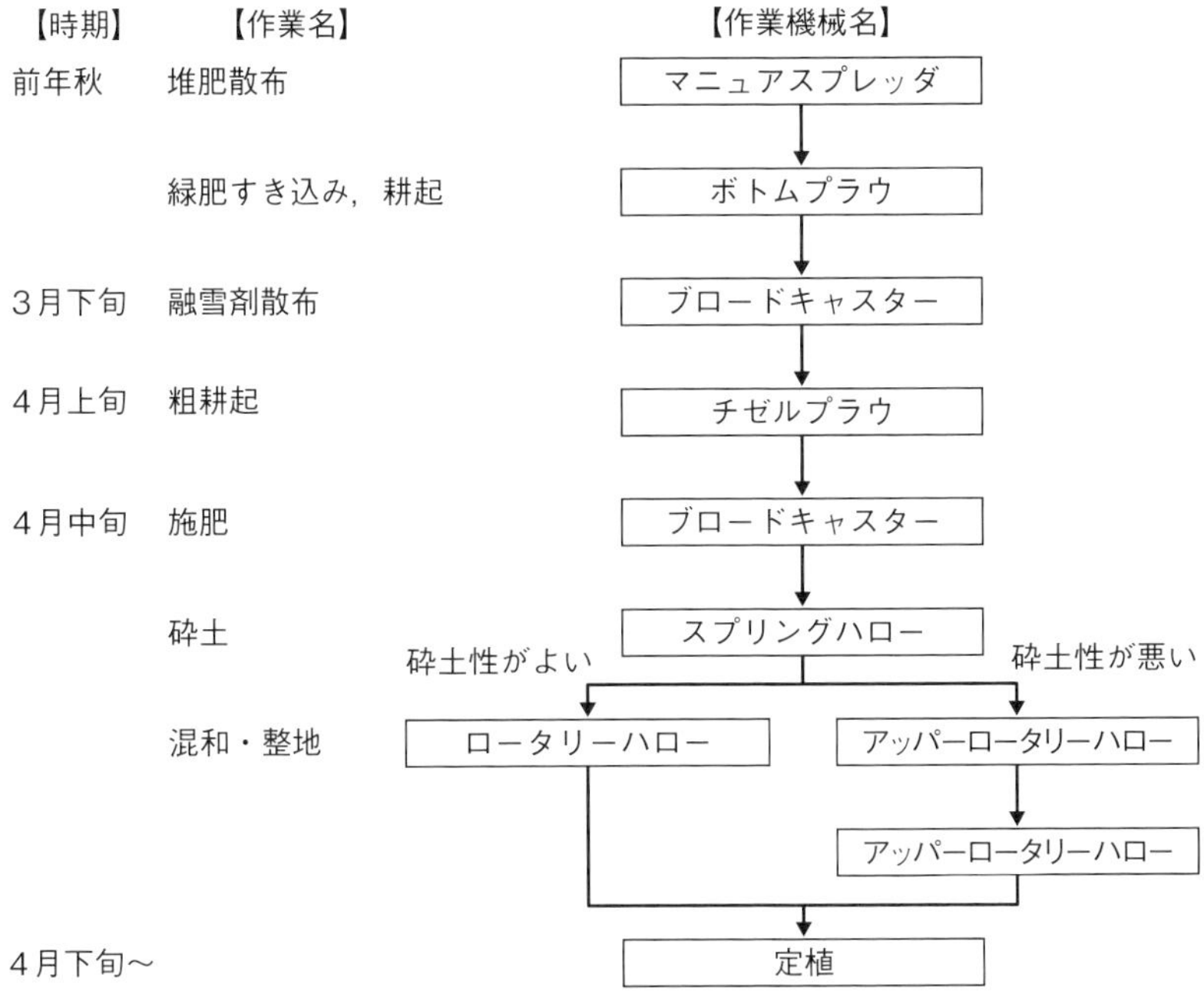

換気も、苗の生育状況と温度管理に合わせて適度に行なう。

⑦せん葉

苗の「せん葉」（葉刈り）は、曲がり苗の回避と生育促進を目的に、草丈17cmを目安にせん葉機（図15）で行なう。せん葉は、新葉を傷つけると生育が停滞するため、注意しながら行なう。葉の伸長を把握しながら、必要に応じて複数回実施する。

定植機の構造上、草丈17cm以上になると葉がからんで、定植精度が落ちる。そのため、定植2日前までに、せん葉機で草丈17cm程度に仕上げる。

(2) 定植のやり方

①前年秋の圃場の準備

腐敗球や収穫残渣は、翌年の病害虫発生の原因になるので、前年の秋のうちに集めて圃場外へ排出するか、堆肥化するなど、適切に処理しておく。

収穫後は、9月上旬ころを播種晩限に、後作緑肥を導入して土つくりに努める。たとえば、8月ならエンバク、9月ならライムギを播種し、生育量を十分に確保してから秋にすき込む。

さらに、根域拡大、透排水性向上、融雪水の排水促進を目的にボトムプラウを施工する（図16）。

②粗耕起、砕土、施肥、整地

越年後は、前年秋のボトムプラウ施工と融雪水による土塊を砕くため、スタブルカルチ（チゼルプラウ）で粗耕起をする。

粗耕起後は、土壌診断結果にもとづいた施肥量（表18、19）をブロードキャスターで施用し、整地性能が高いスプリングハローで砕土を行なう。

砕土後は、各圃場の砕土性に合わせて、作業機械の使い方と回数を変えて整地し、定植精度の向上と転び苗の減少による、補植時間の短縮につなげる。

③定植の方法

定植時期は、初期生育確保に適した地温が確保される4月下旬ころから行なう。極早生品種から始まり、中晩生品種が終わるのは5月初旬になる。

表18　春まき移植栽培の施肥標準と施肥例

（単位：kg/10a）

施肥標準[注)]

作型	基準収量	成分量		
		窒素	リン酸	カリ
春まき移植	5,500	15	15	15

施肥例

肥料名	施肥量	成分量		
		窒素	リン酸	カリ
S121	150	15	20	15

注）「北海道施肥ガイド2020」より

表19　タマネギの診断値と施肥対応[注1)]

窒素（単位：診断値；熱水抽出窒素 mg N/10a，施肥量；kg N/10a）

評価　→ 範囲　→	Ⅰ ～3	Ⅱ（標準対応） 3～5	Ⅲ 5～
元肥量 分施量[注2)]	12 6	10 5	8 4

リン酸
（単位：診断値；トルオーグ法 mg P_2O_2/100g，施肥量；kg P_2O_2/10a）

評価　→ 範囲　→	低い ～30	やや低い 30～60	基準値 60～80	やや高い 80～100	高い 100～
元肥量	30	20	15	8	0

カリ（単位：診断値；交換性カリ mg K_2O/100g，施肥量；kg K_2O/10a）

評価　→ 範囲　→	低い ～8	やや低い 8～15	基準値 15～30	やや高い 30～60	高い 60～
元肥量	30	20	15	10	0

注1）「北海道施肥ガイド2020」より
注2）分施は，移植後4週目ころ

極端な早期定植は、低温の影響による活着や生育不良をまねき、初期生育不良によって減収する恐れがあるので避ける。

栽植密度は、ウネ幅120cmに株間11・5cm、条間27cmの4条植えで、10a当たりの栽植本数は、通路分を除くと約2万7000本である。密植すると単収は向上するが、1球重は小さくなり、さらにクズ球や病害球が増える傾向にあるため、過度な密植は避ける。

(3) 定植後の管理

定植後は、雑草発生前に除草剤の土壌処理を行なう。初期の雑草対策の成否は初動でほとんど決まるため、「遅れず」「均一に」「確実に」で実施する。

生育期の除草は、手取りを基本とするが、発生状況によっては除草剤を散布する。

(4) 収穫

① 葉分け作業

根切り作業の効率化を目的に、根切り機の車輪幅である4ウネ分の茎葉をまとめる、葉分け作業を葉分け機で行なう。このひと手間が、根切り機の車輪による茎葉の傷みを少なくし、作業効率を向上させる。

② 根切り作業

品種の早晩性に合わせて、専用の機械で行なう（図18）。

一般的に、倒伏揃期（圃場全体の80％程度が倒伏した日）を基準に実施され、極早生種は5日後、早生種は7～10日後、中生種は10～15日後、晩生種は15～20日後が目安である。

気温が30℃を超える日に根切り作業を行なうと、日焼け球の発生が懸念される。そのため、気温30℃以上の日が続く場合は、根切り作業をしないようにする。

③ 掘り取り作業

タマネギは、根切りをしても半分以上は土に埋まっているため、専用の掘取機（図19）で掘り起こす。この作業によってさらに乾燥を進め、品質向上や収穫作業の効率化が図られる。

④収穫

広大な面積を収穫するため、機械収穫が前提になる（図20）。

収穫は、晴天が続く日をねらってオニオンピッカーで行ない、機械後方にある鉄製のコンテナ（以下、「大コン」）に入れる。土壌水分が高いときは、泥をすりつけられてタマネギが汚れ、外観品質を落としてしまうので、収穫作業は必ず晴天日が続くときに行なう。

大コンに入れられたタマネギは、圃場で風乾する。大コンは、粗選別時に搬出しやすいように並べるが、風通しと乾燥促進のために、各大コンの間隔を少なくても30㎝以上確保する。風乾日数は、作業の進捗状況で多少は前後するが、品種の早晩性で決める。極早生種は約5日、早生種は約10日、中生種は約20日である（図21）。

風乾後は、タッピングセレクタを利用して粗選別を行ない、根や残葉、石、小球、障害球を除去する。こうして、形の揃った高品質なタマネギが、再び大コンに搬入されるという工程になっている（図22、23）。

(5) 貯蔵

目標温度は0～1℃、湿度は65～70％とする。

極早生種は、貯蔵性が劣るため収穫直後から秋までに出荷し、早生種は年内出荷とす

図17　機械収穫体系の例

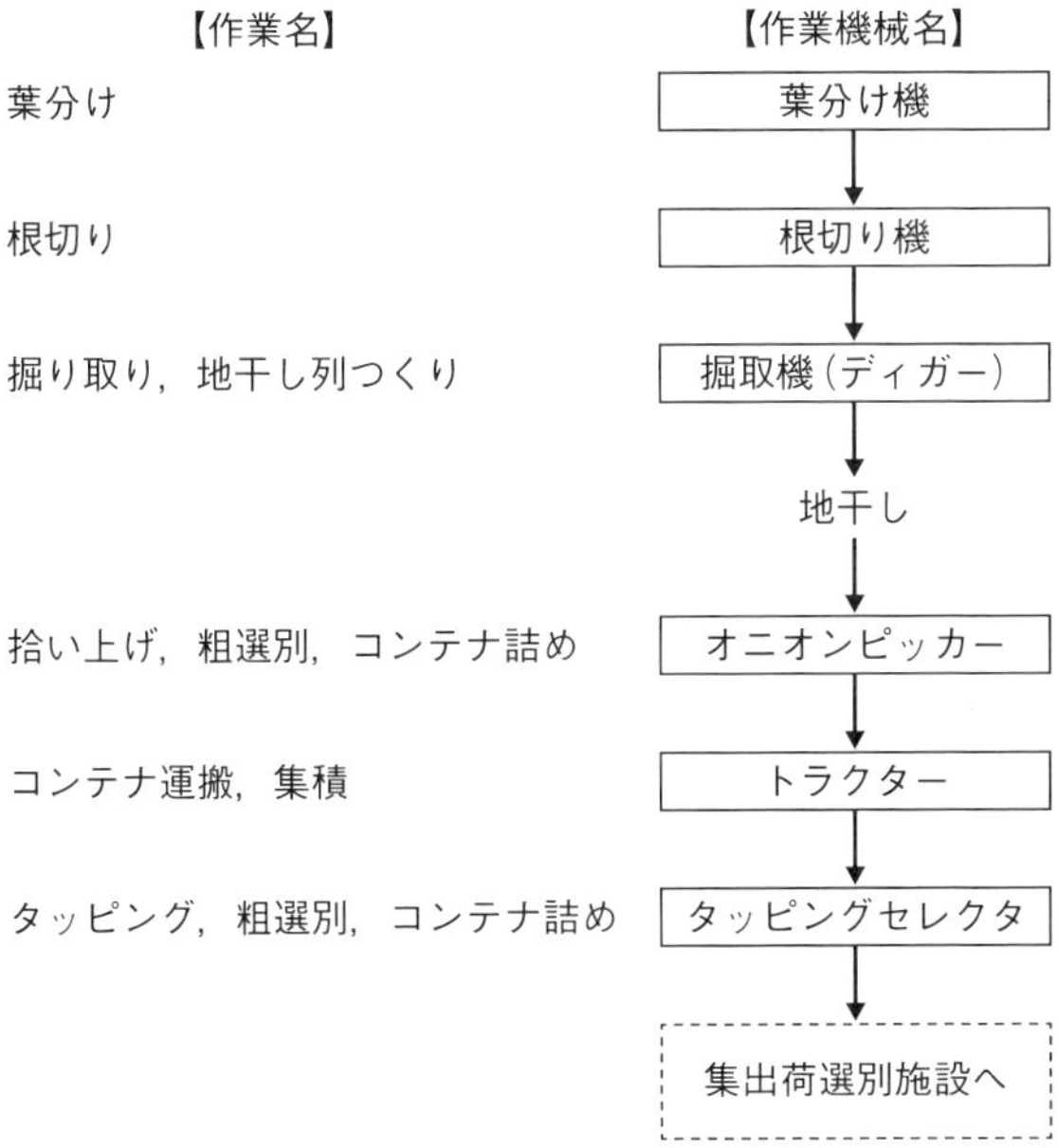

図18　根切り作業

図19　掘り取り作業

る。貯蔵性の高い中～晩生種は、翌年春まで出荷できるが、年によって貯蔵性に良否があるため、基盤突出や発根、萌芽に注意する。

収穫時には、自然休眠に入っているので、他の生鮮野菜のように急冷する必要はない。冬の外気温を利用しながら徐々に冷却するが、凍結や結露に注意する。

図20　オニオンピッカーによる収穫作業

4 病害虫防除

(1) 基本になる防除方法

主な病気は小菌核病、白斑葉枯病、軟腐病、灰色腐敗病、べと病、主な害虫はネギアザミウマ（スリップス）、ネギハモグリバエ、タマネギバエである。

農薬選択や使用回数などについては、各認

図21　風乾中の「大コン」

図22　タッピングセレクタで残葉，残根，小石などを除去

図23　タッピングセレクタの機上で粗選別作業

証制度や慣行栽培の防除基準、および登録内容にもとづいて行なう（表20、21）。

(2) 農薬を使わない工夫

病害虫の初発を逃さず、化学合成農薬の延べ有効成分使用回数を必要最小限に抑えるため、圃場観察をまめに行ない、関係機関から発出される「営農情報」や「病害虫初発日情報」を必ず確認する。また、他生産者との情報交換を密にすることも重要である。

なお、耕種的防除法については表21に紹介した。

表20　化学合成農薬の使用基準

	化学合成農薬の延べ有効成分使用回数	
	北のクリーン農産物表示[注]使用基準	慣行レベル
早生品種	14以下	28
中・晩生品種	18以下	30

注）「北のクリーン農産物表示制度」（2021年３月）より。化学肥料の使用量や化学合成農薬の使用回数を削減するなど，登録基準に適合して北海道で生産された農産物について表示する制度

表21　病害虫防除の方法

	病害虫名	耕種的防除	化学的防除
病気	小菌核病（6月中旬以降）		トップジンM水和剤，スミレックス水和剤，ベルクート水和剤
	べと病		グリーンペンコゼブ水和剤，どさんこスター水和剤，リドミルゴールドMZ
	白斑葉枯病（灰色かび病）	健全種子を用いる	アフェットフロアブル，グットクル水和剤，シグナムWDG，ダコニールエース，ファンタジスタ顆粒水和剤，プロポーズ顆粒水和剤，ベルクートフロアブル
	軟腐病	・葉に傷をつけないようにする。とくに，7月中旬以降は感染しやすいので注意する ・圃場の排水をよくする	アグリマイシン-100，アグレプト水和剤，スターナ水和剤，バクテサイド水和剤，マテリーナ水和剤
	灰色腐敗病	・感染源になる腐敗球や罹病残渣は適正に処分する ・根切りや収穫作業の遅れは本病を助長するため，必ず適期に行なう ・収穫後は予備乾燥を十分に行ない，厳選して本貯蔵する	オルフィンフロアブル，シルバキュアフロアブル，フロンサイドSC，ミリオネアフロアブル，リベロ水和剤
害虫	タマネギバエ		（定植前）カルホス乳剤
	ネギアザミウマ		トクチオン乳剤，ジェイエース水溶剤，ディアナSC，ファインセーブフロアブル，ベネビアOD，ゲットアウトWDG，サイハロン乳剤，バイスロイド乳剤
	ネギハモグリバエ		ディアナSC，リーフガード顆粒水和剤，ベネビアOD

注）2021年度「北海道農作物病害虫・雑草防除ガイド」より

5 経営的特徴

北海道でのタマネギ生産は、機械化一貫体系が主流である。以下は、その体系例について紹介する。

(1) 労働時間

タマネギ生産にかかる、10a当たり総労働時間は、約34時間である（表22）。最も多いのが収穫・調製の8時間、次いで育苗管理の7・3時間、中耕・除草の4・3時間の順になっている。

(2) 10a当たりの経営指標

基準収量を5500kgとした場合、粗収益は約52万円、経営費は約32万円、所得は約20万円となり、所得率は約38・5%である（表23）。

経費の割合は、出荷にかかる販売費用が最も多い53%、次いで種苗費15%、肥料費9%の順になっている。

(3) 産地での取り組み

北海道では責任産地として、安全・安心なタマネギ生産に向けて、北のクリーン農産物表示制度（YES! clean 表示制度）や特別栽培農産物などの各種認証制度に沿った栽培が行なわれている。

近年は、生産者戸数の減少にともない、1戸当たり生産面積が増えつつある。そのため、直播やスマート農業導入による、省力化という課題に取り組む産地が多くなってきている。

（執筆：佐々木康洋）

表22　春まき栽培（普通播種）の作業別労働時間

（単位：時間 /10a）

項目	労働時間
苗床準備	4.0
播種	0.6
育苗管理	7.3
育苗床後片付け	2.8
耕起・施肥・整地	0.7
定植	0.9
中耕・除草	4.3
病害虫防除	0.5
収穫準備	2.0
収穫・調製	8.0
出荷	2.1
次作畑準備	0.7
合計	33.9

注）「北海道農業生産技術体系 第5版」より

表23　春まき栽培の経営指標

項目	
収量（kg/10a）	5,500
単価（円 /kg）	94
粗収益（円 /10a）	517,000
経営費（円 /10a）	317,988
直接的経費	112,122
種苗費	47,651
肥料費	27,329
農薬費	16,170
生産資材費	20,972
間接的経費	194,050
農具費	16,585
水道光熱費	7,929
販売費用	168,960
公課諸負担	576
比例的経費	11,816
減価償却費	0
修理費	9,249
雇用労賃	2,567
所得（円 /10a）	199,012
所得率（%）	38.5

注）「Hokkaido 営農 Navi ver6」を一部改変

北陸秋まき栽培

1 この作型の特徴と導入

(1) 作型の特徴と導入の注意点

① 積雪地帯で開発された作型

南北に長いわが国では、気候区分が緯度の高い地域から、北海道は亜寒帯、本州・四国・九州は温帯、沖縄は亜熱帯と分かれている。本州の日本海側は、温帯であるにもかかわらず積雪地域で、とくに北陸は世界屈指の豪雪地域でもある。

わが国のタマネギ栽培は、北海道が春まき栽培、東北以南では秋まき栽培の作型が定着しており、北陸でも秋まき栽培が行なわれている。しかし、その栽培は、降雪前までに移植を終える必要があることと、積雪下は0℃前後で多湿、寡日照、雪の重みの影響を大きく受けることから、越冬が安定しなかった。そのため、積雪地域では、タマネギの秋まき栽培の産地はほとんど見られなかった。

そうした中で、2010年代後半にタマネギの耐雪性が解明され、積雪地域における秋まき栽培の栽培生理が明確になり、図24に示した北陸特有の作型が完成した。

② 転換畑利用の機械化栽培

北陸地域は耕地の大部分が水田で、イネ以外は、転換畑でオオムギやダイズなどの畑作物や園芸品目の栽培が行なわれている。水田の特徴は、平地であり、30a以上の区画で用排水が整備されているため、機械化栽培の導入が容易である。

タマネギは、セル成型苗を用いた移植栽培や直播栽培など機械化体系が確立しており、省力化、軽作業化が進んでいる。また、収穫後の乾燥・貯蔵施設が整えば、大規模栽培が可能で、富山県では大型の乾燥貯蔵施設の導入が進み、2020年産タマネギの作付け面積都道府県ラン

図24　タマネギの北陸秋まき栽培　栽培暦例

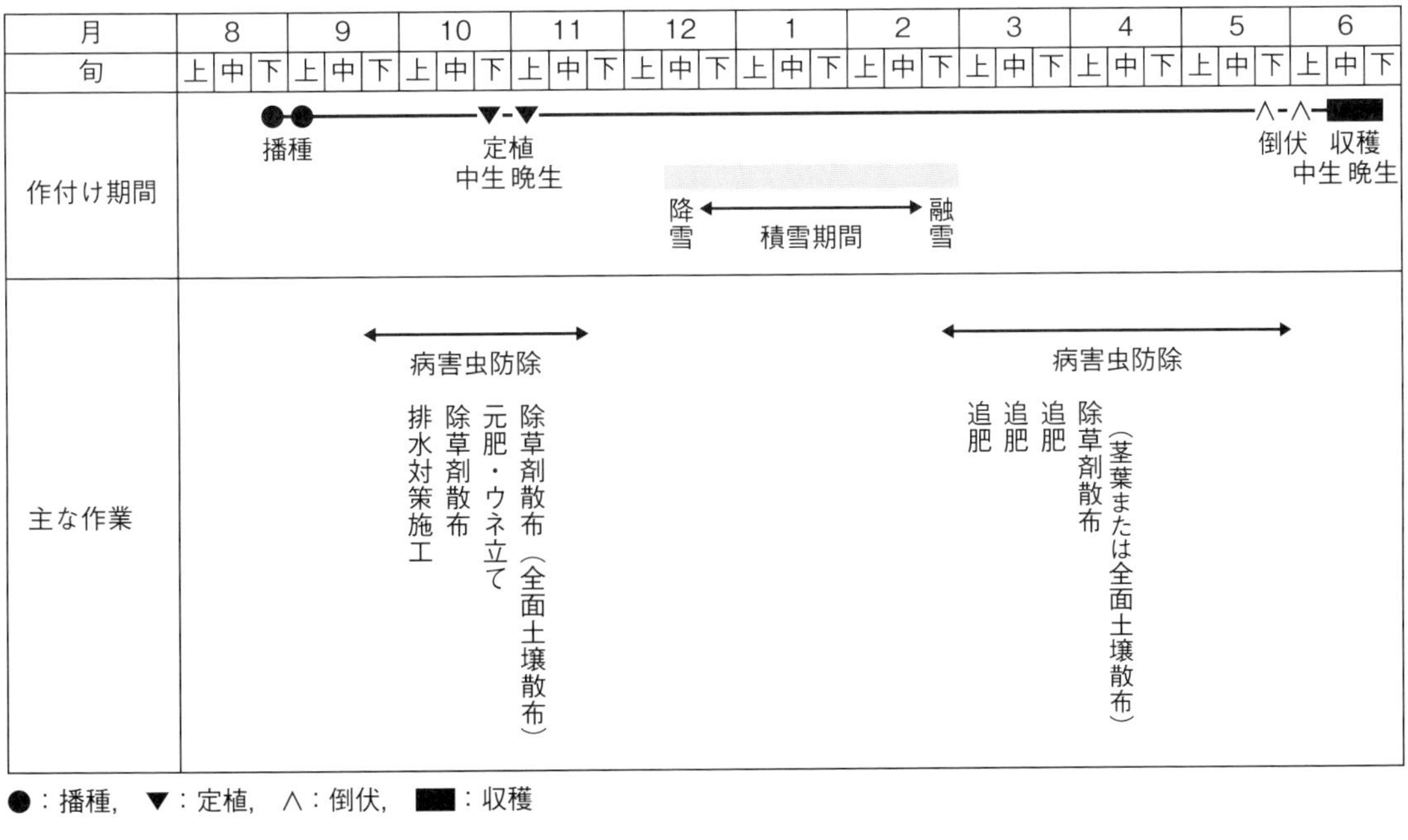

●：播種，▼：定植，∧：倒伏，■：収穫

キングで10位になった。

以上のように、タマネギの北陸秋まき栽培の特徴は、①積雪地域での栽培、②水田転換畑での栽培、③セル成型苗の移植栽培である。また、導入の要点は、①品種の選定、②播種時期・定植時期と育苗技術、③施肥技術である。

なお、収穫時期は、中生品種では、太平洋側産地より遅い6月中旬になる。

(2) 他の野菜・作物との組合せ方

北陸秋まき栽培の定植適期は、10月下旬から11月上旬なので、イネの後作での栽培が可能である。しかし、イネ中生品種の収穫は9月中旬で、秋雨が続くと圃場準備が遅れ、耕起による砕土率も低くなるため、イネ早生品種の後作での栽培が望ましい。

また、ムギの後作であれば、タマネギ定植までに4カ月あるので、その間に緑肥作物の栽培も可能である。

タマネギ収穫後は、畑作物ではダイズ、園芸品目ではニンジン、抑制カボチャ、ダイコンなど秋冬野菜と組み合わせた、2年3作体系が可能である。

2 栽培のおさえどころ

(1) どこで失敗しやすいか

①圃場の選定と準備

排水対策が可能な圃場を選定　北陸秋まき栽培では、ウネ立てなどの圃場準備の時期は、秋雨の影響を受けやすい。また、秋雨の後、日本海側は時雨の日が増え、冬期間は晴れが少なく、降雪後の融雪水は圃場に停滞しやすい。さらに、タマネギ中生品種の収穫時期は、梅雨に入り、収穫作業などに降雨の影響を受けやすい。

しかも、圃場は水田転換畑なので耕盤層が発達しており、縦浸透による排水は期待できない。

そのため、効果的な表面排水が施工できる圃場を選定することが、重要なポイントである。

圃場の準備（排水対策、除草）　圃場の準備では、乾きやすいよう、前作の収穫後は耕起せず、排水対策を施工しておく。表面排水では、深い額縁排水路の設置と、それにつなぐ弾丸暗渠を設置するとともに、額縁排水路と排水口をつなぎ、排水路にスムーズに落水できるように施工する。

タマネギの前作の栽培後に雑草が発生している場合は、茎葉処理の除草剤を散布し、前もって枯らしておく。

秋の天気は変わりやすいので、耕起、ウネ立て、定植、除草剤の土壌散布までの一連の作業を、晴天日に1日で終わらせることができる面積と日を選定する。

②育苗と播種・定植時期

播種はセルトレイを用いて8月下旬～9月上旬に行ない、10月下旬～11月上旬の定植まで、育苗管理を行なう。

育苗期間をとおして台風の発生時期なので、風雨を防ぐため、パイプハウスなど施設内で育苗する。また、育苗施設内は外気より高温で、セルトレイの培養土が乾きやすいので、灌水設備が必要である。

育苗初期はかなりの高温なので、ハウスには遮光資材の展張が必要で、とくに播種後から発芽までは、必ずセルトレイに遮熱資材をベタがけする。

発芽したら遮熱資材を撤去し、9月下旬には遮光資材も撤去して苗の徒長を防ぐ。

③病害虫、雑草防除

育苗期間は高温であり、しかも苗の倒伏を防ぐために「せん葉」（葉先刈り）を行なうので、立枯れ性の病害に注意が必要である。また、イネの栽培時期であるため、タマネギ萎黄病ファイトプラズマを保毒したヒメフタテンヨコバイなどの害虫も多く、注意が必要である。

栽培圃場に雑草が繁茂すると、タマネギの生育に影響するだけでなく、作業性が悪くなるとともに栽培意欲も低くなり、取り返しがつかなくなる。

したがって、効果的に雑草防除を行なう必要があり、耕起前の茎葉散布、定植直後の土壌散布、雪解け後の土壌散布については、除草剤の選定、散布時期、圃場の状況、降雨の状況に注意が必要である。

(2) おいしく安全につくるためのポイント

北陸地域の水田では、イネ栽培に、ダイズやオオムギなど畑作物、タマネギなど野菜、緑肥などの栽培を組み合わせ、2年3作や3年5作などの輪作体系の導入が見られる。

イネを核とした輪作では、水質浄化機能など水田の多面的機能を活用することで、減農薬栽培や適正な施肥管理が可能になり、おいしく安全な栽培につながっている。

(3) 品種の選び方

北陸秋まき栽培の特徴である「積雪下での越冬」では、融雪直後の苗は葉の損傷が大きいため、雪解け後の春からりん茎肥大のための葉を確保しなければならない。そのため、品種の熟期の選定は重要なポイントである。

早生品種では、融雪時期がりん茎肥大に影響し、融雪が遅いと収量が劣る。また、極晩生品種では、夏の高温によってりん茎肥大前に強制休眠に入り、収量が極端に劣る。そのため、北陸秋まき栽培では、品種の熟期は中生か晩生が適する。

また、タマネギの発芽は温度に影響され、高温で発芽率が低下することが知られており、播種後の高温でも安定した発芽率を確保できる品種が必要である。

さらに、収穫時期は降雨が多く、葉身基部からりん茎に細菌性の病害が侵入する症状が見られるため、病害に強い品種の選定が必要で、これらに適応できる品種を表24に示した。

表24　北陸秋まき栽培に適した品種の特性

品種名	販売元	特性
ターザン	七宝	9月上旬播種，10月下旬定植で，6月中旬に収穫できる中生品種。33℃の高温でも発芽率が高い。積雪下での越冬，融雪後の生存率が高く，耐雪性に優れている
もみじ3号	七宝	9月上旬播種，10月下旬定植で，6月下旬に収穫できる晩生品種。33℃の高温でも発芽率が高い

3　栽培の手順

(1) 育苗のやり方

①セルトレイの穴数と施肥量

セル成型育苗で、セルトレイに充填する土は、市販の培養土の中から、灌水時の水が浸透しやすく、水はけがよいものを選んで用いる。

セルトレイ1穴当たりの培養土量は、448穴では約4mℓ/穴、200穴では約13mℓ/穴、128穴では約22mℓ/穴など、1セルトレイの穴数によって大きく異なる。しかし、タマネギのセル成型育苗では、基本的に1穴1粒播種なので、セルトレイの穴数は異なっても、育苗時の1穴当たり窒素吸収量は大きく変わらない。

育苗期間約50日で、生葉数3枚の健苗育成をめざした場合、1株(1本)当たりの窒素吸収量は約3mgである。それに対する窒素施用量は、灌水時の流亡などを考慮し、施肥窒素の利用効率を20~30%とすると、1穴当たり窒素成分13~15mg必要である。

表25　北陸秋まき栽培のポイント

	技術目標とポイント	技術内容
育苗期	◎高温期に高い発芽率を得るために	・播種後の覆土には，肥料成分を含まないものを使用する ・播種，灌水後は，発芽まで遮熱資材（タイベック）をベタがけする ・育苗施設に寒冷紗を被覆し，昇温抑制を行なう ・育苗施設内に厚手の根切りシートを展張する
	◎病害虫対策	・育苗施設周囲の雑草防除を徹底する
圃場準備	◎排水対策の徹底	・排水性のよい圃場を選ぶ ・額縁排水，弾丸暗渠を施工し，圃場の排水口と排水路をつなぐ
	◎雑草対策	・定植前に，圃場に除草剤の雑草茎葉散布を行なう
	◎作業日と作業面積の設定	・晴れの日に，耕起，ウネ立て，定植，除草剤散布を1日で行なえる日と面積を選ぶ
定植	◎元肥施用	・窒素成分で10a当たり0kg（畑作物後）～3kg（イネ後）を施用する
	◎定植日	・必ず10月下旬～11月上旬に行なう
生育期	◎生育診断	・11月15日に，葉鞘径5mm以下を目標とする。5mmを超えると，分げつのリスクが高くなる
	◎追肥	・融雪後から3月末までに，7～10日ごとに3回に分けて，必ず施用する
	◎灌水	・りん茎の肥大始期から葉が倒伏するまでの間，圃場が乾いたらウネ間灌水を行なう
収穫	◎適期収穫	・葉がすべて倒伏したのを確認してから7～10日後に根切り作業を行ない，7日間ほど放置し，晴れの日に回収する

②施肥方法

施肥方法は、持続的な肥効を得るために、被覆複合肥料細粒品(商品名:マイクロロングトータル280、70日タイプ)を育苗用土に混和してセルトレイに充填する方法と、育苗期間中にポーラス状化成肥料(商品名:野菜の達人)を分施する方法がある。

被覆複合肥料細粒品を使用　448穴セルトレイの場合、1トレイ当たり市販の培養土1800mℓに被覆複合肥料細粒品50gを均一になるまで混和し、充填、播種を行なう。この方法では追肥は不要で、省力的である。

ポーラス状化成肥料を使用　448穴セルトレイの場合、1トレイ当たり市販の培養土1800mℓを充填し、播種、灌水を行なう。そして、普通葉展開後から、最初は窒素6%の液肥を500倍に希釈し、セルトレイ1枚当たり1ℓを1週間ごとに2回散布する。液肥を2回散布した1週間後から定植日までは、1週間に1回セルトレイ1枚当たりポーラス状化成肥料7gを散布する。

③播種作業

播種作業は、セルトレイに培養土を充填後、播種穴をあけ、1穴に1粒ずつ播種し、覆土する。覆土に窒素成分を含んでいると発芽が遅れるので、肥料を混和したり含まれている培養土は使用せず、窒素成分を含んでいない、バーミキュライトなどを用いる。

セルトレイに播種後は、灌水時に土の跳ね返りを防いだり、灌水後にすみやかに重力水が流れ出るように、パイプハウスなど施設内のベンチや、コンテナを並べた台などの上に並べる。

十分に灌水した後、図25、26のように遮熱資材（商品名：タイベック）をセルトレイにベタがけするとともに、ハウスに寒冷紗を展張して遮光を行ない、昇温防止対策を徹底する。

図25　播種後のセルトレイの並べ方と資材の展張・設置方法

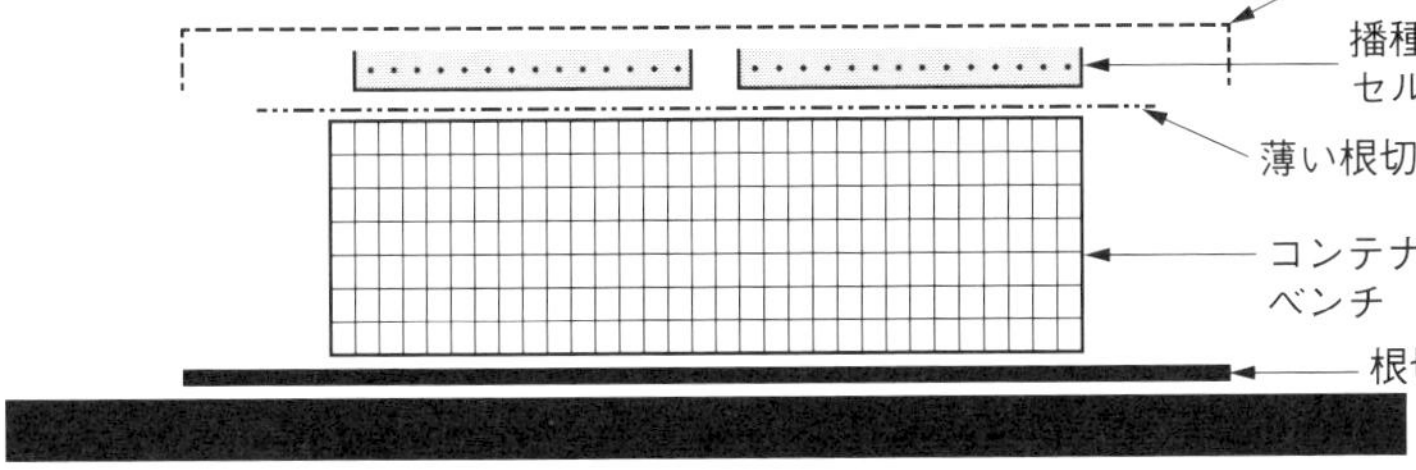

図26　遮熱資材（タイベック）のベタがけ

④播種後の管理

発芽までの管理　播種後、培養土内の毎時の累積遭遇温度が３０００℃を超えると出芽が始まるので、定期的に発芽を確認し、少しでも発芽が見られたら、遮熱資材のベタがけを除去する。

また、発芽が始まるまでに培養土が乾いたら、適宜灌水を行なう。

発芽後の管理　発芽後は、毎朝、灌水を行なうとともに、苗が大きくなってくると萎れやすくなるので、育苗後半では、培養土が乾けば、日中でもたっぷり灌水する。

普通葉の葉身が伸長し、苗が傾いてきたら、苗基部からの倒伏を防ぐため、葉身の上部を数cmせん葉する。気象条件によっては、定植までにせん葉を2～3回行なうこともある。せん葉による病害の発生を防ぐため、せん葉する前に殺菌剤を散布する。

また、機械定植する場合は、定植機に対応できるように、定植直前のせん葉が必要である。

苗の生育目標　苗半作の言葉のとおり、健苗の育成は重要なポイントである。苗の生育目標は、４４８穴セルトレイでは、3枚の普通葉が確保され、根鉢が形成されていて苗を抜いても根鉢が崩れないことが、定植後の生育を確保するためには重要である。

図27　融雪後の枯死株

(2) 定植のやり方

①施肥と栽植様式

定植する圃場は、前作栽培後、不耕起の状態で、排水対策の施工と雑草対策を済ませておく。そして、定植日に元肥施用、耕うん、ウネ立て、定植後の除草剤散布を行なう。

元肥の10a当たり窒素量は、成分で０（畑作物後の圃場）～３（イネ後の圃場）kgで、リン酸、カリを含むＢＢ肥料を用いる。なお、水田転換畑で有効態リン酸（トルオーグmg／１００g乾土）が20mg程度であれば、元肥でのリン酸の増肥は不要である。

元肥施用後、耕起・ウネ立てを行ない定植する。ウネ幅は１７０cm前後で、条間20～25cm、株間10cmの４条植えで、10a当たり栽植本数は２万１０００株程度になる。

ウネ立て後ただちに定植し、除草剤（土壌処理剤）散布までを１日で終えることが、大切なポイントである。

②積雪下での越冬のために

この作型での定植時期と元肥量は、積雪下での越冬に大きく影響する。

適期（10月下旬～11月上旬）以前に定植すると、積雪前に過度な生育になり、図27のように融雪後に枯死する株が多く見られ、越冬率が低くなる。逆に適期以後の定植では、活着が遅れ、生育が進まず、越冬率が低くなるとともに、収量も低下する。

元肥の窒素量が多いと、適期以前の定植と同様に、積雪前に過度な生育となり、融雪後

表26　施肥例　　　　（単位：kg/10a）

肥料名		総量	元肥	追肥注)			成分量		
				1回目	2回目	3回目	窒素	リン酸	カリ
苦土石灰		150							
BB555（15-15-15）	畑作物後								
	イネ後	20	20				3	3	3
野菜の達人（15-14-10）（ポーラス状）		20		20			3	2.8	2
NK化成30（16-0-14）		60			30	30	9.6		8.4
施肥成分量	畑作物後						12.6	2.8	10.4
	イネ後						15.6	5.8	13.4

注）追肥の1回目は融雪後の2月下旬～3月上旬，2回目は1回目から7～10日後，3回目は2回目から7～10日後に行なう

の枯死につながる。

積雪前までの生育目標は、葉数1枚程度の増加が目安で、根は活着するが生育を進めないことが大切なポイントである。

とくに、元肥量は、他の作物栽培に類を見ないごくわずかな量なので、当初は、不信、戸惑い、不安を持たれるが、1959年に岩田ら（園芸学会雑誌第28巻第2号96～108ページ）によって、タマネギ秋まき栽培では、2月以降から窒素供給すれば、りん茎が

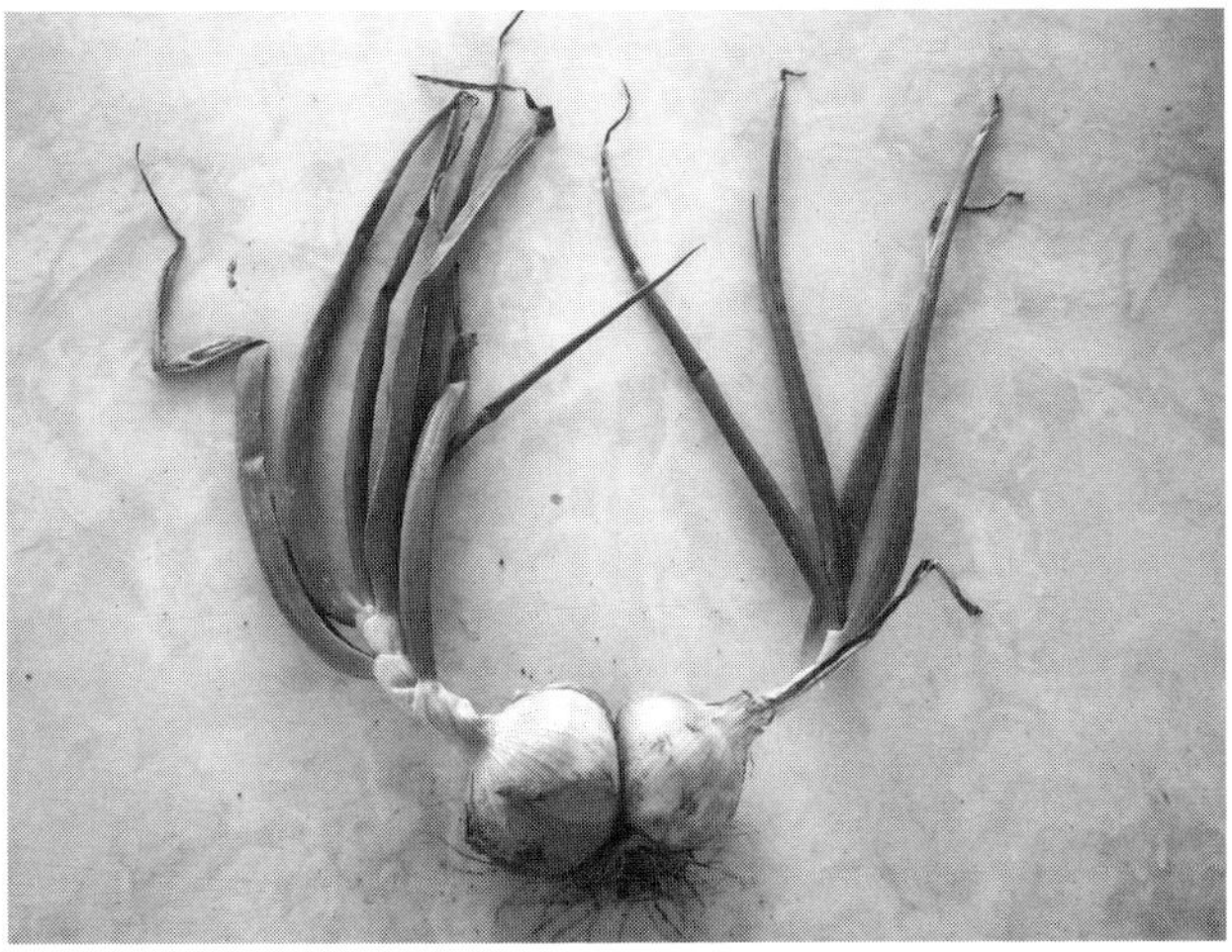
図28　分球したタマネギ

十分に肥大することが示されており、表26で示した追肥主体の施肥管理は合理的な方法である。

③生育診断

葉齢（播種後出葉する普通葉の累計）と、草丈、葉鞘径、生葉数との関係は強く、いずれも生育指標として利用できるが、その中で積雪の影響が最も小さいのは葉鞘径で、生育診断に活用できる。

定植活着後に新たに本葉が2枚程度出葉する、11月15日の葉鞘径は5㎜程度が望ましく、5㎜以上になると分げつ芽が発生し、図28のように収穫時には分球する可能性がある。また5㎜以下だと、越冬のダメージが大きくなる可能性がある。

(3) 定植後の管理

①追肥

元肥がごくわずかなので、生育・収量確保には、融雪後からの追肥を適期に適量施用する必要がある。

最初の追肥は、雪解け後、降雪や積雪がなくなる2月下旬～3月上旬、葉齢（発芽後の普通葉の累積出葉数）7枚程度の時期に行ない、1週間から10日ごとに合計3回追肥する。施肥量は、10a当たり窒素成分で、3回の合計が12kg程度とする。

追肥を4月に行なうと、腐敗性の病害が多くなるので、3月中に必ず完了する。

②除草

土壌散布剤は、定植直後と融雪後の雑草発生前の2回、必ず行なう。

積雪前に雑草が発生したら、タマネギの一年生雑草（イネ科を除く）に適用がある除草剤を、雑草茎葉散布か全面散布を行なう。

また、融雪後の土壌散布前後に雑草の発生が見られる場合は、イネ科か広葉なのかを確認し、それぞれに適用のある除草剤を散布する。

③灌水

りん茎の肥大始めから葉身が倒伏するころまでは、土壌が乾燥すると生育が劣るとともに、葉身の倒伏が早くなり、りん茎の肥大も劣るので、乾燥が続くときは積極的にウネ間灌水を行なう。

ウネ間灌水は、排水口を土のうでせき止め、水口から入水し、ウネの高さの半分くらいまで水位が上昇したら止め、翌日には落水する。

表27　病害虫防除の方法

	病害虫名	薬剤名	希釈倍率 または使用量	使用時期
病気	苗立枯病	オーソサイド水和剤80	600倍	収穫前日まで
	乾腐病	ベンレート水和剤	50倍	定植前（灌注）
	べと病，黒斑病，灰色かび病	ペンコゼブ水和剤	400～600倍	収穫3日前まで
	べと病，白色疫病，灰色かび病	プロポーズ顆粒水和剤	1,000倍	収穫7日前まで
	軟腐病，腐敗病	バリダシン液剤5	500倍	収穫3日前まで
	軟腐病	カスミンボルドー	1,000倍	収穫14日前まで
	りん片腐敗病	コサイド3000	1,000倍	—
害虫	タネバエ，タマネギバエ，ケラ，コオロギ	ダイアジノン粒剤5	3～5kg/10a	播種時または定植時
	ネギアザミウマ	ジェイエース水溶剤	1,000～1,500倍	収穫21日前まで
	アザミウマ類	ディアナSC	2,500～5,000倍	収穫前日まで

(4) 収穫

圃場のタマネギの葉身がすべて倒伏したことを確認した日から、1週間から10日後に収穫作業を開始する。まず、抽台している株があれば、花茎が固く立っていて、機械収穫ができないので取り除く。

収穫は、掘取機で根切りを行ない、そのままウネの上に1週間程度放置して乾燥し、晴れの日に回収し、すみやかに乾燥施設に搬入する。

4 病害虫防除

(1) 基本になる防除方法

定植前の育苗期間は、病気では苗立枯病、乾腐病、白色疫病、害虫ではアザミウマ類の防除が必要である。

定植後は、病気ではべと病、白色疫病、軟腐病、害虫ではタネバエ、アザミウマ類の防除が必要である。

(2) 農薬を使わない工夫

育苗施設内に、ネキリムシ類やヒメフタテンヨコバイなどの害虫の侵入を防ぐため、施設周囲の除草を必ず行なっておく。

また、施設の出入り口や側面に防虫ネットを展張すると、害虫の侵入防止に有効であるが、施設内の風通しが劣るので、温度管理などに注意が必要である。

5 経営的特徴

北陸の水田で秋まきタマネギの栽培を機械化体系で行ない、集出荷施設へ出荷した場合の10a当たりの経営指標は、表28のとおりである。

集出荷施設への出荷にともなう販売管理費は、10a当たり収量が多くなれば大きくなる。経営費には、販売管理費に種苗などの材料費、定植機などの減価償却費などの経費が加算される。

10a当たり販売額は、10a当たり収量4・5t、1kg当たりの販売単価80円とすれば、32万円を目標に設定できる。育苗から収穫までの機械化体系での労働時間は、55時間で、時給約1200円をめざす。

収穫時期は、他の府県産より遅く、北海道の春まき栽培の早生より早いので、国産の端境期に販売できる。

（執筆：西畑秀次）

表28　北陸秋まき栽培の経営指標

項目	単価（kg/円）	10a当たり収量		
		4,000kgの場合	4,500kgの場合	5,000kgの場合
販売額（円/10a）	75	267,000	300,400	333,800
	80	284,800	320,400	356,000
	85	302,600	340,400	378,300
経営費（円/10a）		248,800	254,700	260,600
所得（円/10a）	75	18,200	45,700	73,200
	80	36,000	65,700	95,400
	85	53,800	85,700	117,700
1時間当たり所得（円/時間）	75	331	831	1,331
	80	655	1,195	1,735
	85	978	1,558	2,140

注）販売額は，販売手数料を減じた額。経営費には，種苗費，販売管理費，減価償却費などを含む

セット球利用の冬どり栽培

1　この作型の特徴と導入

(1)　作型の特徴と導入の注意点

この作型は、2月下旬に播種してセット球をつくり、5月に掘り取ったセット球を8月まで貯蔵し、8月下旬に定植して、11～12月に収穫する冬どり栽培である（図29、30）。

秋まき栽培と異なり、定植時期が高温で、球肥大時期から気温が低下していくため、栽培の難易度は高い。また、定植適期が短く、定植が早い場合は小球になりやすく、遅い場合は青立ちしやすいため注意が必要である。

しかし、11～12月に生食用として出荷できるため、需要が高く、高単価で取引されている。うまく栽培できれば魅力的な作型である。

(2)　他の野菜・作物との組合せ方

前作には、春どりキャベツや春カボチャ、スイートコーンなどが導入できる。また、時間的に余裕はないが、8月初旬までに収穫する、超早場米との組合せも可能である。

さらに、秋まきタマネギとの二期作が可能であるが、連作障害に注意が必要である。生育や収量が落ちる場合は、次作以降は他の作物やソルゴーなどの緑肥作物との組合せなど対策が必要である。

2　栽培のおさえどころ

(1)　どこで失敗しやすいか

①圃場の選定と準備を早めに行なう

球肥大時期に窒素過剰な圃場では青立ちしやすいため、堆肥を多施用した圃場など、肥沃過剰な圃場は避ける。また、定植直後から灌水が必要なので、灌水設備が整っていること、また、温度や日長の影響を敏感に受ける作型なので、日当たりのよい圃場を選定する。さらに、排水がよく、風が当たりにくい

図29　セット球利用の冬どり栽培（地床）　栽培暦例

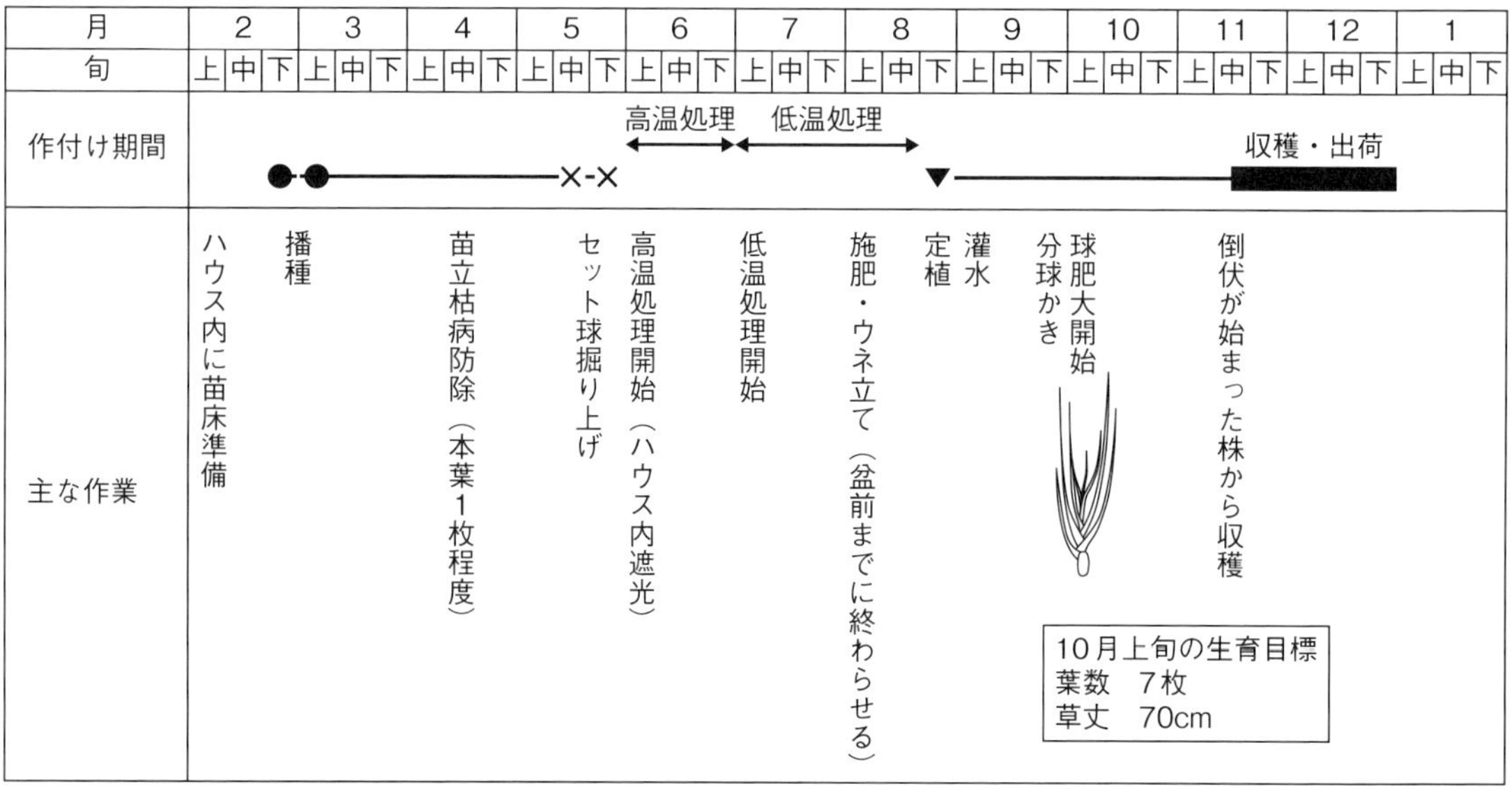

●：播種，×：セット球掘り上げ，▼：定植，■：収穫

図30　セット球利用の冬どり栽培（セルトレイ）　栽培暦例

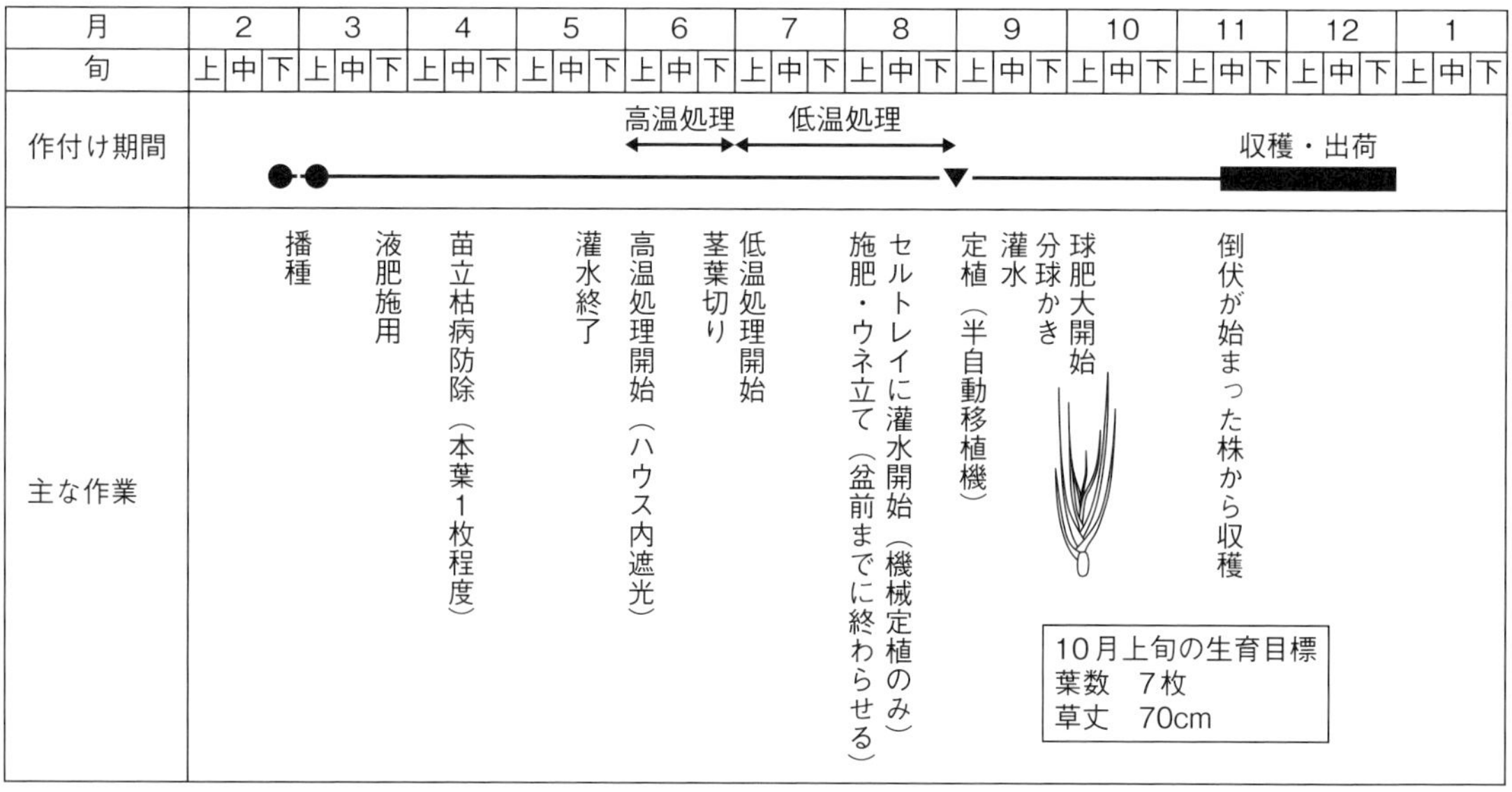

●：播種，▼：定植，■：収穫

表29　セット球利用の冬どり栽培に適した主要品種の特性

品種名	販売元	草勢	日長反応	青立ちの多少	球肥大性
シャルム	タキイ種苗	やや強	やや高	やや少	中
春いちばん	松永種苗	やや弱	高	少	中
博多こがねEX	中原採種場	強	やや高	やや少	大

圃場が好ましい。

圃場の準備は、活着促進による初期生育が重要なので、土壌を細かく砕土する。また、8月中旬は雨天が多く、適期に定植が間に合わない恐れがあるため、盆前までに施肥、ウネ立て、マルチ被覆を行なう。

②定植時期の幅が短い

適期定植は、多収するために最も重要なポイントである。冒頭で述べたように、定植適期の幅が1週間程度と短く、早植えでも遅植えでも収量が低下する。一般に8月下旬が適期ではあるが、地域により異なるため、産地の適期に合わせて定植することが必要である。

(2) おいしく安全につくるためのポイント

この作型で使用する極早生種は、辛味が少なく、みずみずしいタマネギが生産できる。さらにおいしく安全につくるためには、排水性と保水性のよい圃場で、健全な根を保つことがポイントである。

(3) 品種の選び方

主要品種は'シャルム'である。草勢が強く、青立ちしにくいためセット栽培に適している。その他、日長反応に優れている極早生品種などを用いるとよい。

3 栽培の手順

(1) 育苗のやり方

育苗方法には、定植時に手植えを前提とした地床育苗と、半自動移植機の利用が可能なセルトレイ育苗の二通りがある。

どちらの方法でも、セット球育成は外気温が低い時期に播種するため、保温性の高いハウス内で行なう。露地で育苗する場合はトンネル栽培で行なう。

①地床育苗

苗床の準備　育苗床は、施肥、耕うん、ウネ立て後に、ダゾメット（バスアミド、ガスタード）微粒剤2kg／100㎡を表層処理する。処理後は土を握っても崩れない程度の、適度な土壌水分になるように灌水し、ガス化を促す（地温を10℃以上確保し、被覆期間30日間、ガス抜き10日間以上とする）。元肥は窒素成分で2kg／100㎡を施用する。

播種　苗床50～75㎡で本圃10a分になる。ウネ面に条間10cmで軽く溝を切り、株間1～1.5cmで播種する。播種・覆土後は十分に灌水し、本葉1枚程度になったら、苗立枯病の予防を行なう。

また、ウネ面に切りワラなどを被覆すれば、保温と乾燥を防ぎ発芽率が向上する。

セット球の掘り上げ、休眠打破、貯蔵　セット球の掘り上げは、5月中下旬ころに球径が2～2.5cmになったら行なう。

掘り上げたセット球は、直射日光が当たらないようにブルーシートや寒冷紗などで日よけしたビニールハウス内で、約1カ月間高温処理（30～35℃）を行ない、自発休眠打破を促す。

その後、定植まで風通しのよい涼しい軒下で吊り玉貯蔵を行ない、内部の芽の動きを促す。また、低温貯蔵施設（5℃）を利用する場合は、高温処理後、根と葉を切り、定植直前まで冷蔵貯蔵することで、定植後の出葉が促進される。

②セルトレイ育苗

セルトレイ、種子、用土の準備　セルトレイは、448穴もしくは288穴を用いる。播種は、コーティング種子を用いることで全自動播種機や簡易播種機が利用でき、省力化

表30　セット球利用の冬どり栽培のポイント

	技術のポイント	技術内容
育苗	◎適期播種	・適期播種を守る ・播種後セルトレイで段積みする場合は，灌水過多に注意する
	◎高温処理	・高温処理開始時には寒冷紗などで必ず遮光を行なう ・ハウス内が高温になりすぎないように注意する
	◎低温処理	・冷蔵庫（5℃）もしくは風通しがよく涼しいところで保管する
圃場準備と定植	◎圃場準備	・圃場準備は，必ず盆前を目標に行なう ・耕うんは細かく砕土する ・窒素の過剰と遅効きは青立ちの原因になるため，10kg/10a程度を厳守する ・マルチは白黒マルチもしくはシルバーマルチを必ず被覆する
	◎適期定植	・定植するセット球の球径は2～2.5cmのものを使用する ・適期定植を必ず守る
定植後の管理	◎活着・生育促進	・定植後は活着と初期生育促進のため灌水を行なう ・乾燥が続く場合は随時灌水を行なう ・球肥大が始まる10月上旬までに草丈70cm，葉数7枚を確保することが重要
	◎防除	・定植後や台風などで茎葉の損傷がある場合は，軟腐病の防除を行なう
収穫	◎収穫	・倒伏し肥大したものから収穫する ・収穫後は天日に1日干す

図31　セルトレイ育苗での育苗床の模式図

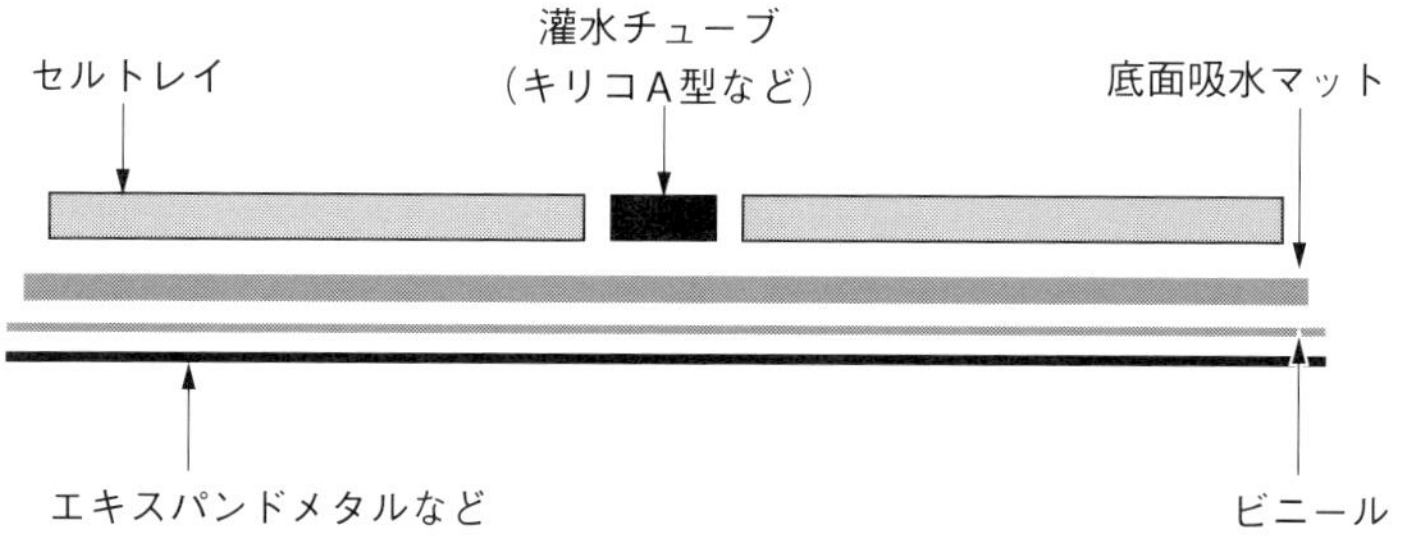

が可能である。

培養土は、窒素成分が750～900mg／ℓ入っているものを使用すれば、育苗中の追肥回数を減らすことができる。窒素量が少ない培養土に小粒被覆肥料（マイクロロングトータル280、100日タイプ）を混合し、調整して用いてもよい。

播種後の灌水と発芽管理　播種後は土膜形成による発芽不良を避けるため、水滴が小さいノズルを用いて、1トレイ当たり約250mℓ灌水（培養土が湿っている場合は灌水不要）する。灌水量が多すぎると発芽不良になるので、必ず量を守る。

その後、屋内やハウス内で段積み（10段以下）し、乾燥を防ぐためブルーシートで覆い発芽させる。5～7日後に発芽が確認されたら、すぐに育苗床に展開する。展開が遅れると、芽が上のトレイに突き刺さるので注意する。

発芽後の管理　地床またはエキスパンドメタルなどの上にビニール、底面吸水マットを敷き、その上に発芽したセルトレイを並べる。なお、灌水作業の省力化のため、灌水チューブやスプリンクラーを用いるとよい（図31）。地床に設置する場合は、排水対策のため均一になるように整地する。

生育中は、培養土が乾燥しないように、午前中を中心に灌水を行なう。播種1カ月後からは、葉色が薄くなる場合は液肥を施用する。茎葉が伸びて倒伏しそうな場合は、15～20cmにせん葉機などを用いて「せん葉」（葉刈り）する。さらに、日中の温度管理は15～25℃を目標に行ない、25℃を超える場合は換気して徒長を防ぐ。

セット球の高温処理、保管　球径が約2cm

になった時点で灌水を中止し、そのままベンチ上で約1カ月間高温処理する。なお、高温処理の期間および温度管理は地床育苗に準じる。

灌水中止後に茎葉が枯れた後、1日でも日光がセット球に直接当たると、高温によるセット球の煮えが生じ使用不可になる。そのため、灌水中止以降は、必ずブルーシートや寒冷紗（遮光率50％以上）などで日よけを行なう。

高温処理後は茎葉を切り、セルトレイのまま風通しのよい涼しいところで保管する。また、保管時に低温貯蔵（5℃）すると、定植後の出葉が促進される。

(2) 定植のやり方

①圃場の準備

8月下旬の高温時期の定植のため、マルチは、地温の低下による初期生育の促進、かつ、球肥大期の光の反射による葉温向上と、日長反応促進による球肥大促進を図るため、白黒マルチ（表が白色、手植えは有孔）を使用する。

表31　施肥例　（単位：kg/10a）

肥料名	施肥量	成分量		
		窒素	リン酸	カリ
苦土石灰	100			
マルチエース	60	9.6	9.6	9.6

注）全量元肥で施用

図32　定植前の苗姿

定植10日前ころからベンチ上で灌水し，出葉させる

施肥は、窒素過剰と遅効きは球肥大が遅れ、青立ちの原因になるため、窒素成分で10a当たり10kg程度を厳守する（表31）。

堆肥は、窒素の遅効きを避けるため施用しなくてもよいが、地力が著しく低い場合は10a当たり2～3t施用する。

栽植様式は地床苗とセル苗とも同じで、ウネ幅150cm、条間20～25cm（4条植え）、株間10cmで行なう。栽植本数は、10a当たり約2万7000～2万8000本程度になる。

②地床育苗（手植え）

一般的に、定植は8月20～25日に行なう。セット球を肩部分まで押し込み、首部が見えるくらいに浅く植え付けることで萌芽が揃う。

③セルトレイ育苗（半自動移植機）

定植は、地床育苗より1週間程度遅い8月25～31日に行なう。

定植の約10日前から育苗ハウスなどのベンチ上に並べて、セルトレイのまま灌水して出葉させる。乾燥しないように1日3回程度、頭上から灌水を行ない、草丈が約5～10cmになったら、半自動移植機で植え付ける（図32）。

(3) 定植後の管理

出葉、発根の遅れは青立ちの原因になるため、定植後は十分に灌水し、早期に活着させて茎葉を確保することが重要である。また、圃場内の滞水は根傷みを起こし、生育不良の原因になるため、排水溝などを整備しておく。

日長に感応して、10月上旬ころから球肥大が始まるため、それまでに草丈70cm、葉数7枚を確保することが重要である。草丈、葉数が十分に確保されることで、球が大きくなり収量増加につながる。

一方、生育が遅れた場合は、日長反応がしにくくなり、青立ち株が増えることで倒伏結球率が低下し、球肥大が抑制される株が増えるため収量が減少する。

(4) 収穫

11月中旬ころから倒伏が始まるので、倒伏し肥大したものから収穫する。収穫後は、球表面の余分な水分を乾かし、腐敗を防ぐため、天日に1日干すとよい。

保存（貯蔵）は、茎葉や根を切断し、コンテナなどに移した後、霜の当たらない小屋などで行なう。なお、冬どりタマネギに用いる'シャルム'や極早生品種は、水分含量が高く、貯蔵に不向きなため、1カ月以内をめどに出荷したほうがよい。

未倒伏株は、収穫後も球自体の栄養や水分を使いながら出葉し続けるため、保存期間が極端に短くなる。そのため、収穫後はなるべく早めに出荷する。

なお、倒伏後に葉が枯れると降霜によって肌が傷むため、霜が予想される場合は早めに収穫する。

4 病害虫防除

(1) 基本になる防除方法

定期的に軟腐病、灰色かび病、乾腐病の予防を行なう。高温期の栽培なので、とくに、台風通過などの茎葉損傷からの軟腐病に注意する。

害虫では、ヨトウムシ類とネギアザミウマの防除を行なう。

(2) 農薬を使わない工夫

基本的なことになるが、ハウスを利用した育苗期に防虫ネットを使用し、害虫の侵入を防ぐことで防除回数を減らすことができる。

また、有機農産物栽培でも使用できるBT剤や無機銅剤は、ヨトウムシ類や軟腐病の予防に有効である。

表32　病害虫防除の方法

	病害虫名	防除法
病気	苗立枯病	発芽後，本葉が１枚程度出葉したころに，オーソサイド水和剤を散布する
	軟腐病	育苗期はハウス内が高温多湿にならないように，風通しをよくする。本圃では台風などの強風によって，茎葉が損傷した後に多発しやすいので，事前にナレート水和剤やマテリーナ水和剤などを散布する
	乾腐病	ベンレート水和剤を播種前に育苗培養土に混和するか，定植前に灌注する
	灰色かび病	育苗期に茎葉が大きくなり，過繁茂になりすぎると発生しやすいため，茎葉が倒れる前に「せん葉」で草丈を調整する。また，フロンサイド水和剤などを散布する
害虫	ヨトウムシ類	定植後の初期生育時に茎葉を食害されると，球肥大開始時に十分な草丈・葉数を確保できないため，プレオフロアブルなどによる初期防除に心がける
	ネギアザミウマ	茎葉の抽出部に発生しやすいため，よく観察して，多発する前にグレーシア乳剤などを散布する

5 経営的特徴

セット球栽培の経営指標は表33のとおりである。収量は個人差が大きく、年度によってもばらつきはあるが、優良農家は10a当たり5000kg程度と高い。

単価は、生食用として北海道産の貯蔵タマネギと仕分けされるため、例年250円/kg程度と高く安定していることが魅力である。そのため、高収量さえ実現できれば、間違いなく儲けることができるだろう。

また、冬どりタマネギでは規格外品になる分球や青立ち株も、単価は落ちるものの取引されることがあることも好材料である。

栽培期間は、セット球育成から収穫まで約10カ月と長いが、セット球育成でのスプリンクラーとタイマーを利用した苗床灌水の自動化や、半自動移植機の利用による定植の省力化など、労力軽減を図ることが可能である。

（執筆：伊東寛史）

表33　セット球利用の冬どり栽培の経営指標

項目	
収量（kg/10a）	5,078
単価（円/kg）	232
販売額（千円/10a）	1,175
経営費（千円/10a）	386
所得（千円/10a）	789

注）優良農家2戸の平均（2010年産）

ネギ

表1　ネギの作型，特徴と栽培のポイント

主な作型と適地（根深ネギ）

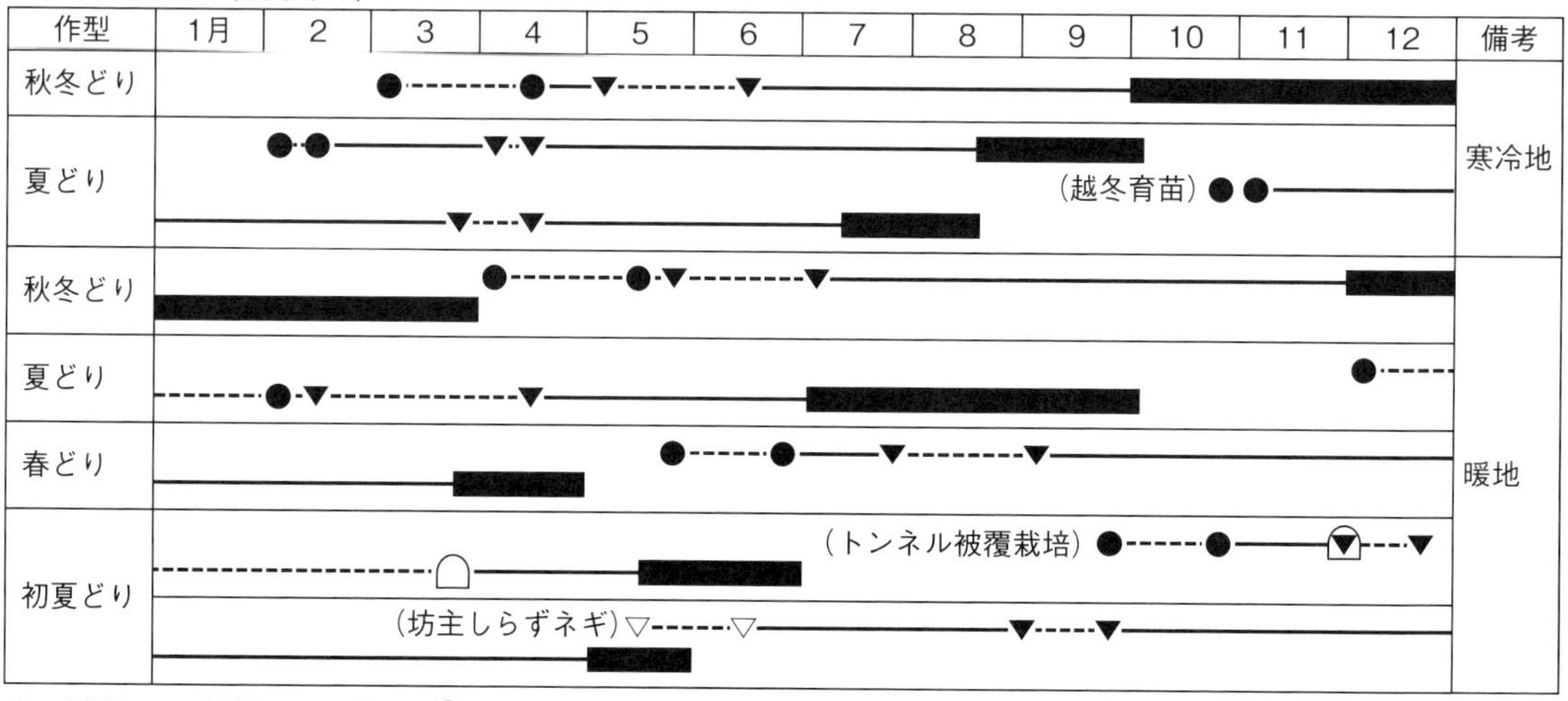

●：播種，▽：仮植，▼：定植，⌒：トンネル被覆，■：収穫

注）ワケネギ，葉ネギ，小ネギについては各栽培の項を参照

特徴	名称	ネギ（ヒガンバナ科ネギ属）
	原産地・来歴	中国西北部が原産地であろうとされている。ネギは外国から伝来した多くの作物の中で最も古いものの一つで，1,500年前には利用されていたと考えられる
	栄養・機能性成分	緑色の葉の部分にはβ-カロテンやカリウム，カルシウムなどが豊富に含まれる。軟白部には，香り成分である硫化アリルのもとになる含硫アミノ酸類が多く含まれる
生理・生態的特徴	発芽条件	発芽適温は20～25℃で，35℃を超えると発芽不良になる。根深ネギ（千住群）の生育適温は20℃前後で，春と秋によく生育する。しかし，30℃を超えると葉鞘部の肥大が不良になる。葉ネギ（九条群）の生育適温は根深ネギ（千住群）より高い
	日照への反応	強光条件を好む野菜といえる。密植状態といえる株間が根深ネギの肥大に大きく影響しており，わずかに株間を広げるだけでも，光競合が緩和され，出葉速度が向上し，肥大がよくなる
	花芽分化	ネギは緑植物低温感応型の植物であり，一定の大きさに達した株が，ある一定量の低温（3～15℃）に遭遇することで花芽分化し，その後，抽台（ネギ坊主の発生）する。ネギ坊主の茎は木化して硬くなるので，食用に適さなくなる
	土壌適応性	根深ネギの場合は，緻密な粘土層や地下水位が低い位置にあり，根が伸長できる有効土層が深い土壌が適する。また，圃場は，根深ネギが順調に生育するとともに，管理作業しやすいことも重要である
栽培のポイント	主な病害虫	病気：さび病，べと病，黒斑病，葉枯病，小菌核腐敗病，白絹病，黒腐菌核病 害虫：アブラムシ類，シロイチモジヨトウ，ネギアザミウマ，ネギハモグリバエ，ネダニ類，タマネギバエ

この野菜の特徴と利用

(1) 野菜としての特徴と利用

①原産と来歴

ネギの原産地は、中国西北部であろうとされている。ネギは、外国から伝来した多くの作物の中で、最も古いものの一つである。

書物の記録では、『日本書紀』（720年）にある、仁賢天皇6年（493年）の「秋葱」という記述が最も古いとされ、1500年前には利用されていたと考えられる。

②現在の生産・消費状況

ネギの産出額は、野菜部門の中で3〜4位と上位に位置し、全国で幅広く栽培されている。

葉ネギは関西や九州で多く栽培されているが、産出額の上位は千葉県、埼玉県、茨城県など、主に根深ネギを栽培する関東の産地が占めている。作付け面積は、既存産地の多くで減少傾向であるが、機械化一貫体系が導入されている産地では増加している。

近年、家計消費は減少しているものの、めん類系の外食企業をはじめとする薬味需要や、多様なカットネギなどの加工・業務用需要が増加しているため、輸入単価は上昇傾向で、市場単価も比較的安定している。

その一方で、栽培期間が長い作物であるため、長雨、気温上昇、干ばつなどの天候不順による、生育不良や収穫作業の遅れなどの影響を受けやすい。そのため、不安定な入荷になる時期があり、この時期が長いと市場単価は上昇傾向になる。

③栄養・機能性

緑色の葉の部分には、β-カロテンやカリウム、カルシウムなどが豊富に含まれている。

軟白部には、香り成分である硫化アリルのもとになる、含硫アミノ酸類が多く含まれている。

硫化アリルは、疲労回復効果があるビタミンB1の吸収を助ける作用がある。血行をよくして体を温めるので、冷え性予防、食欲増進、消化促進、健胃などに効果があるといわれている。

④利用法

用途別に見れば、土寄せして日光をさえぎり白くした葉鞘部を食べる根深ネギ（白ネギ）、緑の葉を利用する葉ネギ（青ネギ）に分けることができる。草丈50〜60㎝、葉鞘径5㎜程度の若苗を収穫する小ネギがあるが、流通・利用面では葉ネギの特殊な型といえる。

根深ネギは関東での消費が多く、葉ネギは関西での消費が多いとされているが、現在では全国で両方のネギが食べられるようになり、料理に合わせて使い分けるようになった。

夏は薬味に、冬は鍋物商材として、年間を通してさまざまな料理に欠かせない野菜である。

(2) 生理的な特徴と適地

①環境適応性

ネギは多年生で、シベリアでも越冬できるほど耐寒性が強い系統や、熱帯でも生育できる耐暑性の強い系統があり、気候適応性が大きい。

しかし、耐乾性はきわめて強いが、耐湿性

は弱いので、栽培する圃場は排水性がよいことが必須条件になる。

②発芽・生育適温

発芽適温は20～25℃で、35℃を超えると発芽が不良になる。根深ネギ（千住群）の生育適温は20℃前後で、春と秋によく生育する。しかし、30℃を超えると葉鞘部の肥大が不良になるので、夏にはネギの重量が増加しない場合もある。

また、葉ネギ（九条群）の生育適温は根深ネギ（千住群）より高く、生育適温は品種群による違いが見られる。

③日照・日長反応

ネギは、照度6万lx以上でも光合成の光飽和に達しないとの報告があり、強光条件を好む野菜といえる。

根深ネギの場合、土寄せを行なう栽培管理の都合で、ウネ間は90～100cmと広いのに対して、株間は2～5cmときわめて狭い。この密植状態といえる株間がネギの肥大に大きく影響しており、わずかに株間を広げるだけでも、光競合が緩和され、出葉速度が向上し、肥大がよくなる。

反対に、株間を狭めると面積当たりの収量は向上するが、肥大は著しく抑制される。

④花芽分化・抽台

ネギは緑植物低温感応型の植物であり、一定の大きさに達した株が、ある一定量の低温（3～15℃）に遭遇することで花芽分化し、その後、抽台（ネギ坊主の発生）する。

ネギ坊主の茎は木化して硬くなるので、食用に適さなくなる。そのため、暖地での根深ネギの春どり作型（3～4月どり）では、抽台の遅い晩抽性品種を用いる。また、トンネルを利用して花芽分化を回避する、初夏どり作型（5～6月どり）でも、脱春化しやすい晩抽性品種を用いる。

花芽分化に必要とされる、低温要求量や低温感応し始める植物体の生育量は、品種による差が大きい。そのため、春どり作型や初夏どり作型については、各地域で作期試験（播種日、定植日、品種、抽台の発生時期など）が行なわれ、産地ごとに工夫された作型が成立している。

⑤土壌適応性

根深ネギは、軟白長を確保するため、植え溝に定植する。そのため、植付け位置は他の野菜より低い。したがって、根深ネギは、緻密な粘土層や地下水位が低い位置にあり、根が伸長できる有効土層が深い土壌が適する。

また、圃場は、根深ネギが順調に生育するとともに、管理作業がしやすいことも重要である。とくに、根深ネギでは、軟白長を確保するための土寄せ作業があるのに加え、収穫は掘り取り作業になる。

そのため、仮比重の小さい黒ボク土壌のほうが、非黒ボク土壌より作業性に優れる。また、作土層の土性は、砂土～砂壌土で作業性がよい。

⑥品種群と利用

現在、日本で栽培されているネギは、休眠性、株の大きさ、分げつ、および葉の形質の違いで、加賀群、千住群、九条群に分けられる。

根深ネギには葉鞘が太くてよく伸長する千住群、葉ネギには分げつ性に富み、葉が軟らかい九条群の品種が用いられている。

なお、現在、国内の根深ネギ産地で普及している品種のほとんどはF_1品種である。

⑦主な作型と適地

ネギでは表1に示したように作型が分化している。以下に根深ネギの作型について説明する（坊主しらずネギ、ワケネギ、葉ネギ、小ネギについては各栽培の項を参照）。

なお、以前は苗床に播種して育苗する、地

床大苗が多かったが、ここでは、主にセルトレイやチェーンポットで育苗する、小苗による機械移植栽培に準じて説明する。

秋冬どり　寒冷地では10～12月どり、暖地では12～3月どりが中心である。寒冷地では3～4月に、暖地では4～5月に播種し、50日程度の育苗後に定植する。

表2　根深ネギの作型と品種

地域	作型	品種名
寒冷地	秋冬どり	夏扇パワー，夏扇４号，大河の轟
	夏どり	夏扇パワー，夏扇４号
暖地	秋冬どり	関羽一本太，龍翔，龍ひかり２号，森の奏で
	夏どり	夏扇パワー，夏扇４号，関羽一本太，名月一文字
	春どり	春扇，初夏扇，深緑のいざない，龍まさり，羽緑一本太
	初夏どり	春扇，龍まさり，羽緑一本太，陽春の宴
		足長美人，向小金系，小金系

品種はさび病、黒斑病、べと病などの病気に強く、秋冬の風による葉折れに強い、在圃性に優れるものがよく、‘夏扇パワー’、‘夏扇4号’、‘大河の轟’、‘関羽一本太’、‘龍翔’、‘龍ひかり2号’、‘森の奏で’などがある。

夏どり　暖地では7～9月どり、寒冷地では8～9月どりが中心である。暖地では12～2月に、寒冷地では2月に播種し、60～70日程度の育苗後に定植する。

東北の積雪寒冷地においては前年の10月下旬～11月に播種し、ハウスで越冬した苗を消雪後の3～4月に定植し、7月から収穫する作型がある。

品種は軟腐病に強く、耐暑性に優れている品種がよく、‘夏扇パワー’、‘夏扇4号’、‘関羽一本太’、‘名月一文字’などがある。

春どり　暖地では3～4月どりが中心である。前年の5～6月に播種し、50日程度の育苗後に定植する。

品種は抽台の遅い晩抽性品種を用い、‘春扇’、‘初夏扇’、‘深緑のいざない’、‘龍まさり’、‘羽緑一本太’などがある。

初夏どり

暖地では5～6月どりが中心である。9月下旬～10月に播種し、定植後の12月～3月までトンネル被覆することで、5月（中旬）からの出荷が可能になっている。

品種は、脱春化しやすい晩抽性を用い、‘春扇’、‘龍まさり’、‘羽緑一本太’、‘陽春の宴’などがある。

また、抽台しにくい坊主しらず系統の、‘足長美人’、‘向小金系’、‘小金系’を用いた栽培も行なわれている。

（執筆：本庄　求）

秋冬どり栽培

1 この作型の特徴と導入

(1) 作型の特徴と導入の注意点

根深ネギでは最も一般的な作型である。しかし近年では、定植後の梅雨時期の多雨による湿害や、夏期の高温乾燥、台風などの影響を受けやすく、これらへの対策が必要である。

とくに年内どり作型では、天候の影響を受けやすく、収量が安定しにくい傾向がある。その反面、栽培技術の向上により収量が確保できれば、収益の見込める単価帯での販売が期待できる。

(2) 他の野菜・作物との組合せ方

本作型は栽培期間が長いため、1年のうちに同一圃場で他作物との輪作はむずかしい。そのため、ネギ収穫後に土つくりを兼ねて緑肥などを栽培する（表3）。

また、複数の圃場でローテーションが組める場合は、イネ科作物、葉菜類、豆類、イモ類など、多くの作物との輪作が可能である。ただし、同じネギ属の作物（タマネギ、ニンニクなど）は、共通の土壌病原菌による病害の発生が懸念されるため避ける。

2 栽培のおさえどころ

(1) どこで失敗しやすいか

根深ネギは湿害に弱く、梅雨時期の多雨による圃場の冠水などで、欠株が多発するケースがある。

また、近年は夏期が高温になるため、とくに夏前までの施肥量が多い圃場や、梅雨明け後の高温期に土寄せ作業を行なった場合などは、軟腐病が多発することがある。

根深ネギは市販の品種数が多く、かつ品種特性の違いが出やすいため、品種選定で失敗するケースも目立つ。

(2) おいしく安全につくるためのポイント

まず、ネギを収穫まで健全な状態で維持することが、良食味と農薬使用回数の削減につながる。そのため、排水性の確保、堆肥や緑肥など有機物の施用、輪作体系の導入、適期収穫の徹底などが重要である。

表3　ネギの秋冬どり栽培で利用できる主な緑肥

作物名	主な品種名	播種時期（月 / 旬）	播種量（kg/10a）
エンバク	ヘイオーツ	10/ 下～12/ 中 3/ 上～4/ 上	10～15
ライムギ	サムサシラズ	10/ 下～12/ 中	6～8
ハゼリソウ	アンジェリア	10/ 下～12/ 中 3/ 上～4/ 上	2
チャガラシ	辛神	10/ 下～12/ 中 3/ 上～4/ 上	1～1.5

注）ネギ収穫後に播種し，次作の定植1カ月前にはすき込む

図1　秋冬どり栽培（チェーンポット）　栽培暦例

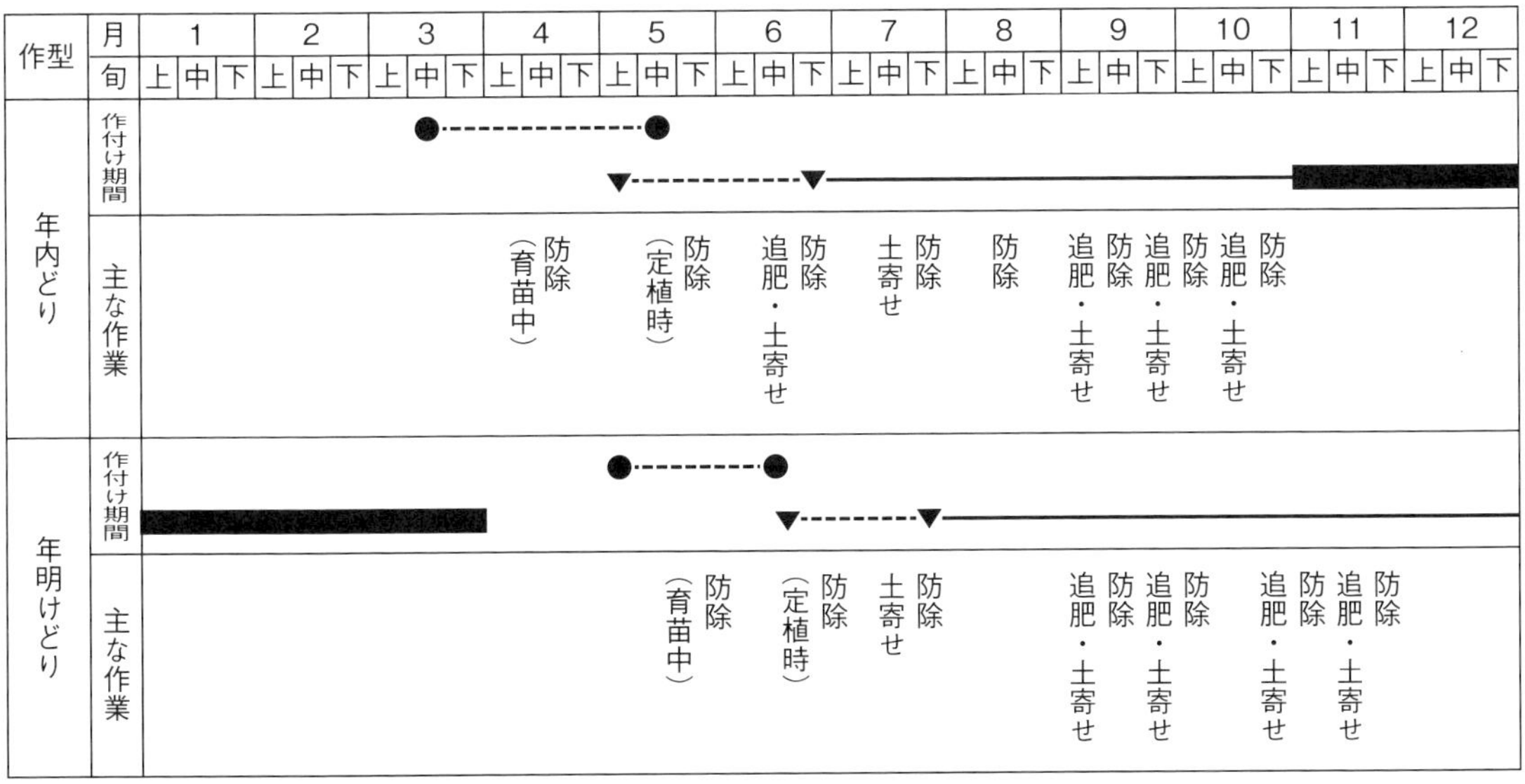

●：播種，▼：定植，■：収穫

注）主な品種：龍ひかり2号，龍翔，龍まさり，夏扇4号，夏扇タフナー，関羽一本太，羽生一本太，夏の宝山，森の奏で，ホワイトスターなど

(3) 品種の選び方

秋冬どり作型は、大きく年内どりと年明けどりに分かれ、それぞれに適した品種特性がある（表4）。

① 年内どり作型

3月中旬～5月中旬ころに播種し、5月上旬～6月下旬ころに定植、11月上旬～12月下旬にかけて収穫する作型である。

この作型には、生育の早さ、在圃性のよ

表4　秋冬どり栽培に適した主要品種の特性

品種名	販売元	特性
夏扇４号	サカタのタネ	生育が早くて太りが良好であり，年内どりに向く。葉が茂りやすいため，台風の強風時には倒伏に注意する
夏扇タフナー	サカタのタネ	在圃性良好で，葉が短く風による倒伏に強い。12月以降の収穫に向くが，晩抽性は強くないため，2月末ころまでの収穫とする
龍ひかり２号	横浜植木	在圃性がよく，風による倒伏にも強い。耐寒性があり，葉枚数も多いため厳寒期の収穫に向く。小菌核腐敗病に注意する
龍翔	横浜植木	在圃性がよく，過湿に比較的強い。葉が茂りやすいため施肥は少なめで様子を見る。小菌核腐敗病に注意する
龍まさり	横浜植木	在圃性がよく，風による倒伏にも強い。‘龍ひかり２号’より晩抽性があり，さまざまな作型で使用できる。小菌核腐敗病に注意する
関羽一本太	トーホク	在圃性がよく，耐暑性に優れている。太りは良好で年内どりにも向く。地域により，厳寒期には葉数が不足する場合がある
羽生一本太	トーホク	葉質が硬く，とくに風による倒伏に強い。生育は遅めで，12月からの収穫が中心になる。地域により，厳寒期には葉数が不足する場合がある
夏の宝山	ヴィルモランみかど	在圃性がよく，耐暑性に優れている。太りは良好で年内どりにも向く。首の伸び上がりが遅い傾向があるため，1回の土寄せ量に注意する
森の奏で	トキタ種苗	葉姿がコンパクトで風による倒伏に強い。生育は早めで年内どりにも向く。太りを確認してから土寄せを行なう
ホワイトスター	タキイ種苗	伸びと太りが早く年内どりにも向く。比較的食味が良好。年内どりでは，台風の強風時の倒伏に注意する
味十八番	横浜植木	柔らかく食味が良好。反面，首割れや曲がりが発生しやすいため，肥培管理や強風対策に注意する

注）千葉県内での現場指導経験にもとづいた評価のため，栽培にあたっては地域の指導機関や種苗メーカーなどに確認する

さ、台風の強風への強さ、などが求められる。

②年明けどり作型

5月上旬～6月中旬ころに播種し、6月中旬～7月下旬ころに定植、1月上旬～3月下旬にかけて収穫する作型である。

この作型には、在圃性のよさ、厳寒期の耐寒性、晩抽性（3月以降の収穫）などが求められる。

3 栽培の手順

ここでは、チェーンポットを使用した栽培方法について記載する。

(1) 育苗のやり方

①育苗資材の準備

チェーンポット育苗の播種に必要な資材は、表6のとおりである。

播種粒数は2・5粒（2粒、3粒の交互播き）を基本に、10月下旬や11月上旬ころからの早期出荷や、2L規格など太物の割合を増やしたい場合は、2粒播きとする。

根深ネギは育苗期間が長いため、肥料分（とくに窒素とリン酸）が十分入った育苗培土を使用する。

②播種

市販の播種用セットを使用して播種を行なう。播種後、すぐハウス内に並べてもかまわないが、3～5日程度、倉庫内などに苗箱を重ねて積んでおくと、圧力で種子のコートが割れやすくなり発芽が揃いやすい。ハウスに並べたら、十分に灌水を行なう。

播種後、晴天が続き、ハウス内が高温になりそうな場合（とくに年明けどりの播種時）は、発芽が揃うまでアルミ蒸着フィルムなどを被覆したほうが安心である。

③育苗管理

灌水　播種後、床土が常に湿っている状態を保つように、灌水を行なう。かけムラがあると、乾燥した部分の発芽率が極端に低下するため、注意する。

7～10日程度で発芽が揃う。その後、朝を基本に灌水を行なうが、水のかけすぎは湿害による根傷みにつながるため、床土を触って湿り気を感じる程度の状態をキープする。床土の上に青緑色のコケ類が多発生する場合は、灌水量が多い可能性がある。

せん葉　葉が伸びて葉先が垂れてきたら（播種後1カ月程度が目安）、葉刈り（せん葉）を行なう。ヘッジトリマーやせん定バサミなどを使用し、苗丈10～12cm程度に切り揃える。その後、葉が伸びるたびに（天候と時期により1～2週間に1回程度）せん葉する。

この作業によって、株元に光や風が当たって太い苗になる。定植まで4回程度実施する。

病害虫防除　育苗期間中は、べと病などの病気や、害虫の幼虫類などの予防に、適時薬剤散布を行なう。

定植の1週間前～前日までに、黒腐菌核病や害虫類の対策として、苗箱灌注処理剤などを使用する。

定植前の管理　定植前は葉が伸びていたら刈り揃え、十分に灌水を行なう。

(2) 定植のやり方

①畑の準備

圃場の選定　梅雨時期の多雨対策として、土質を問わず、排水性の良好な圃場を選ぶ。排水路が確保できるとなおよい。

また、とくに年内どり作型では、台風の強風対策として、周囲が建物や生垣などで囲まれているなど、風が入りにくい立地条件の圃場が望ましい。

排水性の改善　排水対策として、耕盤破砕

表5　秋冬どり栽培のポイント

	技術目標とポイント	技術内容
定植準備	◎圃場選定	・秋冬どりでは排水性の確保が最も重要になる。土質を問わず，なるべく排水良好な圃場を選定する。周囲に排水路があるとよい ・作付け前に圃場の均平化や耕盤破砕などを十分に行なう
	◎土つくり	・家畜糞堆肥やモミガラなど有機物の施用は，土壌の物理性や生物性を改善する。定植3カ月前までには施用し，よく耕起して分解を促す ・緑肥の栽培も有機物補給のほか，収穫後の砂飛び防止にも効果がある
育苗管理	◎適品種の選定	・梅雨時期の多雨や夏期の高温でも在圃性のよい品種，台風の強風時に備えて耐倒伏性の強い品種，年明けどり作型では耐寒性の強い品種，などが適している
	◎健苗の育成	・太くてがっちりとした健苗をめざす ・灌水管理がポイントで，水のかかりムラがあると生育がバラつくため注意する ・適切なタイミングでの葉刈り作業も，太い苗をつくるため大事である
定植と定植後の管理	◎定植時の天候	・定植時の天候の見きわめが重要である。定植直後に大雨や強風などがあると，湿害やウネ崩れによる苗の埋没などにつながる ・極端に乾燥しているときの定植も避け，降雨後や降雨が見込めるタイミングで植える
	◎追肥重点の施肥管理	・根深ネギは，比較的肥料を多く必要とする作物である。ただし，夏前までの多肥は高温期の軟腐病の発生を助長するため，秋口からの追肥重点型とする
	◎土寄せ	・軟白長を確保するため，土寄せ作業を行なう。太りも確保しながら伸ばすためには，土をM字型に寄せていくのがよい ・圃場内の数カ所に目安棒を設置し，土を上げる高さの目安にする ・梅雨明けから秋口までの高温期は，根を傷めて腐りの原因になるため，土寄せは行なわない
	◎防除	・根深ネギは病害虫が多く，防除回数も多くなる。散布剤だけでなく，定植時や土寄せ時に使用する粒剤や粉剤を併用することで，作業の省力化や薬剤散布回数の削減につながる
収穫・調製	◎収穫	・最終土寄せ（止め土）から，時期によって30～60日程度で収穫になる ・泥かみ防止のため，ネギの首部分が十分に伸び上がってから収穫する ・収穫は手作業のほか，各種の機械利用が可能である
	◎調製の目安	・葉数3～4枚，軟白長25～30cm程度，全長55～60cm程度に調製する ・首部に泥が入っている場合は除去する
	◎根切り，葉切り，皮むき	・根は茎盤部を残すように切る ・根切り，葉切りは手作業も可能だが，皮むきは機械が必要である。全工程を1台で行なえる機械もある

表6　チェーンポット育苗の播種に必要な資材例

資材名	10a当たり数量注）	備考
ネギコート種子	約47,520粒	6,000粒入り×約8缶
チェーンポットCP303	約72冊	株間約5cm，1冊約14m
水稲育苗箱	約72枚	幅30cm×奥行60cm
育苗用培土（床土，覆土）	約420ℓ	1箱当たり約6ℓ
播種5点セット（ニッテン）	1セット	展開串，土詰ブラシ，ポットシーダー，ポットプレート，展開枠のセット

注）10a当たり数量は2.5粒播き，ウネ間100cmの場合

や圃場の均平化を行なうとよい。排水路がある場合は，排水側に向かって圃場に傾斜をつけるように，土を盛るなども有効である。

土つくりと堆肥の施用　堆肥の施用は，土壌の物理性や生物性を改善する。よく完熟したものを選び，定植の3カ月前には施用して，複数回耕起して分解を促す。緑肥を栽培した場合は，定植の1カ月前にはすき込む（表7）。

土が硬くて土寄せ作業が困難な圃場では，

表7　土つくり，元肥資材の例

資材名	用途	施用量 /10a	施用時期	備考
牛糞堆肥	土つくり	2～4t	定植３カ月前まで	畑の物理性改善によい
豚糞堆肥	土つくり	1～2t	定植３カ月前まで	牛糞と鶏糞の中間
鶏糞堆肥	土つくり	0.5～1t	定植３カ月前まで	肥料としての効果が高い
モミガラ	土つくり	0.2～1t	定植３カ月前まで	土を軟らかくする
粒状苦土石灰	元肥	60kg	定植１週間前ころ	全面に施用
綜合ミネラル宝素	元肥	60kg	定植１週間前ころ	微量要素資材，全面に施用
SC ねぎ専用047（10-14-17）	元肥	20～60kg	定植時	長効きコート肥料（140日）。植溝に施用。砂地ほど減らす

モミガラを継続的に施用することで改善が望める。

定植の1週間前を目安に、元肥として粒状苦土石灰と綜合ミネラル宝素を、10ａ当たり60kgずつ全面に施用し、耕起しておく。

②定植

活着に影響するため、定植前後の天候に注意する。定植直後に多雨が予想される場合や、逆にしばらく降雨がなく乾燥している場合は避け、適度な水分状態で定植する。

耕起、植え溝掘り　定植前日から数日前に、雑草防除を兼ねて耕起を行なう。このとき、鎮圧ローラーで鎮圧すると、定植作業前後のウネの崩れや、乾燥防止になる。

ネギ管理機を使用し、幅20～25cm、深さ10～15cm程度の植え溝を掘る。ウネ幅は85～100cm（崩れやすい砂地では95～100cm）とする。

乾燥を防ぐため、溝掘り作業は定植当日か前日に行なう。ヒモを張ってその上を歩き、足跡をつけてから作業すると、曲がらず掘れる。

元肥と殺虫剤の施用　溝の中に、元肥として緩効性のコート肥料を窒素分で10ａ当たり2～6kg、およびネキリムシ類などの防除に殺虫剤（粒剤）などを施用し、管理機で軽く撹拌する。

元肥の量は、夏に地温が高温になる砂地圃場では、軟腐病発生を防ぐため少なくする。

植付け　チェーンポット苗を約14ｍおきに配置してから、「ひっぱりくん」を使用して定植する。このとき、ポットが露出していると乾燥しやすいため、見えなくなるよう埋め込む。

定植後、ネギの株元を踏み込み、乾燥防止を図る。

(3) 定植後の管理

①定植直後～夏越しまでの管理

定植直後～数日以内　排水対策のため、定植後すぐに圃場周囲にネギ管理機で明渠を掘り、ネギの植え溝と連結する。排水路がある場合は、明渠と排水路を連結して排水できるようにする（図2）。

定植後数日以内に、雑草防除のため土壌処理型の除草剤を散布する。

定植1カ月後ころ～梅雨明け前　おおむね定植1カ月後、地際からネギの分岐点まで5cm程度伸びたころを目安に、1回目の土寄せ（削り込み）作業を行なう（図3）。ネギ管理機または草削りなどで、植え溝を埋め戻す程度に軽く培土する。また、土寄せ前に軟腐病予防の殺菌剤（粒剤）などを株元散布する。

なお、作業前に、軟白長を測定するための「目安棒」を、圃場内に数カ所設置しておく。

11月上旬ころからの年内早どりをねらう場合は、削り込み時に高度化成肥料444やジシアン555号などを10a当たり窒素成分で2〜3kg／程度施用する。さらに、梅雨明けまでにもう1回、土寄せを行なっておく（この場合は無施肥とする）。

その他の作型では、削り込み1回までを基本とし、追肥は行なわない。

図2　圃場周囲に明渠を掘って植え溝と連結し，さらに排水路につなげた例

梅雨明け前に、軟腐病、白絹病、アザミウマ類の防除として薬剤散布を実施する。

②夏越し期間中の管理

梅雨が明けると夏越し期間中の管理になる。この期間は、原則として土寄せ・追肥作業は行なわない。高温期に行なうと根を傷めて、軟腐病が多発するリスクがある。

病害虫と雑草防除が主な作業になる。病害は軟腐病と白絹病、害虫はアザミウマ類が中心に発生するため、適時防除を行なう。

雑草は、発生に応じて手取りや草なぎなどで除草する。なお、通路（ウネ間）部分は、小型の耕うん機などでネギの根を切らない程度に浅く耕し、雑草を埋没させる方法もある。

除草剤の使用も可能だが、飛散防止に注意する。ネギ用のウネ間除草剤散布器具も市販されている。

③夏越し後〜収穫までの管理

8月末〜9月15日ころにかけて、雨が降り

図3　根深ネギの土寄せのやり方

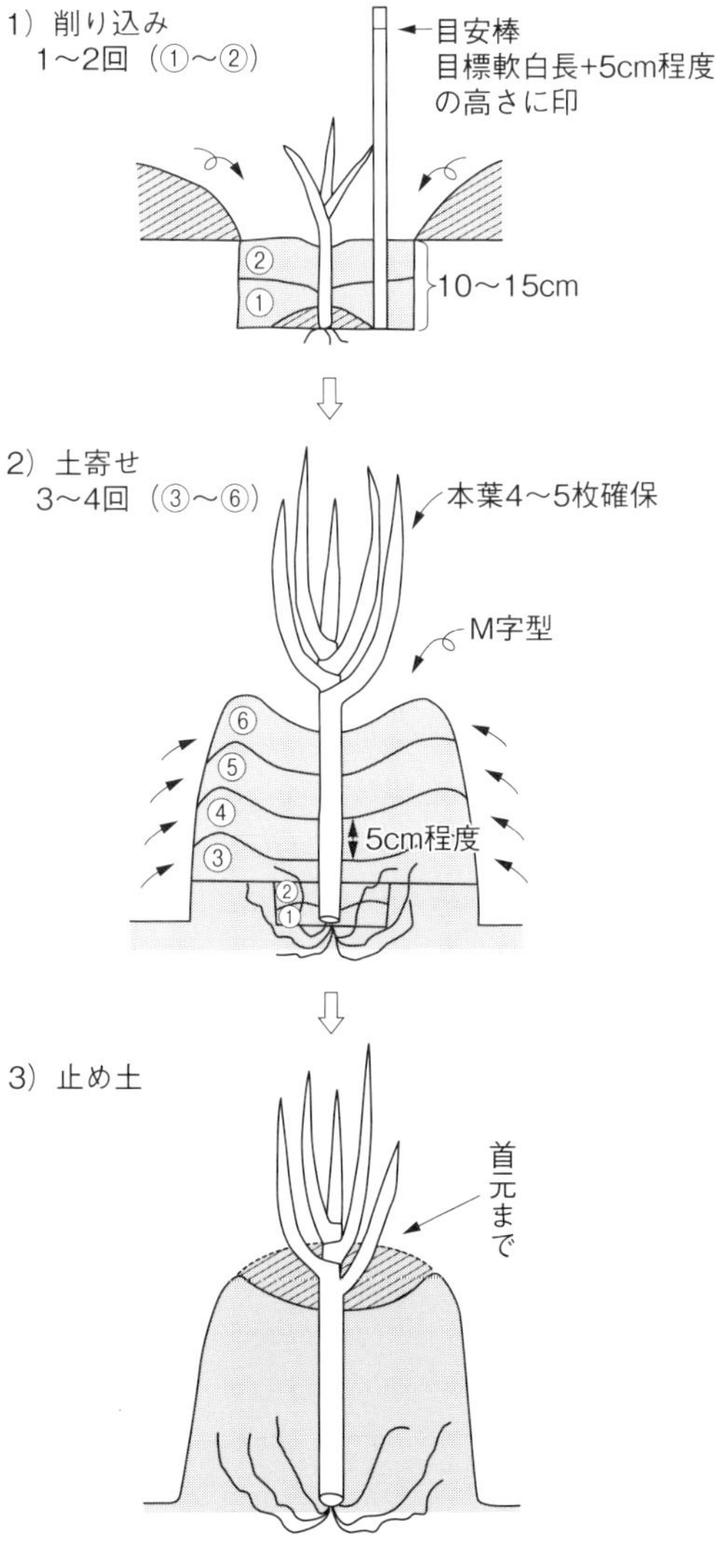

秋風を感じるようになったら、土寄せ・追肥作業を再開する。

土寄せ、側面叩き　土寄せは、ネギが5cm程度伸びるごとに（目安として2～3週間に1回）行なう。土を「M字型」に盛ることが重要なポイントである（図4）。株元の通気性をよくし、太りやすくなり、かつ病気の予防につながる。また、「肩」部分をつくることで、次回の土寄せ作業がしやすくなる。

最終の土寄せ（止め土）は、収穫予定時期から仕上がりまでの日数を逆算して行なう（表8）。止め土はM字型にせず、ネギの新葉が完全に埋没するまで土を入れる。目安棒を基準に、目標とする軟白長（25～30cm程度）プラス5cm程度まで盛る。1回で土が上がらない場合は、2～3回に分けて行なう。

止め土後、小型のトンボやデッキブラシなどでウネの側面を叩き、補強を行なうとよい。止め土と叩き作業が同時にできる市販の管理機もある。

また、軟白部と葉の境界部を明確に出し、見た目よく仕上げるため、止め土後にモミガラを2～3cm程度の厚さにかぶせる方法がある。

追肥　追肥は、基本的に土寄せのたびに実施する。高度化成肥料444やジシアン555号などを、10a当たり窒素成分で2～3kg程度施用する（表9）。

年内どりの夏越し後1回目の追肥は、生育促進のために速効性の燐硝安加里1号Nなどの使用も有効である。また、年明けどり（とくに収穫が2月以降）の止め土時には、ジシアン555号など緩効成分を含んだ肥料を使用するのがよい。

病害虫防除　防除は、病害ではさび病、べ

図4　M字型の土寄せ（両肩を上げ，株元はすく）

表8　止め土から収穫までの必要日数の目安

収穫時期	必要日数の目安	止め土時期
11月	30～35日	10月上旬～下旬
12月	35～40日	10月下旬～11月上旬
1月	45～50日	11月中旬～11月下旬
2月	50～60日	12月上中旬
3月	45～55日	12月下旬～1月中旬

表9　追肥資材の例

施用時期	資材名	施用量（kg/10a）	備考
夏越し後の毎土寄せ時	高度化成肥料444（14-14-14）	15～20	
	ジシアン555号（15-15-15）	15～20	緩効成分入り
年内どりの夏越し後　追肥1回目	燐硝安加里1号N（15-15-12）	20	速効成分入り
2月以降出荷の止め土時	ジシアン555号（15-15-15）	20～30	緩効成分入り

と病、葉枯病、黒腐菌核病、小菌核腐敗病など、害虫はアザミウマ類、ハモグリバエ類、ヨトウムシ類などが中心である。

④台風対策

近年、台風の影響により、根深ネギでは年内どり作型が大きなダメージを受けている。強風による倒伏や、豪雨によるウネ崩れに起因する曲がりと軟白部のぼけ（軟白と葉の境界部が不明瞭になる）発生による出荷等級低下である。この対策として、主に以下の3点があげられる。

図5　台風接近前にネギの首元を締める作業

台風前に首元を締める作業　台風接近が予想されたら、事前にネギの首元を土で締める作業を行なう。小型のトンボなどを使用し、ウネ内側の土を株元に寄せて締めていく（図5）。

このとき、M字の肩は崩さず残すのがポイントである。肩部分の土が残っていれば、台風通過後に再度、土寄せ作業を行なうときに土が盛りやすくなる。

緑肥による防風柵の設置　ソルゴーなどの緑肥を圃場周囲に播き、防風柵にする対策である。ネギ定植後の5月下旬～6月下旬に、植え溝から120～180cm離して、圃場周縁部に手押しの播種機や、手散布で播種する。手散布の場合は管理機で浅く溝を掘り、散播して軽く覆土する。

播種後1カ月が過ぎて、伸びてきたら、トリマーなどで胸くらいの高さ（120cm程度）に刈り揃える。以後、伸びるたびにせん葉を行なう。

ソルゴーなどの品種は、出穂の遅い晩生種を使用する。

台風通過後のネギ起こし作業　強風で倒れたネギを放置していると、軟白部の曲がりにつながるため、起こし作業を行なう。ネギを起こし、株元に土を入れて支えるのであるが、倒れ方や品種によって対応が異なるので、注意が必要である。

ウネに対して平行にネギが倒れている場合は、品種に関係なく起こし作業を行なう（前後のネギが重なり合い、自然には起きにくいため）。

しかし、ウネに直角に倒れている場合は、倒伏に強い品種は自然に起き上がることがあるため、数日様子を見る。この場合、無理に起こすとS字型の曲がりを誘発する。数日たって変化がなければ、起こし作業を行なう。それ以外の品種は自立しにくいため、すぐに起こし作業を行なう。

(4)収穫・調製

①収穫作業

止め土後、ネギの首部分が土の上に2～3cm以上伸びてきたら、収穫時期である。試し掘りをし、葉が3～4枚残るまで皮をむいて、十分な軟白長が確保できるか確認する。

収穫は鍬や機械を使用して行なう。鍬の場合は、ウネの片側を、ネギを傷つけない程度に崩し、手作業で抜き取る。機械は、管理機

表10　秋冬どり栽培の病害虫・雑草防除

時期	使用薬剤の例注1）注2）	主な防除対象
育苗期間中	バリダシン液剤5	苗立枯病など
	ダコニール1000	
	プレバソンフロアブル5	ヨトウムシ類など
定植前	パレード20フロアブル注3）	黒腐菌核病
	ベリマークSC注3）	アザミウマ類など
定植時	フォース粒剤	ネキリムシ類など
定植後数日以内	ゴーゴーサン乳剤30	一年生雑草
1回目の土寄せ時	オリゼメート粒剤	軟腐病
	ベストガード粒剤	ネギアザミウマなど
1回目の土寄せ後～夏越し期間中	カセット水和剤	軟腐病
	ナレート水和剤	
	バリダシン液剤5	
	モンカットフロアブル40	白絹病
	カナメフロアブル	
	ベネビアOD	アザミウマ類，ハモグリバエ類など
	コルト顆粒水和剤	
	アグリメック	
夏越し後～収穫前	リドミルゴールドMZ	べと病
	アミスター20フロアブル	さび病など
	パレード20フロアブル	葉枯病，黒腐菌核病など
	トップジンM粉剤DL注4）	小菌核腐敗病
	モンガリット粒剤	黒腐菌核病など
	ディアナSC	アザミウマ類，ハモグリバエ類，ヨトウムシ類など
	グレーシア乳剤	
	リーフガード顆粒水和剤	ネギアザミウマ，ハモグリバエ類など
	ファインセーブフロアブル	アザミウマ類

注1）農薬は最新の登録内容を確認し，使用方法を遵守する
注2）散布にあたっては湿展性のある展着剤（例：まくぴか，ドライバーなど）を必ず加用する
注3）定植1週間前～当日に苗箱灌注処理
注4）9～10月の土寄せ時

やトラクターのアタッチメントでウネを崩すものや、抜き取り作業まで行なう全自動収穫機もある。

収穫前に、ネギの葉をトリマーなどである程度の高さ（地上高80cm程度）で刈り揃えておくと、作業場で出る残渣量を軽減できる。

掘り取ったネギは、ウネに横たえて軽く（2〜3時間程度）乾燥させた後、ネギ用収穫ネットや肥料袋などで梱包し、作業場に運搬する。

②調製作業

調製は、根切り、葉切り、皮むきを行ない、葉数3〜4枚、軟白長25〜30cm、全長55〜60cm程度に仕上げる。

根切りはカッターや機械を使用し、茎盤部を残すように切除する。切りすぎると、切り口から組織が伸長して見た目が悪くなる。葉切りは木枠を作成して包丁で切るか、機械の使用も可能である。皮むきは手作業では困難なため、皮むき機とコンプレッサー（3馬力以上）を使用する。

首元に泥が詰まっている場合は、エアーガンなどを使用して除去する。

作業場内で人の動線が交差しないよう、円を描くようにネギが流れるようなレイアウトにすると効率がよい。

調製後、販売先に合わせて荷造りする（直売向けではFG袋詰め、市場出荷では5kg段ボール詰めが中心）。

なお、2人作業で1日に出荷できるのは、150kg程度が目安になる。この作業量に合わせて、1日当たりの収穫量を決定する（収穫約1・5m分で出荷量5kg前後に該当する）。目標収量は、10a当たり3000〜3500kgである。

表11　秋冬どり栽培の経営指標

項目	
ネギ収量（kg/10a）	3,250
販売単価（円 /kg）	260
売上（円 /10a）	845,000
農業経営費（円 /10a）	501,352
種苗費	49,000
肥料費	70,265
農業薬剤費	47,888
生産資材費	14,625
生産用動力光熱費	15,000
生産用小農具費	7,066
生産用機械費（修繕含む）	39,463
生産用施設費（修繕含む）	7,662
共用機械施設費	75,625
出荷用具費	328
出荷用動力光熱費	6,590
出荷用機械施設費	8,382
出荷用資材費	33,033
従量料金等	29,250
従率料金等	97,175
農業所得（円 /10a）	343,648
作業時間（時間 /10a）	436.2
育苗	27.3
耕起・元肥	12.0
定植	16.0
追肥・土寄せ	15.0
防草・防除	24.8
収穫	113.0
調製	171.6
出荷	56.5

注）千葉県野菜経営収支試算表（2010）より引用

図6　新系統のハモグリバエによる食害

4 病害虫防除

(1) 基本になる防除方法

長ネギは栽培期間が長く、病害虫の種類も多いため、発生前からの定期的な予防が重要になる。使用する薬剤は散布剤だけでなく、土寄せ時などに使用可能な粒剤や粉剤を併用すると、防除効果が安定し、作業の省力化も図れる（表10）。ネギの葉は水をはじきやすいため、薬剤散布のときは必ず湿展性のある展着剤を加用する。

近年問題になっている、新系統のハモグリバエの被害が見られた場合は（図6）、浸透移行性または浸達性のある薬剤をただちに散布する。

(2) 農薬を使わない工夫

まずは、良好な土つくりや排水対策の徹底、輪作体系の導入により、ネギの根傷みや連作障害による土壌病害の発生を抑え、ネギを健全な状態に保つことが重要である。

また、土寄せ作業のタイミングも大きなポイントで、高温や乾燥状態では根傷みにつながるため、適度な気温と水分状態で行なう。

5 経営的特徴

根深ネギはここ数年、流通単価が比較的安定しており、収量・品質が確保できれば、収益が見込める品目である（表11）。

露地野菜としては面積当たりの労働時間が長いため、1人の経営では30～60a程度、4人の経営で1.2～2.5ha程度が標準的な経営規模になる。目標とする所得を設定し、それに応じた人員の配置や設備投資を行なう。

（執筆：岡﨑遼人）

春どり栽培

1 品種選定

本作型では品種の選定が重要になる。晩抽性の品種を使用しないと、抽台が多発して商品価値がなくなる。晩抽性の強い品種であれば、最大で4月下旬ころまで出荷が可能である（表12）。

なお、春どりは品種にかかわらず肥大しやすいため、播種は2粒播きを避け、2・5粒または3粒播きとする。

2 栽培のおさえどころ

(1) 夏の高温対策

① 育苗期の高温対策

本作型は、育苗期から定植時期にかけて高温期になる。

育苗期では、播種後にアルミ蒸着フィルムなどを被覆し、苗箱の温度上昇を防ぐ（発芽が揃ったら除去する）。その後、さらに晴天が続く場合は、ハウスから出して外で育苗するほうが無難である。ハウス内に置く場合は、遮光ネットなどを展張する。

② 定植時の高温・乾燥対策

定植時の高温・乾燥にはとくに注意が必要であり、砂地圃場やチェーンポット栽培では苗が乾燥しやすく、枯死するケースもある。

井戸のある圃場では、定植前に灌水チューブなどで1日程度散水しておくとよい（定植後も必要に応じて散水）。井戸がない場合は、定植後に動噴などで500〜1000ℓ／10aの灌水を行なう（週に2日以上、活着するまで行なう）。

このような労力をかけないためには、定植の前後で降雨があるタイミングで植えるのがよい。

(2) 抽台を抑える管理方法

① 抽台を防ぐポイント

ネギの花芽分化は低温で誘起されるが、湿害による根傷みのストレスや、肥切れなどでも助長される。

それを防ぐために、年内のうちに4回程度は土寄せを行ない、株元に土を入れて保温するとともに、排水対策を徹底して根傷みを軽減する。さらに、肥切れを防ぐため、土つくりで畜糞堆肥などの有機物を十分に施用し、かつ、年内最後の土寄せ時には緩効性の肥料を、やや多め（窒素成分5〜6kg／10a程度）に入れるようにする。

② 抽台（収穫）時期の予測方法

抽台のスピードは、気象や圃場条件などで変動するため、3月中旬ころからネギを抜き取り、花芽の有無と内葉枚数を確認したうえで、収穫時期や圃場の順番を決定する。

内葉とはまだ外に抽出していない葉のことで、長ネギの軟白部を縦に裂くと、内部に抽出前の葉が入っており、これが内葉である。抽台の時期が近くなる（3月中旬ころ〜）と、内葉の一番内側にネギ坊主（花芽）ができてくる。その花芽までの内葉数に7〜10日

図7　ネギの春どり栽培（チェーンポット）　栽培暦例

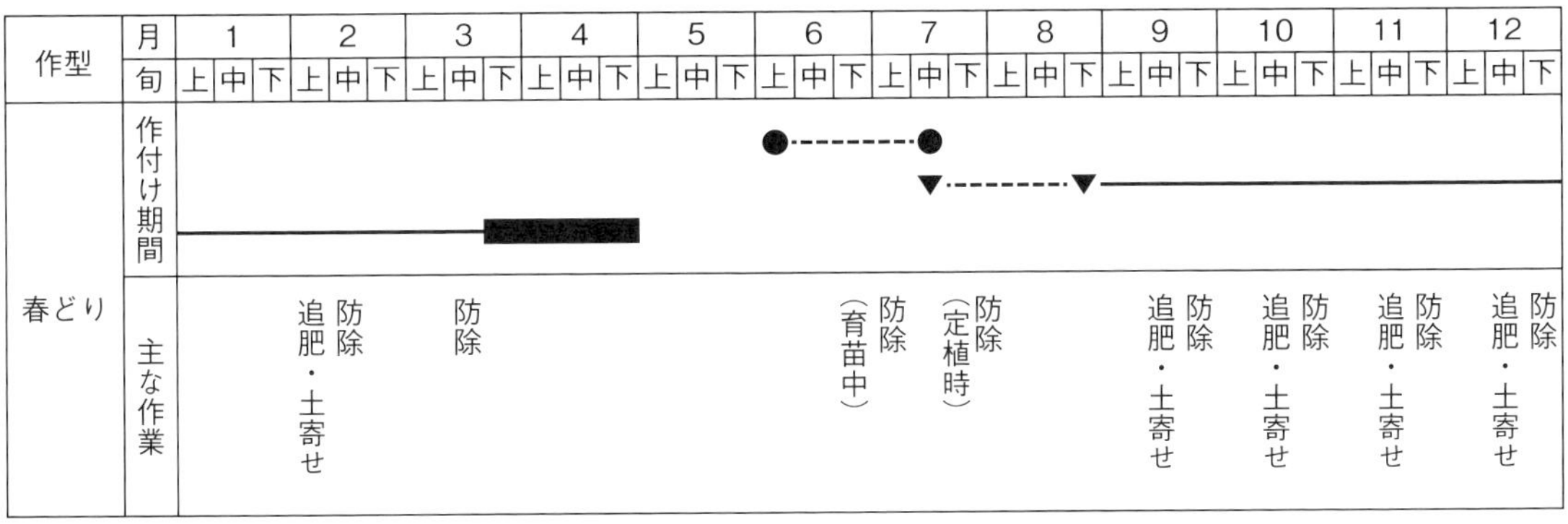

●：播種，▼：定植，■：収穫
注）主な品種：春扇，初夏扇，初夏扇2号，龍ひかり2号，龍まさり，羽緑一本太，羽生一本太など

表12　春どり栽培に適した主要品種の特性

品種名	販売元	特性
春扇	サカタのタネ	太りが早く，多収がねらいやすい。収穫遅れによる首割れに注意する
初夏扇	サカタのタネ	‘春扇’より晩抽性がある。生育スピードは‘春扇’よりゆるやか
初夏扇２号	サカタのタネ	‘初夏扇’より晩抽性がある。生育スピードは‘初夏扇’よりややゆるやか
龍ひかり２号	横浜植木	在圃性がよい。４月上旬ころまでの収穫とする
龍まさり	横浜植木	‘龍ひかり２号’より晩抽性があり，４月下旬ころまで収穫可能
羽緑一本太	トーホク	晩抽性が強い。生育が早く伸びがよい。収穫遅れに注意する
羽生一本太	トーホク	太りがゆるやかで，正品率が高い。夏期の高温で分げつする場合がある

注）千葉県内での現場指導経験にもとづいた評価のため，栽培にあたっては地域の指導機関や種苗メーカーなどに確認する

をかけた日数が、収穫まで（花芽が抽出するまで）の日数の目安である。

したがって、軟白部を裂いても、一番内側に花芽が見えない場合（内葉のみの場合）は、抽台の時期が予測できない。

3 病害虫防除

春どり栽培は冬に向かっていく作型のため、病害虫の影響は比較的少ない。注意が必要なのは、3月以降に発生するべと病と黒腐菌核病である。

べと病は、止め土時に殺菌剤（粒剤）を使用し（収穫前日数に注意）、2月中下旬から薬剤散布を開始する。

黒腐菌核病は、定植前に薬剤を苗箱灌注し、本病の感染時期である9～11月にかけて殺菌剤（粒剤・散布剤）を使用する。

（執筆：岡﨑遼人）

坊主しらずネギの栽培

1 この栽培の特徴と導入

(1) 栽培の特徴と導入の注意点

坊主しらずネギは、一般のネギが抽台する5～6月でもほとんど抽台しない不抽台性で、分げつ性のネギである。ほとんどのネギが抽台して出荷できなくなるネギの端境期の5～7月に出荷できるため、1980年代までは坊主しらずネギが市場の大半を占めていた。

しかし現在は、極晩抽性品種を用いた5月上旬まで収穫できる春どりネギや、5月上中旬から出荷できるハウスやトンネル栽培の夏どりネギの作型が確立したこと、栄養繁殖（株分けで増殖する）のため黒腐菌核病やネダニ類の被害が出やすいこと、分げつ性のネギなので収穫適期を逃すと外観品質が低下することから栽培面積は減少し、出荷期間も5月上中旬～6月上中旬と短くなっている。

栽培されている系統は、昭和20年代は'三州''弘法'などの株ネギから選抜された系統が中心であったが、その後、農家レベルで優良系統が選抜されるとともに、晩ネギからの選抜も行なわれ、多くの系統が栽培された。しかし、近年は出荷期間の短縮にともない、数系統に絞られてきている。

千葉県ではこれらの系統を交配・選抜し、さび病に強く外観品質の優れた系統の'足長美人'を育成し、2007年に種苗登録した。この品種は、現在の千葉県の坊主しらずネギの主力系統になっている。

(2) 他の野菜・作物との組合せ方

4～6月に連続してネギを出荷する場合、極晩抽性品種を用いて4～5月上旬に収穫する春ネギと、ハウスやトンネル栽培の夏ネギを組み合わせる必要がある。

しかし、千葉県の東葛飾地域は、古くから坊主しらずネギの産地であり、トンネルなどの資材を用いずに出荷することが可能であ

図8　坊主しらずネギの栽培　栽培暦例

月	5	6	7	8	9	10	11	12	1	2	3	4
旬	上中下	上中下	上中下	上中下	上中下	上中下	上中下	上中下	上中下	上中下	上中下	上中下
作付け期間	■■■▽----	▽───	────	────	▼---▼	────	────	────	────	────	────	────
主な作業	収穫始め、苗の選別・仮植	収穫終了			定植	土寄せ・追肥①		土寄せ・追肥②			土寄せ・追肥③	止め土・追肥④

▽：仮植，▼：定植，■：収穫

る。多収性でかつ調製作業が容易（皮がむきやすい）という特徴を生かし，春ネギ→坊主しらずネギ→露地夏ネギの体系で，坊主しらずネギが活用されている（図9）。

当地域ではエダマメの栽培も盛んなため，坊主しらずネギの収穫後に，夏ネギではなくエダマメの栽培をする生産者も少なくない。

坊主しらずネギは初夏に収穫が終了するため，畑の後作として秋冬ダイコンや小カブなどの秋冬野菜が栽培できる。夏場に太陽熱消毒などの土壌消毒をしてから，秋冬野菜に取り組むことも可能である。

2 栽培のおさえどころ

(1) どこで失敗しやすいか

①苗の選別の徹底

苗に黒腐菌核病やネダニ類がついていると，定植してから発病・増殖し，収穫皆無になることもある。また，ウイルス症状の激しい親株から苗を採ると，ウイルスによって収量が低下する。

失敗しないためには，苗の選別を徹底することである。株分けのときに外皮をむいて病虫害のないものを選ぶ。また，ウイルスは高温時には症状が隠れてしまうので，5月上旬に親株をよくチェックしておくことが大切である。

②適期に定植する

定植時期が遅れるほど，分げつは少なく抽台が多くなるので，10月以降の極端な遅植えは避ける。逆に，定植が早すぎると分げつが過剰になり，品質が低下することがあるので注意する。

③系統ごとの収穫適期を守る

系統によって収穫の適期がある。収穫が早いと，分げつしたネギが丸くならずに半月状になり，遅れると再度分げつを開始し出荷できなくなることがある。

系統別収穫の目安は，'足長美人'，'向小金系'が5月上旬～下旬，'小金系'，'凧早黒系'，'手賀黒系'で5月下旬～6月上旬である。

(2) おいしく安全につくるためのポイント

合理的な輪作や，良質堆肥を十分施用するなど，土つくりを徹底する。健康な土が健康なネギを育てることを基本にする。

図9　坊主しらずネギを活用した栽培体系（千葉県北西部）

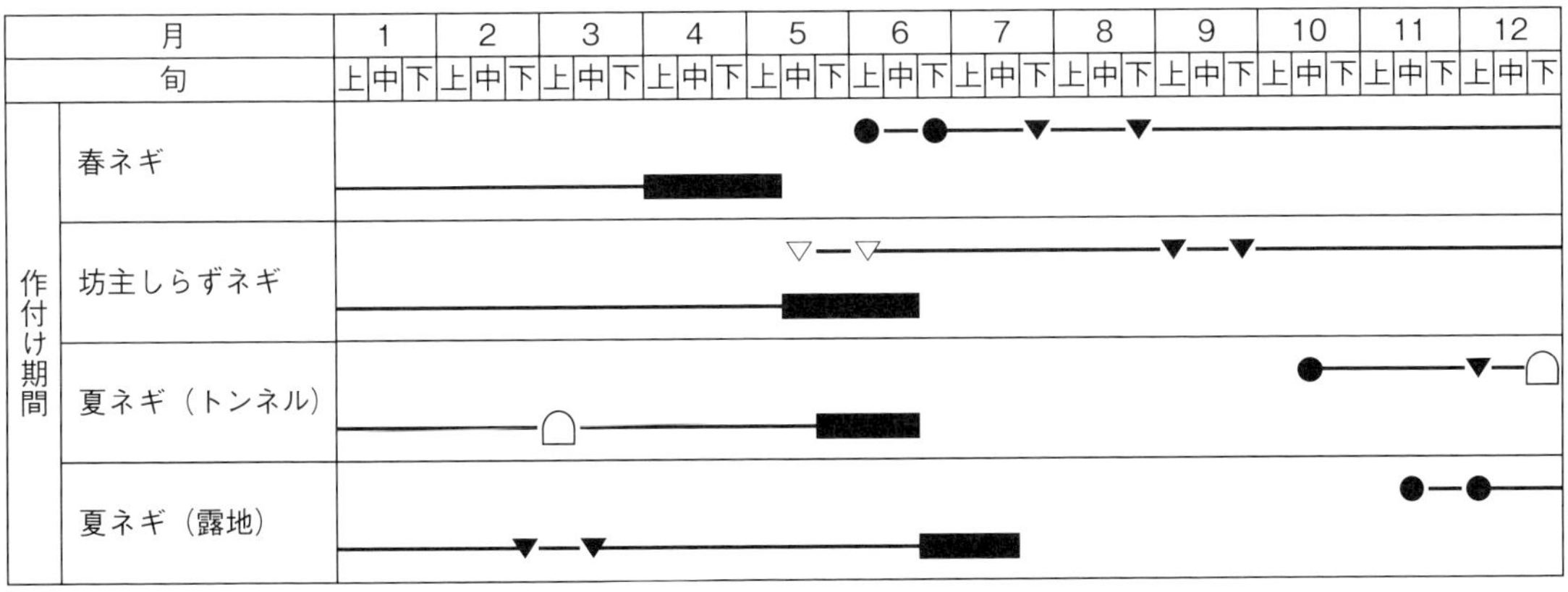

●：播種，▽：仮植，▼：定植，⌒：トンネル，■：収穫

表13　坊主しらずネギの主な系統と特性

系統名	特性
向小金系	古くから栽培されている系統。軟白部に光沢があり，締まりがよい。収穫適期を逃すとバラけやすい。さび病には弱い。肥切れすると坊主が出やすい。5月出荷に向く
足長美人	千葉県育成系統。軟白部に丸みがあり，基部の膨らみも少なく，品質が優れている。肉質が柔らかで甘味が強く食味が良好である。収穫が遅れると品質が低下しやすいので，適期収穫を心がける
小金系	皮むきがしやすく，つくりやすい。分げつはやや少ないが，品質はよい。首の抜け上がりが遅く，6月出荷向き。肥切れすると坊主が出やすい
風早黒系	在来系からの選抜系統。坊主が出にくく，軟白部が真っ白で，柔らかく食味がよいが，生育がゆっくりで早出しには向かない。名称は黒だが，葉色はやや薄い
手賀黒系	向小金系からの選抜種といわれており，ネギの締まりがよい。主に6月出荷に用いられるが，5月出荷も可能。分げつは少ないが，さび病に強くつくりやすい。首にシワが入ることがある

窒素肥料の過剰は、病害を増加させる要因になるので、土壌診断を実施するなど、適正な施肥を行なう。

また、太陽熱利用の土壌消毒や、ネギをよく観察し病害虫の発生初期対策を行なうことによって、農薬の使用をできるだけ少なくするよう取り組む。

(3) 品種（系統）の選び方

主な系統の特性は表13のとおりである。

坊主しらずネギは、系統ごとに収穫適期があるが、定植時期や止め土の時期で調節が可能である。収穫適期は10日程度と短いので、複数系統を組み合わせたり、止め土の時期をずらしたりして1カ月間程度出荷している事例が多い。

3 栽培の手順

(1) 育苗のやり方

坊主しらずネギの栽培では、種子を播いて育苗を行なうことをせず、本圃の株から生育のよいものを選び、その株を仮植して増殖し苗を確保する（図10）。

このような栄養繁殖では、ウイルスによる汚染が問題になるので、5月に行なう苗の選別が重要な作業になる。

① 株分け

栽培中の圃場で、4月中旬の最終土寄せ（止め土）の前に、形質がよく、病害虫の被害のない株を選び、止め土をかけずに管理する（株分け）。この株から、5月中旬～6月上旬に苗を選別する。

苗には、ウイルスに汚染されていない株、抽台のない株、充実した株を選ぶ。分げつした株を1本ずつに分け、外皮を一皮むいて黒腐菌核病の感染の有無を確認し、罹病苗を除く。外皮をむくことによって、ネダニ類の持ち込みも軽減できる。

② 育苗（仮植）

仮植床の施肥　堆肥400kgと石灰窒素20kgを全面に散布し、耕うんしておく。仮植時に、緩効性肥料20kgを施用する（仮植床2a当たり）。

栽植密度　本圃10aの栽培に必要な仮植床の面積は2a。ウネ間70cm、株間12～15cmで、仮植する苗数は2000～2300本程度になる。

仮植の方法　ネギ専用管理機で深さ10～15cmの植え溝を掘り、苗を1本ずつに分け、太さを揃えて植え付ける。株元に3cm程度覆土する。

育苗床の管理　仮植後2～3週間後に、植え溝を軽く埋める程度に土を寄せる。定植までに、直径15mm程度のものが4～6本に分げ

表14　坊主しらずネギの栽培のポイント

	技術目標とポイント	技術内容
育苗	◎親株の選抜	・本圃での止め土前に，ウイルスに汚染されていない健全で形質のよい株を選び，止め土をせずに管理する
	◎仮植畑の選定	・地力があり，土壌病害虫のない仮植畑を選ぶ。必要仮植畑面積は本圃10a当たり2a
	◎仮植	・外皮をむいて，黒腐菌核病の有無を確認する ・管理機で深さ10cm程度の植え溝をつくり，ウネ間70cm，株間12～15cmに植え付ける。苗数は2,000～2,300本程度
	◎病害虫防除	・ネギアザミウマ，ネギハモグリバエが発生したら，初期に防除する
定植	◎圃場の選定	・良質な堆肥を十分に施用し，pHを6.0～6.5程度に矯正した地力のある畑を選ぶ
	◎苗の選別	・仮植畑から苗を抜き取り，外皮をむき，病気，生育不良苗を除き，太さを揃える
	◎植え溝つくり	・管理機で深さ15cm，溝幅25cm，ウネ間90cmの植え溝をつくる
	◎施肥基準	・施肥は，定植時は土壌改良材，1回目の土寄せ時に有機質肥料中心に追肥（実質的な元肥），年内の土寄せ時に化成肥料，春期の3，4回目の追肥時に緩効性肥料を追肥する。窒素成分量は23kg/10a程度とする
	◎定植	・定植は溝の片側に立てかけるように植え付ける
管理	◎土寄せ・追肥	・定植後20日に植え溝を埋め，年内に2回目，3月中下旬に3回目の土寄せ，4月中下旬に止め土（4回目の土寄せ）を行なう。土寄せ時に追肥を行なう
	◎病害虫防除	・主な病害虫防除は，3月から収穫期の5月になる。病気はさび病，黒斑病，べと病，害虫はネギアザミウマの発生期にあたるので，早めの防除を心がける
収穫	◎収穫	・収穫したネギの葉と根を切り，葉を3～4枚残して外皮をむき，箱詰めする。目標収量は10a当たり5,000kgである

図10　坊主しらずネギの栽培サイクル

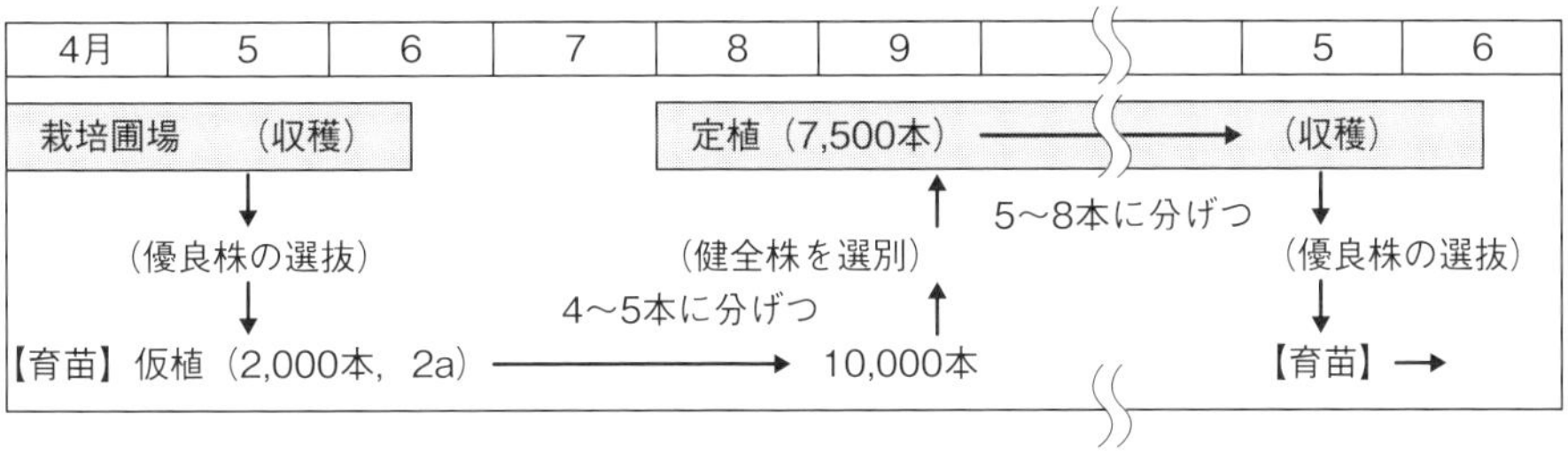

図11　育苗畑の様子

つする。なお、強い土寄せは分げつを抑制するので行なわない（図11）。

病害虫は適宜防除する。とくに、育苗後半の白絹病、軟腐病は定植苗不足に直結するので留意する。

(2) 定植のやり方

① 畑の選定と土つくり

定植畑は土壌病害のない畑を選定し、完熟堆肥を十分施用する。

図12　止め土をかけた坊主しらずネギ

②苗の選別

分げつした苗を1本ずつに分けて、外皮をむき、病気、生育不良苗を除き、直径15㎜以上と以下に分ける。

③施肥と植え溝つくり

10a当たり完熟堆肥2t、苦土石灰、BMようりん各80kgなどを、定植3週間前に全面に散布し耕うんする。定植時には窒素を含む肥料は施さず、実質的な元肥は1回目の土寄せ時に施す（表15）。

ネギ専用管理機でウネ間84～90cm、深さ15cm、溝幅25cm程度の植え溝を掘る。

④定植

9月下旬に、株間15cmで苗を定植する。なお、直径15㎜以下の細いものは2本植えとする。定植は植え溝の片側に立てかけるように苗を置き、株元に3cm程度覆土し、鎮圧する。

(3) 定植後の管理

定植後20日くらいに1回目の土寄せ・追肥を行なう。有機質主体の肥料200kg（窒素成分量10～15kg）を全面に施用し、植え溝を埋めて平らにする。

2回目は12月上旬で、高度化成肥料50kg（窒素成分5～6kg）を施用し、軽く土寄せをする。

3回目は3月中旬を目安に、緩効性肥料60kg（窒素成分5kg程度）を施用し、首元を埋めない程度の土寄せをする。

4月下旬～5月上旬の4回目が止め土となる。止め土は、首元が隠れる程度にやや強めに行なう。止め土の時期は、系統によりやや異なるが、出荷予定の25日前をめどに実施する。なお、止め土では施肥は行なわない。

(4) 収穫

坊主しらずネギは、収穫が遅れると、分げつしたり首のゆるみが生じて、大幅に品質が劣化するため、収穫適期を外さないよう計画的に行なう。収穫適期は長くて10日ほどなので、収穫・出荷能力に応じて止め土の時期をずらすとよい。

収穫したネギの葉と根を切り、葉を3～4枚残して外皮をむき、箱詰めする。目標収量は10a当たり5tである。1ケース5kgの定量詰めなら1000ケース、定数詰め出荷の場合は800ケース程度になる。

4 病害虫防除

(1) 基本になる防除方法

栄養繁殖性であるため、ネダニ類、黒腐菌核病の持ち出し、持ち込みにはとくに注意する。仮植時、定植時の苗の選別を徹底することが大切になる。

育苗時期はネギアザミウマ、ネギハモグリ

バエの多い時期なので、発生初期からの防除を心がける。育苗後半は高温期になるため、白絹病、軟腐病に注意する。とくに降雨後の高温によって軟腐病が多発し、定植苗不足になる例も見られるので、降雨後は予防剤の散布を行なう。

定植後は、秋冬ネギや春ネギに準じた防除を行なうが、坊主しらずネギの場合は3〜5月の防除が主になるので、防除回数は比較的少なくて済む。しかし、さび病、黒斑病、べと病の多発期に当たるので、発生初期から防除に努めること。

(2) 農薬を使わない工夫

ネギをよく観察し、病害虫の発生初期の

表15　施肥例

（単位：kg /10a）

	肥料名	施用量	成分量		
			窒素	リン酸	カリ
元肥	堆肥	2,000			
	苦土石灰	80			
	BM ようりん（0-20-0）	80		16	
1回目追肥	有機アグレット673特号（6-7-3）	200	12	14	6
2回目追肥	燐硝安加里 BS22（12-12-12）	50	6	6	6
3回目追肥	ジシアン有機特806（8-10-6）	60	4.8	6	3.6
施肥成分量			22.8	42	15.6

表16　病害虫防除の方法

	病害虫名	防除法
病気	さび病	多発時期は4〜6月で，坊主しらずネギの出荷期に当たるため，発生すると商品価値が低下する。‘足長美人’，‘手賀黒系’は強いが，‘向小金系’は弱い。降雨後の殺菌剤の散布が効果的である
	べと病	降雨の多い秋と春に多発する。近年は3月ころから発生があり，4〜5月に多発傾向にある。発生初期から殺菌剤の散布を行なう。また残渣とともに土中に残るので，多発畑は次作も注意が必要である
	黒腐菌核病	栄養繁殖性の坊主しらずネギでは，最も恐ろしい土壌病害である。苗からの持ち込みを防ぐため，苗は外皮をむいて病気の有無を確認し，健全な苗を使用する。やむを得ず発生畑に作付ける場合は土壌消毒をする
	軟腐病	育苗中の，とくに7〜8月の高温期に発生し，発病株は欠株となり苗数の不足を生じる。ゲリラ豪雨や台風後には殺菌剤の散布を行なう
	白絹病	育苗中の6〜9月に発生し，軟腐病を併発すると大きな被害になる。下葉の黄化や枯死が見られたら株元を観察し，発生時には株元にもかかるように殺菌剤を散布する
害虫	ネギアザミウマ	厳冬期を除き，年中発生が見られるが，5〜10月に密度が上がりやすいので，殺虫剤を散布し定期的に防除する。なお，シロイチモジヨトウやネギハモグリバエに登録のある薬剤で，ネギアザミウマにも登録がある薬剤も多いので，発生状況により選定するとよい
	シロイチモジヨトウ	育苗中の7月ころから発生する。孵化直後の若齢幼虫が密集しているときの防除が効果的。中齢以降は葉に潜り込むうえ，薬剤の効果も低くなるので防除が困難になる。また，感受性が低下している薬剤もあるので注意する
	ネギハモグリバエ	育苗中の7月ころから発生する。近年，葉の白化を生じるような，激しい食害をともなう系統（B系統）が発生し被害か拡大している。発生時は殺虫剤を散布し早期防除を行なう
	ネダニ類	坊主しらずネギは栄養繁殖性なので，一度発生すると被害が拡大しやすい。生育不良株の茎盤部分を観察し，ネダニ類を確認したら殺虫剤を施用する。また，定植時には殺虫剤の施用を行なう

表17　坊主しらずネギの経営指標

項目		備考
収量（kg /10a）	5,000	800ケース（45本定数詰め）
単価（円 /kg）	240	1,500円 / ケース
粗収益（円 /10a）	1,200,000	
経営費（円 /10a）	501,600	
種苗費	71,000	自家増殖2,150本（33円 / 本）
肥料費	89,100	堆肥を含む
薬剤費	29,300	土壌消毒剤を含まず
資材費	64,000	出荷用段ボールほか
光熱動力費	24,600	電気代，軽油，ガソリンなど
農具費等	3,500	小農具費
機械設備費	62,100	減価償却費
流通経費	158,000	運賃，市場手数料（8.5%）
所得（円 /10a）	698,400	
所得率（%）	58	
労働時間（時間10a）	465	

注）「野菜経営収支試算表」（千葉県農林水産技術会議，2010年）をもとに算出

防除を心がける。農薬を使用するときは、作用機構分類（IRAC《アイラック》コード、FRAC《エフラック》コード）を確認し、同じ分類の薬剤の連用を避ける。それとともに、適切な展着剤を加用して防除効果を高め、使用回数の削減に努める。

また、追肥時の窒素過剰や大量の土寄せは、病気の発生を助長するので、適度の追肥、土寄せを心がける。

5　経営的特徴

適期収穫を行なって品質のよいネギを出荷すれば、比較的収量が多く、低コストなので、高収益を上げることも可能である（表17）。

また、坊主が出て出荷できなくなる心配がなく、安定的に出荷できるメリットも大きい。

（執筆：野村幸司）

初夏・夏どり栽培

1 この作型の特徴と導入

(1) 作型の特徴と導入の注意点

① 初夏どり栽培

ネギの初夏どり栽培（5～6月収穫）で問題になるのは、抽台発生による収穫の遅延と生育不良である。いずれも低温が原因なので、品種選定とトンネル・マルチによる保温がポイントになる（表19参照）。

2月中下旬ころからは日射量も多く、トンネル内が高温になってくるので換気が必要になる。そのため、栽培管理に労力を要することや、病害虫の発生も増加してくるため、栽培しにくい作型である。

しかし、無被覆の春どりネギの作型は、冬から春の天候の影響によって、抽台の発生や生育が左右されるため不安定になりやすい。そのため、初夏どりネギの市場単価は安定して高く推移している。

② 夏どり栽培

夏どり栽培（7～9月収穫）は、定植が低温期であるが、生育や収穫が高温期にあたる。近年、ネギの生育適温をはるかに超えることが多く、適地が北上している。また、高温・乾燥や豪雨などにより、収量・品質とも低下することがある。

そのため、夏どり栽培では、耐暑性品種と高温への対処がポイントになる。

市場価格は、高温の影響で早い時期から品質低下が目立ち、比較的高くなっている。

(2) 他の野菜・作物との組合せ方

本作型は定植が冬なので、夏から秋にかけて十分な土つくりをする。夏にはソルゴーなどの深根性の緑肥作物を栽培してすき込み、圃場の排水性を向上させる。クロタラリアなどはネダニ類、キカラシナなどは黒腐菌核病の密度低下にも効果がある。

ネギ類の連作は病害虫発生の観点から望ましくないので、たとえば、①春レタス―夏季の緑肥栽培―初夏・夏ネギ、②夏ネギ―秋冬・春レタス―緑肥栽培というように、レタスなどとの輪作がよい。

2 栽培のおさえどころ

(1) どこで失敗しやすいか

初夏どり栽培では、9月中旬までの早播きと、晩抽性品種以外の利用によって、抽台株の発生をまねきやすい。播種適期を厳守することと、適した品種の利用は不可欠である。

トンネル管理では、急激な換気によるネギの萎れや倒伏が問題になる。また、早期にトンネルを開放したり撤去すると、ネギが低温に感応して抽台してしまう。トンネルの換気や撤去は、気温など気象条件に合わせて、的確に行なうことが必要である。

さらに、高温期の土寄せによる生育不良や病害の誘発、頭上灌水による腐敗株の発生が見られるので、注意深い作業が必要である。

図13　ネギの初夏（5～6月）・夏（7～9月）どり栽培　栽培暦例

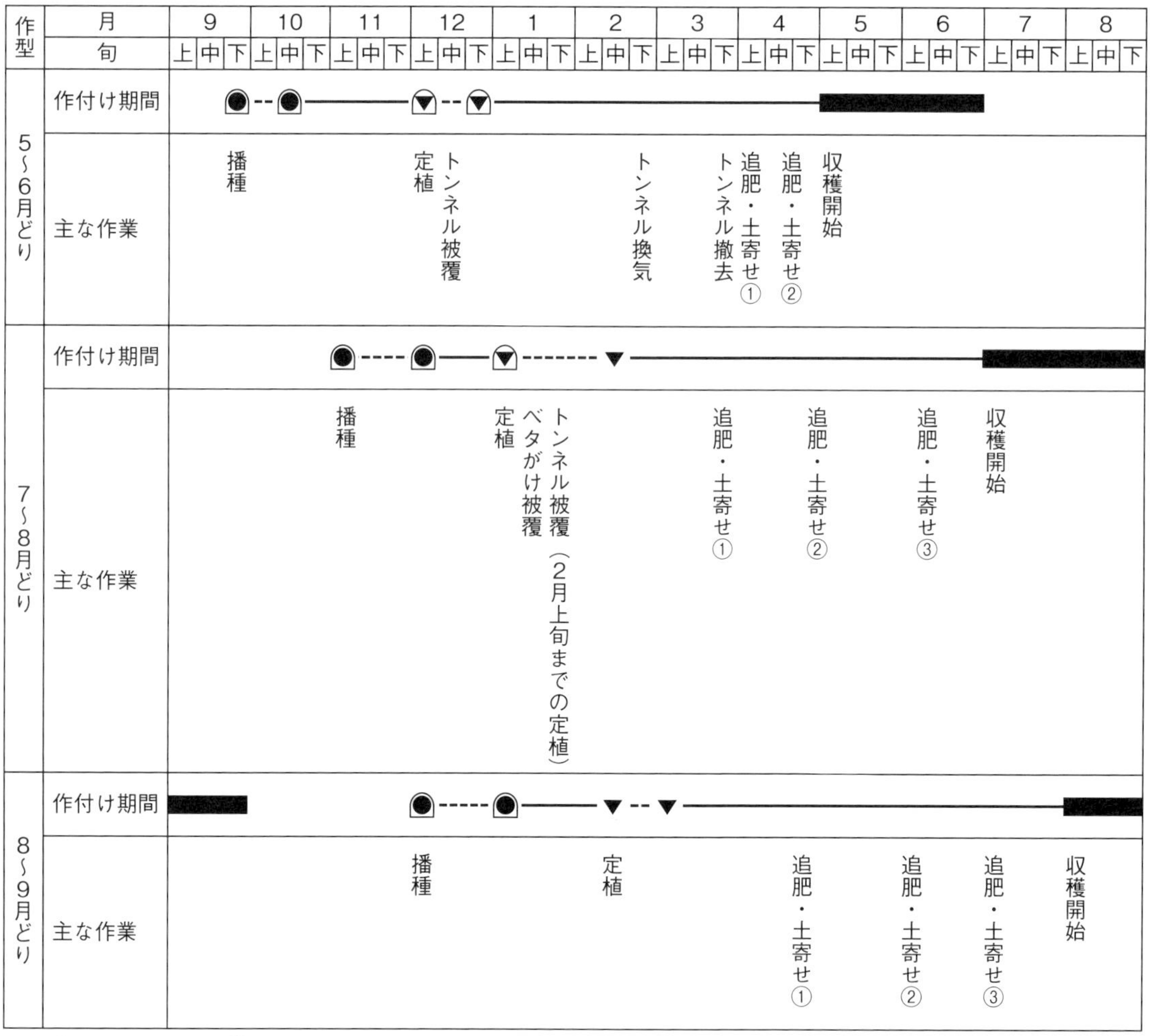

●：播種，▼：定植，⌒：ハウスないしトンネル，■：収穫

(2) おいしく安全につくるためのポイント

品種によって異なるが、ネギは収穫適期を過ぎると硬くなることがあり、高温期には顕著なので、品種特性を考慮して目標とする軟白長、葉鞘径で収穫する。また、高温・乾燥で辛味が強くなるので、場合によっては灌水を行なう。

緑肥のすき込みは、減農薬だけでなく排水性の向上が期待でき、気象災害の低減や収穫作業がスムーズになるなどの利点もある。

堆肥施用は、土壌の物理性の向上とともに、含まれている化学的成分を考慮することで減化学肥料にもつながる。

(3) 品種の選び方

初夏どり栽培用の品種は、晩抽性を兼ね備えていることが必須で、さらに生育も考慮し、収穫時期に合わせて選定する（表18）。とくに、5月収穫の品種は限定的である。

夏どりは、初夏どりと明確に品種を分ける必要がある。高温期にはネギの生育が緩慢で、とくに伸長が劣ることがある。また、窒素成分に過剰に反応して、病害が多発するこ

表18　初夏・夏どり栽培に適した主要品種の特性

品種名	販売元	特性
春扇	サカタのタネ	抽台発生が遅い晩抽性品種で，5月から収穫ができる。立葉性で，肥大性に優れる多収性品種である。収穫遅れは首割れが発生しやすいので，適期収穫を心がける
羽緑一本太	トーホク	抽台発生が遅い晩抽性品種で，5月から収穫できる。立葉性で伸長性に優れている。収穫は‘春扇’よりやや遅い
深緑のいざない	トキタ種苗	抽台発生が遅く，伸長性と肥大性が早い。とくに，トンネル撤去後の生育が良好であることから，5月上旬の収穫が可能である
陽春の宴	トキタ種苗	抽台発生が遅い晩抽性品種で，5月中旬から収穫ができる。首の締まりが良好で，在圃性に優れるが適期収穫に努める
森の奏で	トキタ種苗	8月からの収穫が可能で，肥大性に優れる。また，耐暑性があるため夏から秋冬どりに向く
龍まさり	横浜植木	抽台発生が遅い晩抽性品種で，5月下旬から収穫できる。肥大性は‘龍ひかり1号’や‘龍ひかり2号’より優れているが，伸長性は‘龍ひかり1号’よりやや遅い
龍ひかり1号，龍ひかり2号	横浜植木	抽台発生が遅い晩抽性品種で，6月から収穫できる。晩抽性は，‘龍ひかり2号’が‘龍ひかり1号’より優れている。肥大性も同様に‘龍ひかり2号’が‘龍ひかり1号’より優れているが，伸長性は‘龍ひかり1号’が‘龍ひかり2号’より優れている
初夏扇，初夏扇2号	サカタのタネ	‘春扇’より抽台発生は遅く，とくに，‘初夏扇2号’は晩抽性品種である。生育も同様に‘春扇’，‘初夏扇’，‘初夏扇2号’の順に早いため，収穫は‘初夏扇’は6月中旬，‘初夏扇2号’は6月下旬からになる
初夏一文字	タキイ種苗	6月中旬〜7月上旬どりに適する。抽台は比較的遅いが，‘春扇’などより早く発生しやすい。吸肥力が比較的強いため，追肥は少量で分施する
名月一文字	タキイ種苗	9月どりに適する。葉身が比較的短く，葉折れが少ないため調製が容易で，夏越しに向いている
夏扇4号	サカタのタネ	耐暑性に優れているとともに，低温伸長性がある。黒柄系であるため，草勢が強く，立性である
夏扇パワー	サカタのタネ	‘夏扇4号’と同様に耐暑性に優れ，低温伸長性がある。また，‘夏扇4号’よりも草勢が強く，肥大性に優れているが，首部の締まりは劣る
関羽一本太	トーホク	耐暑性，耐寒性にとくに優れているが，草勢はやや強い程度で肥大性はゆっくりである。春どりを除き栽培できるが，とくに9月からの収穫で特性を発揮する

ともあるので、夏どり品種には耐暑性が必須である。

3 栽培の手順

(1) 育苗のやり方

育苗は、セルトレイまたはチェーンポットを利用し、ハウスやトンネルで保温して行なう。育苗容器は定植方法によって選択し、チェーンポットは植え溝切り栽培で、セルトレイは植え溝切り栽培、平ベッド栽培のいずれでも使うことができる。

播種量は、200穴セルトレイで1穴2粒または3粒播き、チェーンポットでは5cmピッチで1穴2粒または1粒・2粒の交互播き、10cmピッチで1穴3粒か4粒または2粒・3粒の交互播きがよい。

いずれも播種後、底面から水が見える程度の十分な灌水を、均等に行なう。

(2) 本圃の準備

夏に、緑肥をハンマーナイフモアなどで細断してロータリーですき込むが、定植の1カ

表19　初夏どり栽培のポイント

	技術目標とポイント	技術内容
育苗	◎品種選定と播種期	・晩抽性品種を用い，5月どりは9月下旬，6月どりは10月上旬から播種する。9月中旬までの早播きは抽台発生を助長する
	◎播種方法	・育苗容器は200穴セルトレイやチェーンポットを利用 ・200穴セルトレイは1穴2粒または3粒，紙筒間隔が5cmのチェーンポットは1穴2粒または1粒・2粒の交互播き，10cmでは1穴3粒か4粒または2粒・3粒の交互播きがよい
	◎出芽までの温度管理	・出芽までは，地温が27℃を超えないように管理
	◎出芽後の管理	・出芽直後の急激な温度変化は避け，徐々にならす（発芽機を利用し，育苗床に移動するときはとくに注意） ・育苗中の灌水量は，播種35日後から徐々に多くし，晴天日は1日当たり200穴セルトレイで300mℓ，チェーンポットでは400mℓが目安 ・定植10日前から灌水量を徐々に少なくし，晴天日は1日当たり200穴セルトレイで200mℓ，チェーンポットでは300mℓが目安 ・出芽後の温度管理は12～20℃で，定植10日前からハウスやトンネルを徐々に開放し，低温にならす
	◎「せん葉」と定植時の苗の大きさ	・せん葉を数回行なうことで充実した苗になる。葉は10cmは残すようにする（残渣は取り除く） ・出芽時から本葉を数えておき，出葉数3～4枚，葉長20～25cmで定植する
定植準備	◎土つくりと施肥	・保水性と排水性を向上させるため，堆肥や緑肥を施用 ・土壌酸度はpH（KCl）5.5～7.0（最適6.0～6.5）を目標に改良資材で矯正 ・元肥は緩効性肥料や有機質肥料を主体とする
	◎ウネつくり ・平ベッド栽培	・平ベッド栽培では，幅120cm（天板100cm），高さ5cmのベッドを土壌水分が十分にあるときにつくり，135cm幅のマルチを展張する（図15）
	・植え溝切り栽培	・植え溝切り栽培では，条間85～90cm，深さ15cmの植え溝をつくり，定植後，1列おきに90cm幅のマルチを展張する（マルチは植え溝に垂らす）（図14）
定植	◎平ベッドへの定植	・平ベッド栽培では，ネギロケットで深さ15～18cmの植穴をあけ，セル成型苗を落とす（覆土の必要はない）
	◎植え溝への定植	・植え溝切り栽培では，簡易移植器を用いてチェーンポットを引くか，ネギロケットで植穴をあけセル成型苗を植え付ける（育苗培養土が見えなくなる程度に覆土する）
	◎セル成型苗の定植方法	・セル成型苗を定植する場合，穴間隔6～7cmでは1穴2株植え，穴間隔10cmでは1穴3株植えか，1穴2株と3株の交互植えにする
	◎トンネル被覆	・定植後，3日以内に80cm間隔で支柱を立て，幅210～230cmのビニールでトンネル被覆する
定植後の管理	◎雑草・病害虫防除	・雑草は耕起前に行なうとともに，トンネル撤去後，適宜，生育に合わせ除草剤を散布する ・黒腐菌核病が発生した圃場では，程度に準じて対策を講じる ・べと病は育苗期からの予防に努め，雑草や残渣処理も行なう ・薬剤は，粒剤処理を組み合わせると省力的である
	◎トンネル管理	・トンネルは密閉し，2月中下旬ころからトンネル内温度25℃を目安に換気を開始する ・トンネルは開放せず開け閉めとする ・換気は3mおきに片側のみ行ない，換気位置は数日で変える（図16） ・トンネルの撤去は3月下旬ころから4月上旬に行なう（急がない）
	◎追肥，土寄せ	・追肥は速効性肥料で窒素とカリを1回当たり成分で4～5kg/10a，3回施用する ・追肥とともに土寄せを行ない，止め土までは首部が見える程度とする
収穫	◎収穫期の判断	・収穫は軟白の長さ25cm以上（L級以上が理想），ぼけの有無を確認してから行なう ・軟白の長さは，止め土後，初夏どりで30日後程度で確保できる

月前までと十分な期間をとることが望ましい。緑肥（とくにソルゴー）は、2～3回の細断と耕うんによって分解が早まる。

定植の2週間前までに、完熟した家畜糞堆肥などを10a当たり2t施用する。また、石灰などの土壌改良資材で土壌酸度を矯正しておく。なお、完熟堆肥であれば、肥料と同時施用してもアンモニアガスによる害は見られない。

施肥は、元肥として緩効性肥料や有機質肥料を、堆肥の化学的成分を考慮して、成分量で10a当たり窒素12～15kg、リン酸25～30kg、カリ12～15kgを全面全層施用する（表20）。

初夏どりの平ベッド栽培では、土壌水分が十分にあるときにマルチを展張しておく。マルチは保温、保水、雑草抑制を考慮して、黒色かダークグリーン、ライトグリーンがよい。

表20　施肥例　（単位：kg/10a）

	肥料名	施肥量	成分量		
			窒素	リン酸	カリ
元肥	堆肥	2,000			
	複合燐加安 S555	80～100	12～15	12～15	12～15
	BM 苦土重焼燐	37～43		13～15	
追肥	NK 化成２号	75～94	10～15		10～15
施肥成分量			22～30	25～30	22～30

注）追肥は２～３回に分施した総量

図14　植え溝切り栽培

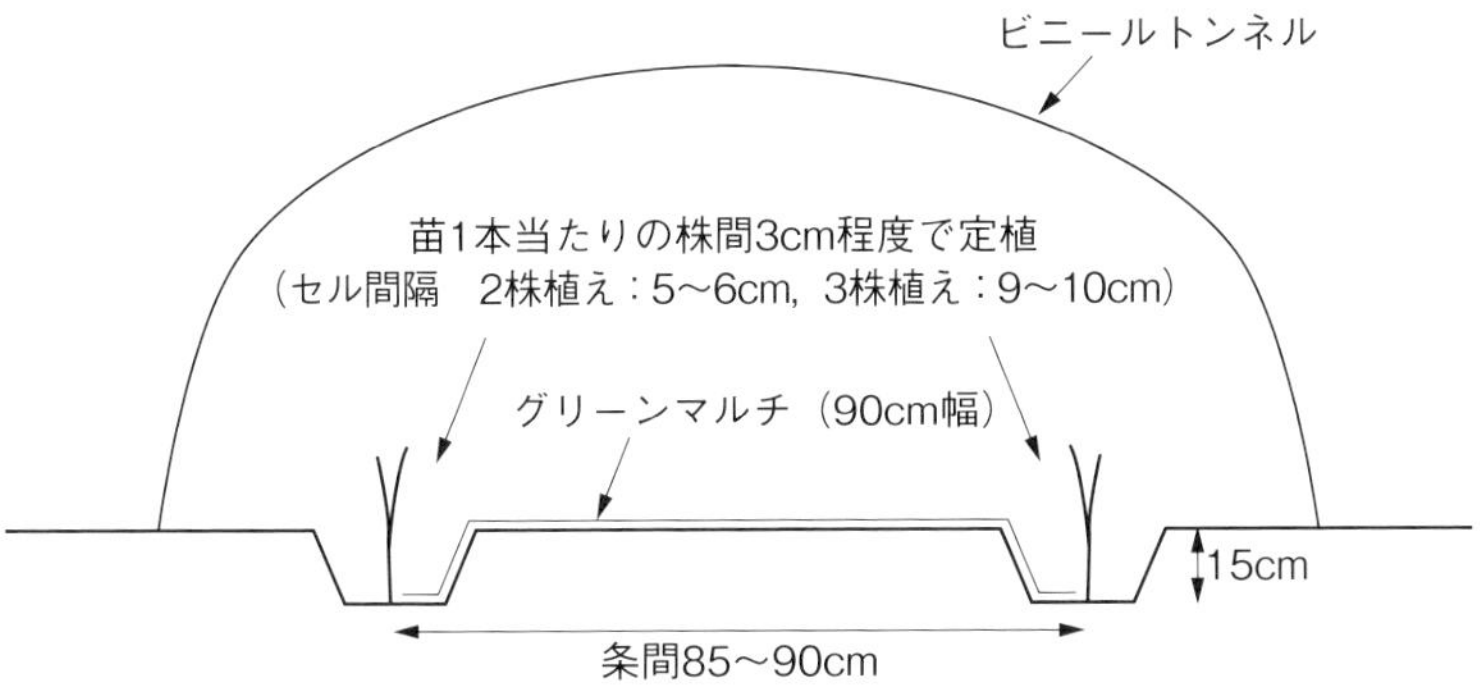

図15　平ベッド栽培

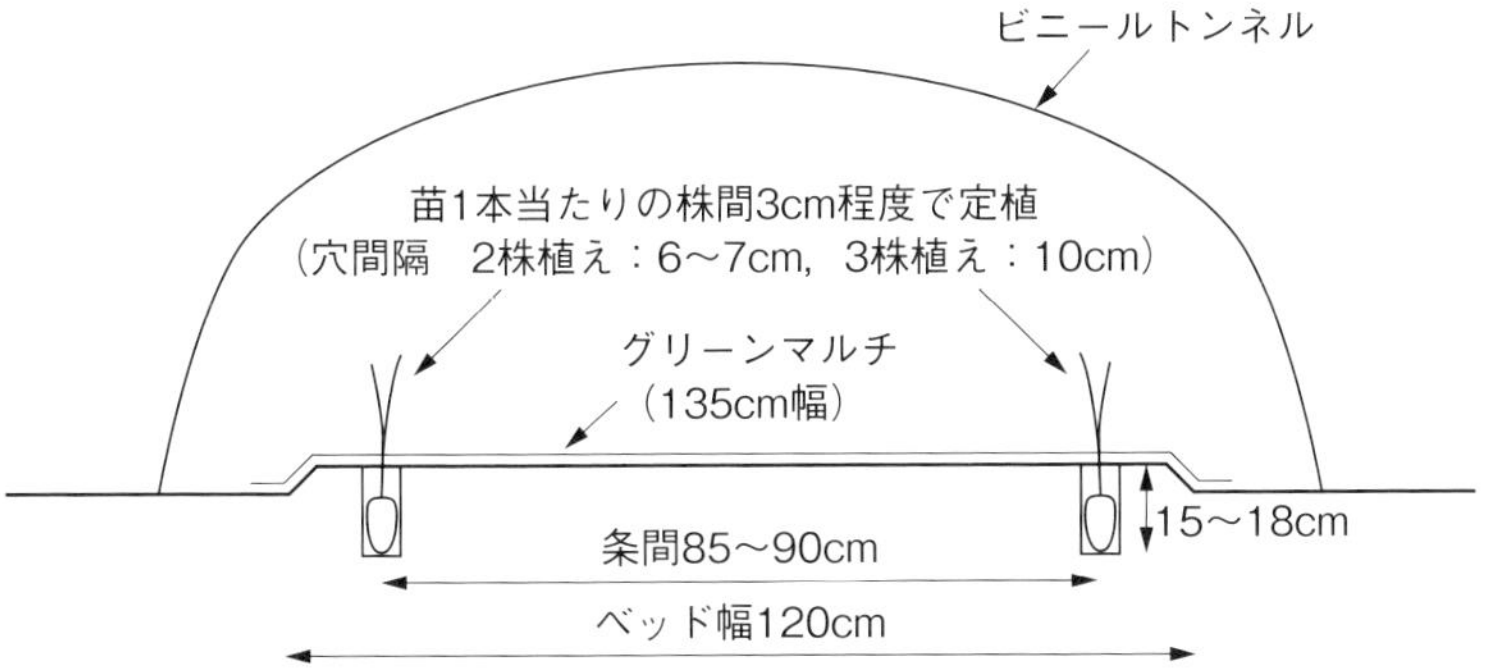

(3) 定植のやり方

①植え溝切り栽培の定植

植え溝切り栽培は、条間85～90cmで幅（下底）20cm、深さ15cmの溝をつくり、チェーンポットを簡易移植器で定植する。セル成型苗や地床苗の場合は、植え溝に「ネギロケット」で植穴をあけて定植する（図14）。

定植後、チェーンポット苗とセル成型苗は育苗培養土が隠れる程度に覆土し、地床苗は倒れないように覆土する。初夏どり栽培では、その後、ウネ間（歩き）に幅90cmのマルチを1条おきに展張する。

②平ベッド栽培の定植

平ベッド（ベッド幅120cmの2条植え、初夏どり栽培ではマル

図16　トンネルの換気

チ展張）栽培では、条間85～90cm、深さ15～18cmの植穴をネギロケットであけ、セル成型苗または地床苗を落とす（図15）。

(4) 定植後の管理

①初夏どり栽培の管理

定植の翌日から3日以内に、幅210～230cmのビニールでトンネル被覆して、密閉する。

初夏どり栽培では、2月中下旬からトンネルの換気を行なう。目安は、ネギがトンネルフィルムに届く程度に伸びたころで、トンネル内の温度が日中25℃で換気を開始する（25℃以下ではしない）。

換気中もトンネルは開放せず、夜間は閉める。換気方法は、最初はトンネルの片側の裾を3mごとに開け、数日で換気部を移動しながら開け、さらにもう一方の側を開けるというようにして、均等に外気にならすようにする（図16）。

なお、適宜トンネルを開け、薬剤の灌注を行なう。

トンネルは、3月下旬～4月上旬に、マルチとともに撤去する。その後、ただちに追肥と土寄せを行なう。

植え溝切り栽培では、マルチの撤去と同時に追肥と土入れを行ない、その後、15日おきに2回の追肥と土寄せを行なう。平ベッド栽培では、マルチ撤去時に追肥と土寄せを行ない、さらに、その20日後に追肥と土寄せを行なう。

②夏どり栽培の管理

夏どり栽培の1月上旬～2月下旬の定植では、植付け後にベタがけすると、凍霜害防止と活着促進を図ることができる。

さらに、2月上旬までの定植では、ビニールまたは穴あきPOフィルムでトンネル被覆すると、生育を促進することができる。トンネル被覆は雨よけ程度で、通風性があるとよく、密閉する必要はない。なお、ベタがけとトンネル被覆は、土入れ時に撤去する。

その後、追肥を、定植後80日と100日ころ、および収穫の20～30日前に土寄せ（土入れ）と同時に行なう。

なお、夏どり栽培では生育促進と高温障害回避に灌水が効果的で、高温・乾燥が続く日の夕方にウネ間に灌水し、夜温を下げるとよい。ただし、灌水はネギにかからないことや時間に注意する。

(5) 収穫

収穫は止め土を行なった後、軟白の長さ、ぼけの有無を確認してから行なう。軟白の長さは、止め土をして、初夏どりで30日後、夏どりで20日後程度で確保できる。

出荷時の軟白長は、S級（葉鞘中央部径1.5cm以上）以上で25cm以上、2Sおよび細級は20cm以上である。

表21　病害虫防除の方法

	病害虫名	生態と防除法	主な有効農薬
病気	黒腐菌核病	土壌病害で低温期に罹病するため，定植時から春にかけ発病する。夏にキカラシナのすき込みや土壌消毒を行なうほか，定植前の苗への薬剤灌注，定植後の薬剤散布や薬剤灌注で防除する。土壌中の深いところで，長く生存している	バスアミド微粒剤，ディ・トラペックス油剤，パレード20フロアブル，アフェットフロアブル
	黒斑病	5～6月，8月下旬～10月に発生が多く，べと病より高い気温で降雨が多いと発生する。葉身に黒色のカビが見られ，病斑にははっきりとした輪紋が見られる。適正な肥培管理で，薬剤の予防的散布を行なう	オンリーワンフロアブル，アミスター20フロアブル，ポリベリン水和剤，ロブラール水和剤
	べと病	黒斑病より低温で発生し，主に3～5月，9～11月に見られ，葉身に灰色や黒色のカビが見られるが，病斑ははっきりしない。前作で発病した圃場ではとくに注意する。予防的に薬剤散布を行なう	プロポーズ顆粒水和剤，フォリオゴールド，オロンディスウルトラSC，アミスター20フロアブル
	白絹病	高温・多雨で多く発生し，地際部に白色の菌核が見られる。とくに，土寄せ時に罹病するので，薬剤の土壌散布や混和が必要である	モンガリット粒剤，モンカット粒剤，フロンサイド粉剤，ロブラール水和剤
	軟腐病	高温・多雨で多く発生し，罹病すると腐敗し悪臭を放つ。土壌中の窒素過多で感染を助長し，風雨による葉や根の傷から侵入する。圃場の排水性を向上させるとともに，粒剤の土壌混和や風雨後の予防散布を徹底する	オリゼメート粒剤，バリダシン液剤5，カセット水和剤，Zボルドー
	葉枯病	病徴は，先枯れ病斑，斑点病斑，黄色斑紋病斑の3種類に分けられる。先枯れ病斑は，生育中期に葉身の先端部から褐色になる。斑点病斑は，べと病や黒斑病が発生した後，二次的に発生するものや混発する。黄色斑紋病斑は，本作型では見られない。いずれも，予防的に薬剤を散布するとともに，過剰な窒素施用や低pHにならないように適正に管理する必要がある	アミスター20フロアブル，パレード20フロアブル，アフェットフロアブル，ポリベリン水和剤
害虫	ネギアザミウマ	成・幼虫が葉身を加害して，かすり状に色が抜け白色になる。4月ころから気温の上昇とともに発生が多くなり，夏は2～3週間で1世代を完結する。産雌性単為生殖系統も見られつつあるので，粒剤と散布剤を組み合わせたこまめな防除が必要である	ベストガード粒剤，コルト顆粒水和剤，アグリメック，トクチオン乳剤
	シロイチモジヨトウ	7月ころから発生が見られ，9月に被害が多くなる。はじめ葉身に産卵があり，卵塊を網目のように尾毛が覆うので発見が容易になる。その後，孵化した幼虫が葉身内に侵入して，表皮を残し葉肉を食害する。早期に発見し，薬剤による防除が必要である	グレーシア乳剤，コテツフロアブル，アニキ乳剤，ベネビアOD
	ネギハモグリバエ	地中で蛹越冬し，羽化した成虫が5月ころから葉身に白色で点状の舐食痕をつけていくので，発見することができる。また，成虫は葉身に産卵し，孵化した幼虫が葉肉を食害し線状の白斑になる。近年は，著しく食害し多大な被害をおよぼす系統も見られているので，注意が必要である。防除は，越冬蛹を避けるために連作をしない。苗の薬剤灌注，圃場での粒剤処理と薬剤散布を組み合わせる。ただし，薬剤散布による天敵の減少も見られるので注意を要する	アクタラ粒剤5，アファームエクセラ顆粒水和剤，ジュリボフロアブル，リーフガード顆粒水和剤
	ネギコガ	6月からの高温乾燥で発生しやすく，幼虫が葉肉に潜って表皮を残して食害し線状の白斑になったり，葉のところどころに穴があく。また，蛹が葉身の表面に繭をつくっている。防除は薬剤散布が主体で，浸透移行性が高い剤が効果的である	ハチハチ乳剤，プレバソンフロアブル5，アルバリン顆粒水溶剤，ディアナSC

注）農薬の使用にあたっては登録を確認のこと

表22　初夏・夏どり栽培の経営指標

項目	初夏どり	夏どり
収量（kg/10a）	3,500	3,000
単価（円 /kg）	470	365
粗収入（円 /10a）	1,645,000	1,095,000
経営費（円 /10a）	728,114	576,391
種苗費	40,333	34,971
肥料費	62,695	55,000
薬剤費	55,000	95,396
諸材料費	226,750	35,625
光熱動力費	7,250	7,253
減価償却費	61,526	83,736
公課諸負担	7,350	7,350
修繕費	17,250	18,980
出荷経費	249,960	238,080
所得（円 /10a）	916,886	518,609
所得率（%）	56	47
労働時間（時間 /10a）	310	235

4 病害虫防除

(1) 基本になる防除方法

とくに防除が必要な病気は、黒腐菌核病、べと病、白絹病、軟腐病で、害虫はネギアザミウマ、シロイチモジヨトウ、ネギハモグリバエ、ネギコガなどがある。

それぞれの病害虫の発生の特徴や防除方法を表21に示した。

(2) 農薬を使わない工夫

黒腐菌核病には、キカラシナのすき込みにより菌密度を抑制することができるが、完全な防除はできないので、薬剤散布などとの併用になる。また、発生が少ない圃場に限られる。その他、夏の土壌消毒や湛水処理も効果がある。

ネダニ類はクロタラリア、チャガラシなど、センチュウ類にはソルゴー、マリーゴールド、エンバクなどの対抗植物が密度抑制に効果があるが、目的とする種や被害程度に応じて選択する必要がある。

ヨトウムシ類は圃場がまとまれば、フェロモン剤や黄色蛍光灯の利用での防除が可能である。

トンネル・マルチ栽培では、黒色やダークグリーンマルチを利用することで、雑草抑制ができる。

5 経営的特徴

トンネルを利用する初夏どり栽培は、資材の利用が多く諸経費のコストが多大である。また、換気作業に労力を要するため、大規模での経営はむずかしい。しかし、価格が高く推移しているので、所得率は56%と他の作型より高いのが特徴である（表22）。

夏どり栽培は、初夏どり栽培より資材費はかからないものの、収穫作業が過重労働になることや、収量や価格が低いので、他の作型への転換が進んでいる。また、著しい高温により収量が低くなることがあり、作柄が不安定になりやすい。

（執筆：貝塚隆史）

東北夏どり栽培

1 この作型の特徴と導入

(1) 作型の特徴と導入の注意点

この作型は、積雪が多く、冬期間、露地での栽培が困難な東北地域（秋田県）で、チェーンポット育苗体系を利用し、できるだけ早い時期から根深ネギを出荷するために開発されたものである（図17）。

積雪の影響を受けないように無加温ハウスで越冬育苗し、チェーンポットの播種粒数を、慣行の2粒より少ない1〜1.5粒にすることが、栽培のポイントである。播種粒数が少ないことで苗が太い大苗になるとともに、定植後は広い株間になるので生育が促進される。

夏が比較的冷涼な東北地域では、ネギの生育が順調に進む。それに加えて、ネギアザミウマの発生量が少ないため、葉身部の食害が少なく、温暖地産よりも消費者からの評価が高い。また、7〜8月に、単価の高い2L規格の割合が多いという利点もある。

(2) 他の野菜・作物との組合せ方

2月に播種して8月中旬から収穫する、既存の夏どり作型に本作型を加えることで、長期出荷が可能となり、経営上有利となる。

2 栽培のおさえどころ

(1) どこで失敗しやすいか

秋田県の内陸部では、播種期が11月中旬以降になると、無加温による安定出芽がむずかしくなるとともに、ハウス内であっても苗が小さすぎて越冬できないことがあるので播種期は厳守する。

チェーンポットの播種粒数を少なくすることで畑での出葉速度向上と肥大の促進をねらっているので、播種粒数についても厳守す

図17　ネギの東北夏どり栽培　栽培暦例

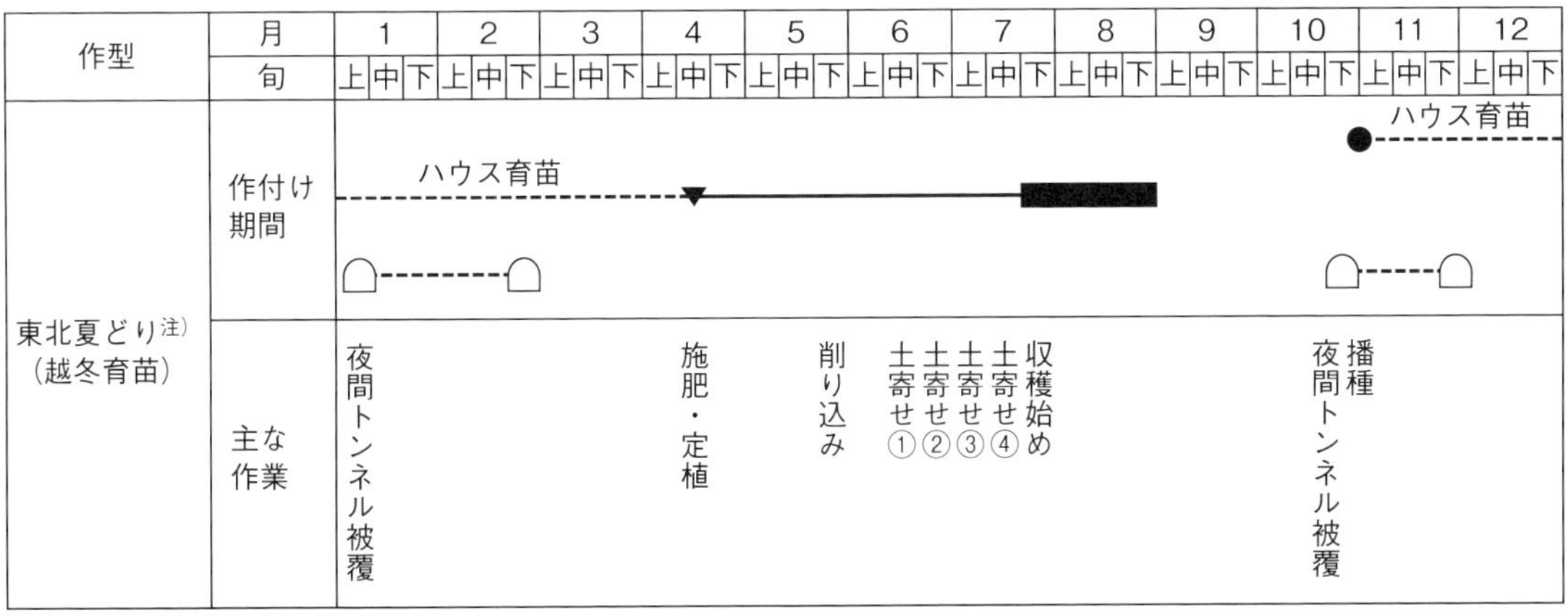

●：播種，▼：定植，■：収穫，⌒：トンネル被覆
注）1穴当たりの播種粒数：1〜1.5粒。1粒播種の場合は8月上旬で収穫を終える

表23　東北夏どり栽培に適した品種の特性

品種名	品種の特性
夏扇パワー，夏扇４号	収穫時期が盛夏期にあたるので，耐暑性に優れていて肥大がよく，ある程度の晩抽性を持っている

表24　東北夏どり栽培のポイント

	技術目標とポイント	技術内容
育苗管理	◎越冬育苗 ◎品種選定と播種粒数	・積雪の影響を受けないように，無加温ハウスで越冬育苗する ・チェーンポットの播種粒数を，慣行の2粒より少ない1～1.5粒にすることが栽培のポイント。このことで，苗が大苗になるとともに，定植後は広い株間になるので生育が促進される ・収穫時期が盛夏期にあたるので，品種は耐暑性に優れていて肥大がよく，ある程度の晩抽性もある‘夏扇パワー’などが適する
定植準備	◎ネギに適する畑 ◎畑の準備	・ネギを栽培するには，排水性のよい畑を選定することが重要である。緻密な粘土層や地下水位が低く，根が伸長できる有効土層の深い土壌が適する ・排水性が重要なので，暗渠，明渠，サブソイラなどを施工し，畑の排水性を改善することに努める ・植え溝つくりに向けたロータリーによる耕起は，砕土率を高めるために，土壌が乾いているときに耕起深を深めに設定して，ていねいに行なう
定植後の管理	◎施肥と定植 ◎雑草防除と土寄せ ◎病害虫防除	・緩効性肥料が配合され，追肥作業を省略できるネギ専用肥料の利用価値が高い。この肥料を10a当たり20kgの窒素成分量で植え溝に施用する ・定植はひっぱりくんで行なう ・定植後に，除草剤の土壌処理剤を土壌全面散布する。耕起→植え溝つくり→定植→土壌処理剤の散布の間隔を短くすることが重要である ・その後は，大きい雑草を手除草しつつ，雑草の発生に応じて，追加の除草剤の散布，削り込み，土寄せを行なう ・この作型では，べと病，さび病，白絹病，軟腐病・腐敗病，タマネギバエ，タネバエ，ネギアザミウマに注意し，耕種的防除と薬剤防除を組み合わせて対応する
収穫・調製	◎収穫・調製 ◎予冷して出荷	・夏どり作型の規格である，軟白長25cmに達したら収穫を開始する ・収穫後は，根切り，葉切り，皮むき，選別，結束，箱詰め作業を行なう ・箱詰め後は，予冷庫に入れ鮮度保持に努める

る。

(2)おいしく安全につくるためのポイント

①根を深く張らせる

おいしいネギを生産するポイントは，ネギを健全に生育させることである。そのためには，ネギの根が深く伸長できる基盤が重要なので，排水性がよく，有効土層の深い畑を選定する。

また，水の集まりやすい水田転換畑でネギを作付けする場合は，排水路を整備したうえで，暗渠，明渠，サブソイラなどを施工して，排水性を改善することが重要である。

②過剰な窒素施用に注意する

葉先枯れ症状が見られたり，べと病などの病害の発生が多い場合は，窒素過多が疑われるので，元肥や堆肥由来の窒素成分量を確認し，窒素の施用量を減らす。

③予防や初期防除により農薬の使用量を減らす

5月下旬からはべと病，7月上旬からはネギアザミウマが発生しやすい時期になるので，予防や発生初期の防除に努め，農薬の使用量が多くならないように注意する。

④高温期の鮮度保持に努める

収穫時期は高温期のため、とり置きせず、調製・箱詰め後は予冷庫に入れて鮮度保持に努める。

(3) 品種の選び方

収穫時期が盛夏期にあたるので、品種は耐暑性に優れていて肥大がよく、ある程度の晩抽性がある'夏扇パワー'などが適する（表23）。

3 栽培の手順

(1) 育苗のやり方

①チェーンポットへの播種

秋田県での夏どり（7～8月どり）作型の播種適期は、10月下旬～11月上旬である（図17参照）。

チェーンポットを育苗箱に展開して、ネギ専用の育苗培土（窒素成分量が600㎎程度／ℓ）を充填し、1穴当たり慣行の2粒より少ない1～1.5粒を播種する（図18）。播種粒数を1～1.5粒にすることで太い大苗になり、定植後は広い株間になることで生育が促進される（図19）。

なお、根がらみ防止のために、根止用育苗下敷紙（ネトマール）を必ず使用する。

②育苗箱をハウス内に設置

播種・覆土後、無加温ハウス内の地面に防

図18　チェーンポットの1.5粒播種のやり方

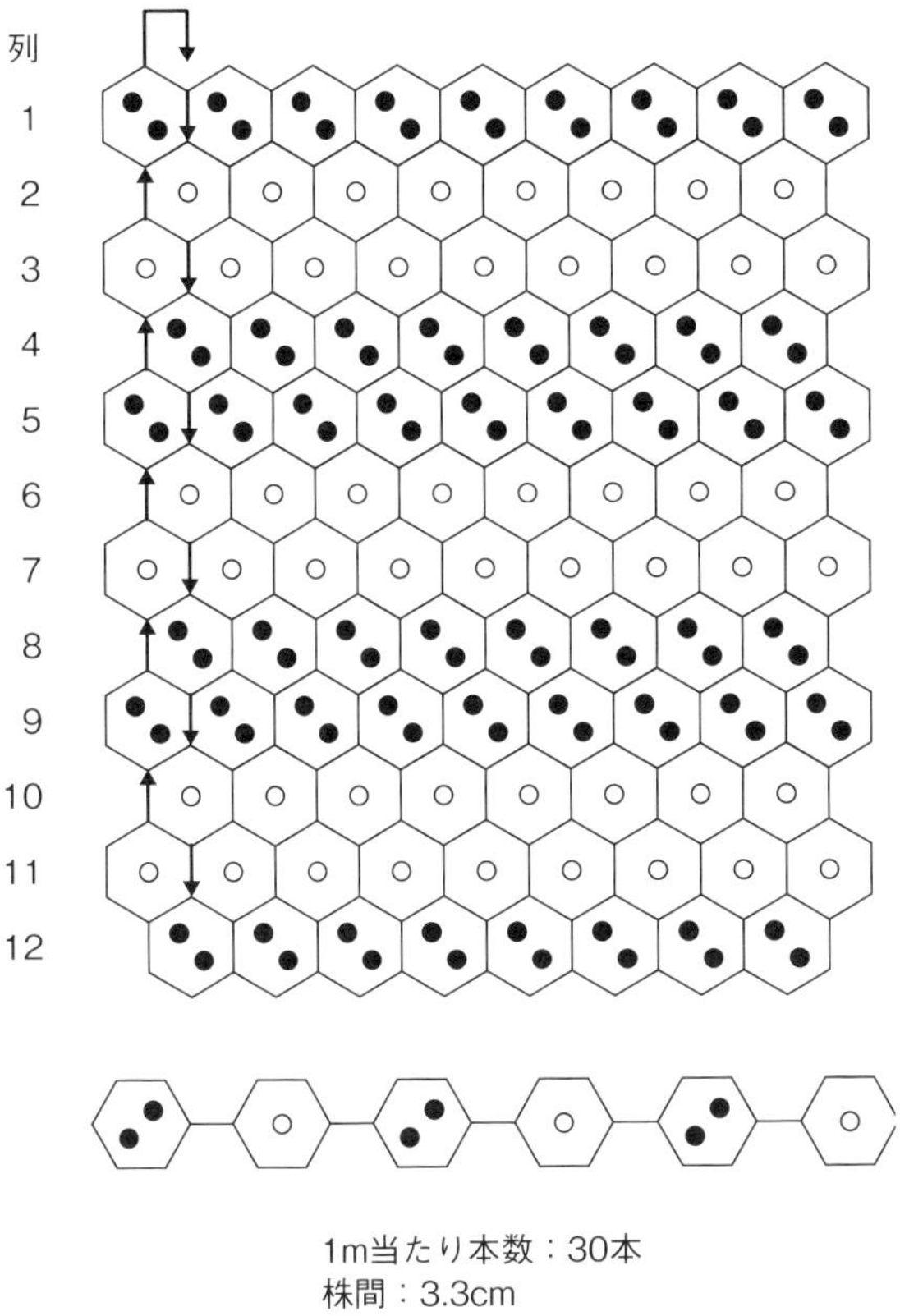

図19　定植後のイメージ

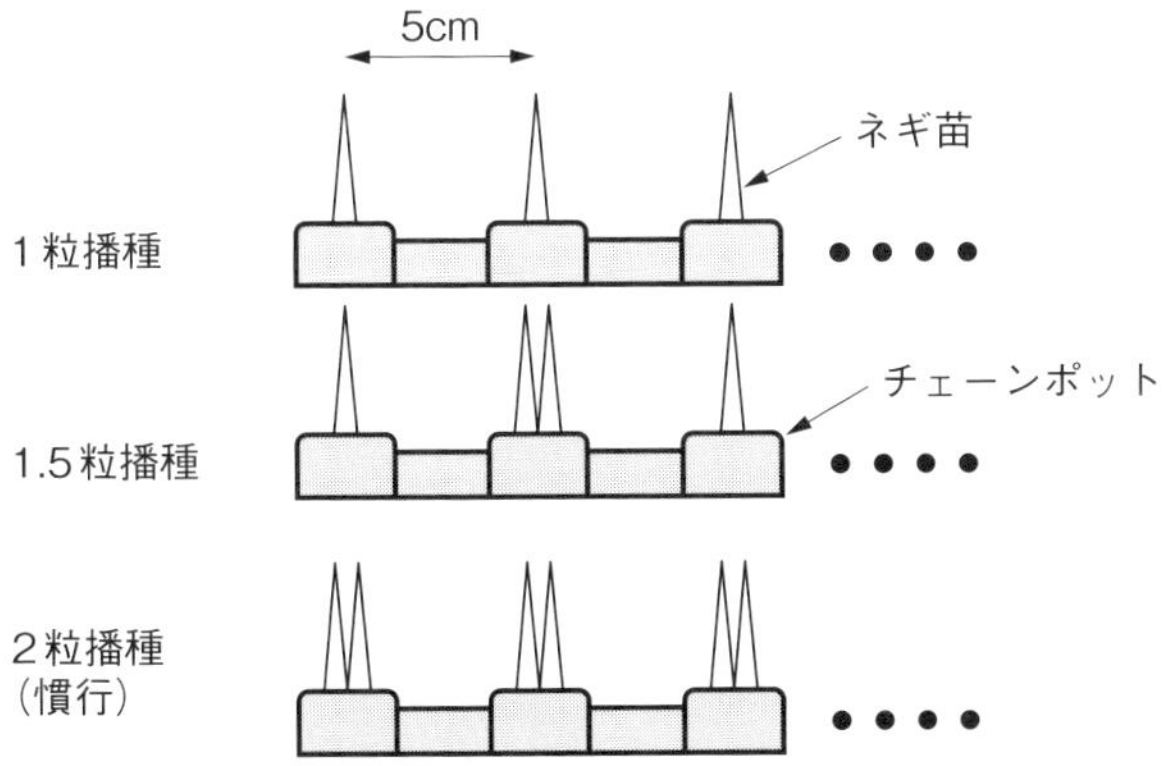

草シートを敷き、その上に育苗箱を置いてたっぷり灌水する。培土が乾燥していると、水がなかなか染み込まないので、3回程度に分けて灌水する。その後、乾燥防止のためにシルバーポリをベタがけする。

ネギの発芽を良好にするには、温度が重要である。地温を確認するために、温度計は必ず設置する。

③出芽までの管理

温度管理　この作型のように、低温期の播種で発芽を良好にするには、夜温を高く維持するのが重要になるので、夜間はトンネル被覆して保温に努める。

一方、35℃以上の温度に長時間遭遇すると、発芽不良になる場合があるので、ハウス内部の気温が25℃以上になったら換気する。

土中での発芽が確認できるまでが重要な期間になるので、細心の注意をはらって温度管理する。

発芽の確認と出芽　適正な育苗環境であれば、播種から3～4日後に土中で発芽する。2～3穴掘り返してみて、いずれも発芽しているようであれば、順調な出芽が期待できる。

順調であれば、播種から5～6日後に出芽し、播種から10日程度で芽が揃う。出芽が全体の8割ほどになったら、シルバーポリを除去する。

④出芽後の灌水と温度管理

育苗前半　育苗前半の10月下旬～12月下旬は、日本海側の秋田県では日照不足により苗が徒長しやすく、灰色かび病などの病害が発生しやすいので、ハウス内の湿度を下げるために換気に努め、灌水量は少なめにする。

また、子葉展開期は低温障害が出やすいので、本葉0・5枚程度までは、夜間のみトンネル被覆する。

育苗中期　育苗中期の12月下旬～2月下旬は、秋田県では低温で日照時間が短いので、晴天日以外の換気は不要で、1～2週間に1回程度の頻度で灌水する。また、気温が低く、放射冷却による低温障害の危険がある1～2月は、夜間のみトンネル被覆して保温する。

育苗後半　育苗後半の2月下旬～4月中旬は、日照時間が長くなるので、換気開始温度を20℃に設定し、灌水量を多くして、苗の生育を促進させることがポイントになる。

なお、ハウスの換気開始温度の目安については図20、灌水管理のイメージは図21に示した。

⑤育苗時の追肥

ネギ専用の育苗培土を使用した場合、本葉の出葉数が2枚以降になる、2月中旬に肥料が不足してくるので、液肥での追肥を開始する。

くみあい液肥2号を使用する場合は、100～200倍（窒素成分量で500～1000mg／ℓ）に希釈し、1箱当たり500mℓを2週間に1回の頻度で施用する。

⑥目標にする苗の大きさと「せん葉」

定植適期の4月中旬の生育量は、本葉の出葉数4枚程度、葉鞘径5㎜程度、草丈25㎝程度である。慣行の苗と比較すると、4倍重く、出葉数2枚、根数2・5倍多い。

この大きさであれば、定植作業に支障がないので、あえて「せん葉」する必要はない。しかし、生育が旺盛で倒伏が心配な場合や、定植時に苗が伸びすぎて植えにくい場合は、15～20㎝程度にせん葉する。

(2) 定植のやり方

①ネギに適する畑

ネギを栽培する場合は、排水性のよい畑を選定することが重要である。植え溝に定植される根深ネギの植付け位置は、他の野菜より低くなるので、緻密な粘土層や地下水の位置が低く、根が伸長できる有効土層の深い土壌が適する。

そのためには、候補地の畑を掘って、断面を調査することが重要である（図22）。断面調査では、ネギの根が伸長できる有効土層の厚さを把握する。できれば有効土層が50㎝以上の畑を選定する。

②本畑の準備

ネギ栽培では、繰り返しになるが、排水性が重要なので、暗渠、明渠、サブソイラなどを施工し、畑の排水性を改善することに努める。

堆肥、苦土石灰、熔成燐肥（ようりん）などの土壌改良資材は、pH6〜6.5を目標に施用量を加減し施用する（表25）。

植え溝つくりに向けてのロータリーによる

図20　育苗ハウスの換気開始温度の目安

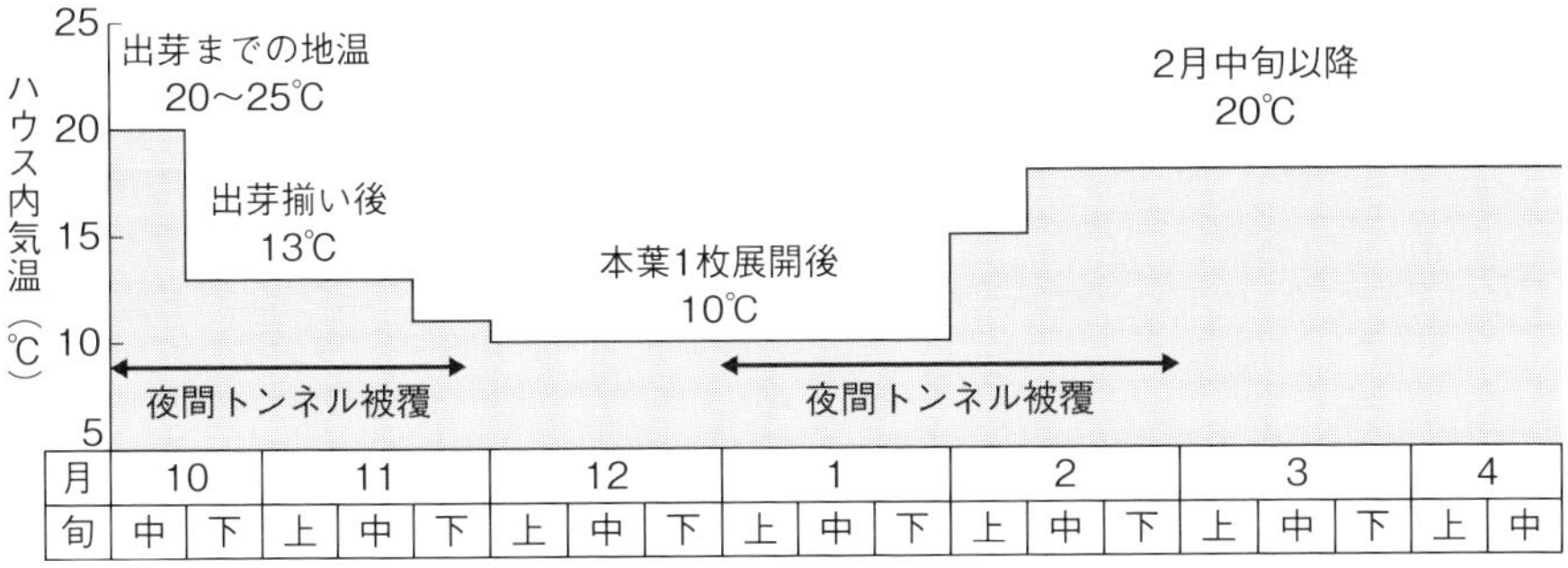

図21　育苗中の灌水管理のイメージ

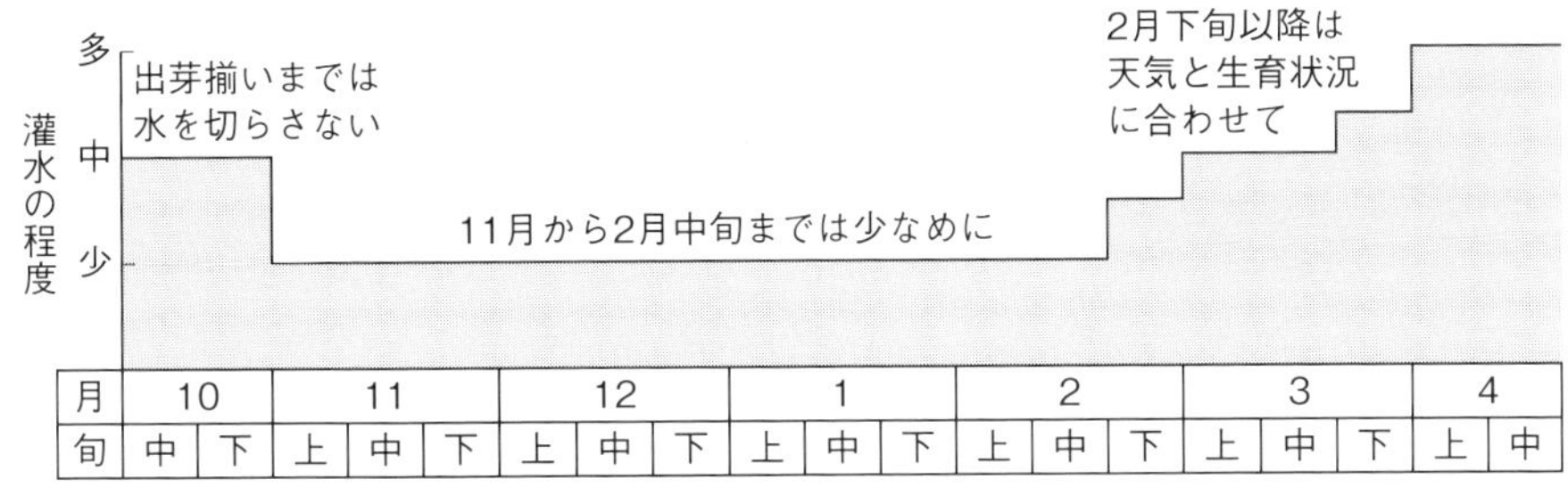

図22　断面調査で有効土層の厚さを把握する

表25　土壌改良資材の施用例

（単位：kg/10a）

資材名	施用量
完熟堆肥	2,000
苦土石灰	100
熔成燐肥（ようりん）	50

表26　追肥が省略できるネギ専用肥料による施肥例

（単位：kg/10a）

肥料名	施用量	成分量		
		窒素	リン酸	カリ
パワフルねぎ599	80	20	7.2	7.2

図23　ネギの植え溝

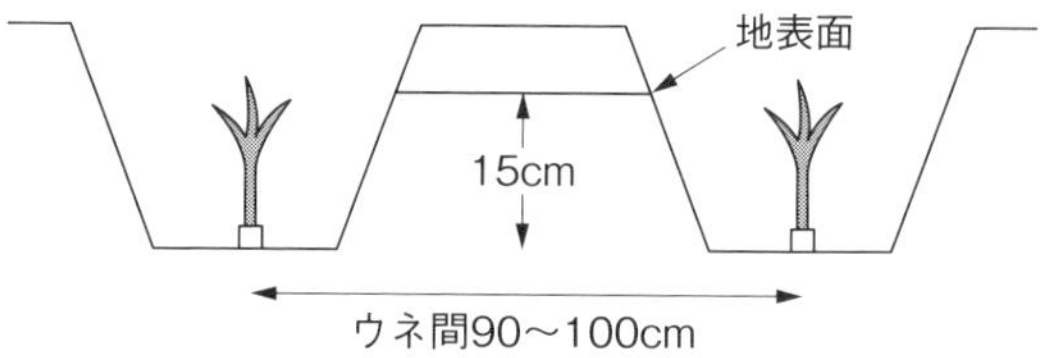

図25　植え溝への施肥

図24　植え溝つくり

ネギ専用管理機による作業

トラクターに装着した溝切り機による作業

図26「ひっぱりくん」による定植

耕起は、砕土率を高めるために、土壌が乾いているときに、耕起深を深めに設定して、ていねいに行なう。ロータリー耕の実施のみだと、耕盤の形成で作土層が狭くなるので、将来的にはチゼル耕などで作土層を広げる工夫も必要である。

③植え溝つくり

ウネ間は90～100cmが標準である。ネギ専用管理機やトラクターに装着した溝切り機を用いて、地表面から15cm程度の深さの植え溝をつくる（図23、24）。

④施肥

秋田県の夏どり栽培では、緩効性肥料が配合され、追肥作業を省略できるネギ専用肥料が多く使われる（商品名：パワフルねぎ599（くみあいLPコート入りねぎ複合599CA））。

これまで4～5回必要で

出版案内

2024.06

新 野菜つくりの実際第 2 版

果菜Ⅰ

誰でもできる露地・トンネル・無加温ハウス栽培

川城英夫編●2970 円（税込）

トマト、クッキングトマト、ナス、ピーマン、シシトウ、甘長トウガラシ、トウガラシ、スイートコーン、エダマメ、サヤインゲン、ソラマメ、サヤエンドウ、スナップエンドウ、実エンドウ（グリーンピース） 果菜 14 種。

● 新野菜つくりの実際 第 2 版　根茎菜Ⅱ　ネギ類・レンコン　978-4-540-23109-4

農文協
(一社)農山漁村文化協会
〒335-0022 埼玉県戸田市上戸田2-2-2
https://shop.ruralnet.or.jp/
TEL 048-233-9351 FAX 048-299-2812

深掘り 野菜づくり読本
農業技術者のこだわり指南

白木己歳著

978-4-540-21103-4

●1870円

土壌消毒は根に勢いをつけるため、水を控えたければ土を鎮圧すべし、元肥には残肥を使うべし。ベテランほどよく間違う「思い込みのワナ」を解きほぐし、作業の意味を深掘り。技術の本質を見抜き、「栽培力」を磨く。

○×写真でわかる おいしい野菜の生育と診断

高橋広樹著

978-4-540-20170-7

●2420円

豊富な写真と手頃な道具で野菜の生育診断。果菜・葉茎菜・根菜27品目の生育状態や収穫物の良し悪しが179枚のカラー写真で一目瞭然。誰でも低硝酸で品質のよい野菜（＝おいしくて栄養価が高い）を栽培できる。

タネ屋がこっそり教える 野菜づくりの極意

市川啓一郎著

978-4-540-21109-6

●1980円

タネ屋が教える野菜の生理と栽培方法。本書の前半では発芽をよくするタネ選びと播き方、生育を強くする移植方法、トウ立ちの防ぎ方などをカラー図解、後半では品目別に野菜29種を解説。野菜づくりをワンランクアップ！

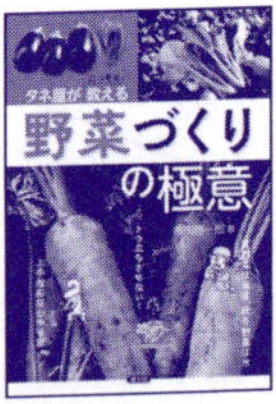

農家が教える 野菜づくりのコツと裏ワザ
とんがり下まき、踏んづけ植え、逆さ植え、ジャガ芽挿し、L字仕立て

農文協編

978-4-540-18145-0

●1650円

えっ、そんなのあり？ でもやってみると納得。農家が思いついた裏ワザ大集合。土寄せなしで白ネギがとれる「穴底植え」、種イモ不要の「ジャガ芽挿し」など、常識破りのやり方で野菜づくりがもっと楽しくなる。

価格は 2024 年 6 月現在の定価（税込）です。

有機野菜ビックリ教室
米ヌカ・育苗・マルチを使いこなす

東山広幸著

978-4-540-14190-4

●2200円

誰でもできる野菜42種の有機栽培術。どんな野菜でも育苗し、身近にある米ヌカやマルチを使う。雑草を抑える「大苗＋穴あきマルチ植え」、雑草も病気も出にくくなる「米ヌカ予肥」などのワザ満載。豊富な図で解説。

青木流 野菜のシンプル栽培
ムダを省いて手取りが増える

青木恒男 著

978-4-540-08257-3

●1650円

元肥も耕耘も堆肥も農薬もハウスの暖房も出荷規格も不要。所得10倍のブロッコリー・カリフラワー、7倍のキャベツ・ハクサイ、2倍のスイートコーンなど、小さな経営で手取りを増やす着眼点、発想転換で稼ぐ野菜作り。

農家が教える 野菜の発芽・育苗
コツと裏ワザ

農文協編

978-4-540-19132-9

●1980円

自分で苗をつくれば、コストカットになるのはもちろん、雑草や病害虫に負けず強くそだつ。培土づくり、芽出し、播種、定植までの育苗のコツと、エダマメの断根挿し木増収術などの裏ワザを写真でわかりやすく紹介。

野菜の病気と害虫 図解 伝染環・生活環と防除のポイント

米山伸吾著

978-4-540-18115-3

●2200円

病気・害虫の防除は、病原菌や害虫による伝染・寄生や飛来、繁殖、活動と作物との関わりを理解して、伝染環・生活環を上手に遮断すること。その手引きとして病気・害虫ごとに伝染環・生活環をわかりやすく図解。

あった追肥作業が省略できるので、利用価値が高い。この肥料を、10a当たり20kgの窒素成分量で植え溝に施用する（図25、表26）。

なお、施肥量は畑の肥沃度や堆肥投入量を勘案して微調整する。

⑤定植

定植は、秋田県の内陸部では4月15日ころをめどに行なう。

定植前に、害虫（ネギアザミウマ、タマネギバエ、タネバエ）防除用のスタークル（アルバリン）顆粒水溶剤50倍液と、病害（小菌核腐敗病）防除のベンレート水和剤５００倍液を、育苗箱1箱当たり５００mℓ土壌灌注する。

定植は「ひっぱりくん」で行なう（図26）。チェーンポット1冊で約14m植えられる。定植したチェーンポットが、土から出ている場合は手直しする。

(3) 定植後の管理

①雑草防除と土寄せ

定植後に、除草剤の土壌処理剤（ゴーゴーサン乳剤など）を土壌全面に散布する。

土壌処理剤で効果を上げるポイントは、雑草発生前に処理することである。そのためには、耕起→植え溝つくり→定植→土壌処理剤の散布の間隔を、短くすることが重要である。また、濃度や散布量を正確にし、均一に散布することも重要である。

その後は、大きい雑草を手除草しつつ、雑草の発生に応じて、追加の除草剤の散布、削り込み、土寄せを行なう。土寄せは、ネギ専用の管理機などを用いる（図27）。

②定植後の作業スケジュール

ここでは、秋田県内陸部で7月25日からの収穫をめざした、定植後の作業スケジュールの具体例を示す（表27）。

図27　土寄せ

専用管理機による作業

乗用の専用管理機による作業

表27　7月25日からの収穫を目指した定植後の作業スケジュール（秋田県内陸部）

時期	作業内容
4月15日	定植 →除草剤散布（ゴーゴーサン乳剤）
5月25日	削り込み →場合によって除草剤散布 （トレファノサイド乳剤）
6月14日	土寄せ①
6月24日	土寄せ②（20cmまで） →軟腐病薬剤処理 （オリゼメート粒剤・収穫30日前）
7月4日	土寄せ③（25cmまで） →白絹病薬剤処理 （モンガリット粒剤・収穫14日前）
7月11日	土寄せ④（30cmまで）
7月25日	収穫始め

図28　自走式収穫機による収穫

5月下旬　定植時に処理したゴーゴーサン乳剤は、40日程度雑草の発生を抑制できる。その後、雑草が見られる5月下旬に、削り込みを行なってほぼ平らにし、雑草が懸念される場合は、トレファノサイド乳剤を土壌全面散布する。

6月中旬　雑草防除を兼ねて、1回目の土寄せ（「土寄せ①」）を行なう。この時期から、生育が早まるので、これ以降は短い間隔で土寄せを行ない、早期に軟白長を確保するのがポイントになる。

収穫30日前（6月24日）　茎盤部からおおむね20cmまでの高さに「土寄せ②」を行なう。土寄せ前に、軟腐病対策としてオリゼメート粒剤を処理する。

収穫21日前の（7月4日）　おおむね25cmまでの高さに「土寄せ③」を行なった後に、ネギの株元に白絹病対策としてモンガリット粒剤を処理する。

収穫14日前の（7月11日）　30cm程度まで「土寄せ④」を行ない、最終培土とする。

(4) 収穫・調製・出荷

夏どり作型の規格である、軟白長25cmに達したら収穫を開始する。本作型は、暑い時期の収穫になるので、トラクターアタッチ式の収穫機や自走式収穫機で収穫すると、軽労化につながる（図28）。

なお、1粒播種については、8月中旬になると肥大が進みすぎ、腐敗病などの病害が発生しやすいので、収穫は8月上旬までに終えるようにする。

収穫後は、根切り、葉切り、皮むき、選別、結束、箱詰め作業を行なう。その後は、予冷庫に入れ鮮度保持に努める。

4　病害虫防除

(1) 基本になる防除方法

この作型では、べと病、さび病、白絹病、軟腐病、腐敗病、タマネギバエ、タネバエ、ネギアザミウマに注意し、耕種的防除と薬剤防除を組み合わせて対応する（図29、表28）。

(2) 農薬を使わない工夫

病害虫防除は発生のごく初期に行なう。また、この作型の栽培時期に問題になるべと病は、窒素過多で発生が多くなり、薬剤も効きにくくなるので、施肥量に注意する。

5　経営的特徴

本作型を導入することで、これまで出荷できなかった、7月中下旬～8月上旬の出荷が可能になり、新たな収入を得ることができる。

図29 東北夏どり栽培での病害虫の発生消長と特徴

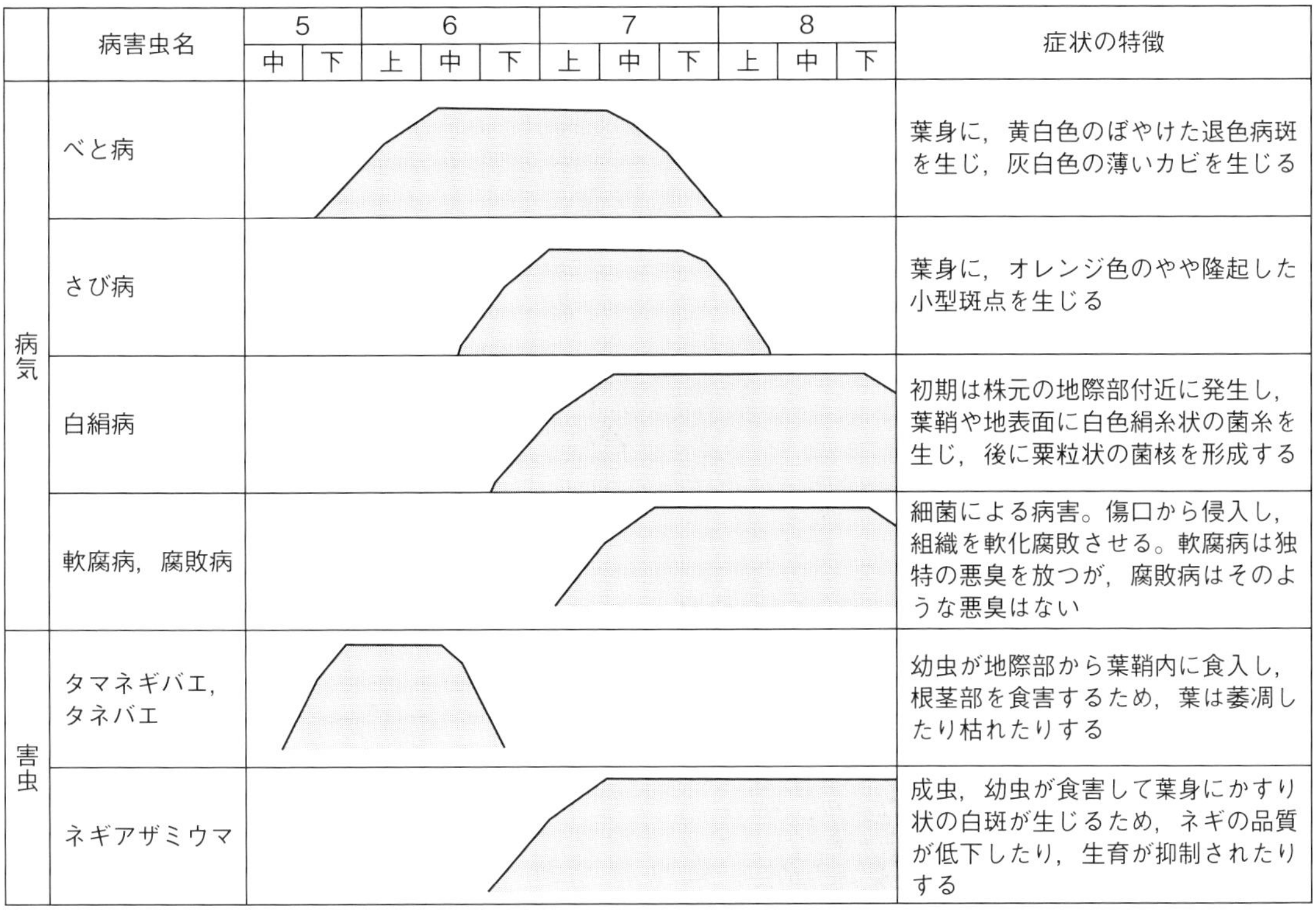
病害虫名
5
6
7
8
中 下 上 中 下 上 中 下 上 中 下
症状の特徴
病気
べと病
葉身に，黄白色のぼやけた退色病斑を生じ，灰白色の薄いカビを生じる
さび病
葉身に，オレンジ色のやや隆起した小型斑点を生じる
白絹病
初期は株元の地際部付近に発生し，葉鞘や地表面に白色絹糸状の菌糸を生じ，後に粟粒状の菌核を形成する
軟腐病，腐敗病
細菌による病害。傷口から侵入し，組織を軟化腐敗させる。軟腐病は独特の悪臭を放つが，腐敗病はそのような悪臭はない
害虫
タマネギバエ，タネバエ
幼虫が地際部から葉鞘内に食入し，根茎部を食害するため，葉は萎凋したり枯れたりする
ネギアザミウマ
成虫，幼虫が食害して葉身にかすり状の白斑が生じるため，ネギの品質が低下したり，生育が抑制されたりする

表29 東北夏どり栽培の経営指標

項目	
収量（kg/10a）	2,500
単価（円 /kg）	390
粗収入（円 /10a）	975,000
経営費（円 /10a）	460,354
種苗費	22,176
肥料費	48,266
農薬費	65,883
諸資材費	60,110
光熱動力費	14,134
流通経費	126,500
その他	123,285
農業所得（円 /10a）	514,646
労働時間（時間 /10a）	213

表28 病害虫防除の方法

	病害虫名	耕種的防除	薬剤防除
病気	べと病	窒素過多になると発生が多くなり，薬剤も効きにくい。周りの生産者の圃場より発生が多い場合は，まずは窒素過多を疑う	リドミルゴールドMZ，テーク水和剤，レーバスフロアブル，ベトファイター顆粒水和剤，ジマンダイセン水和剤
	さび病	窒素過多や肥切れにしない	アミスター20フロアブル，オンリーワンフロアブル，テーク水和剤，カナメフロアブル，アフェットフロアブル，ジマンダイセン水和剤
	白絹病	発病畑での連作を避ける。高温期の土寄せでは粒剤を処理する	モンガリット粒剤，ロブラール水和剤
	軟腐病，腐敗病	排水性をよくする	オリゼメート粒剤，スターナ水和剤
害虫	タマネギバエ，タネバエ	完熟堆肥を使用する	スタークル顆粒水溶剤，ダントツ粒剤
	ネギアザミウマ	初期から防除を行ない，発生密度が高くならないようにする	スタークル顆粒水溶剤，グレーシア乳剤，ディアナSC，ファインセーブフロアブル，リーフガード顆粒水和剤

栽植本数が減るため、8月中旬からの収穫になる慣行の夏どり作型より収量は減少するが、この時期の単価が高いことと、太い規格のネギが多くなるので、10a当たりの粗収入は慣行の夏どり作型と同程度である。

10a当たりの経営指標は表29のとおりである。

（執筆：本庄　求）

ワケネギの栽培

1 この栽培の特徴と導入

(1) 栽培の特徴と導入の注意点

①ワケネギの特徴と栽培

ワケネギは、市場では「わけぎ」として扱われているが、ワケギとは別種のネギの仲間で、りん茎（球根）ではなく、株分けで増殖する。春には多少抽台し、種子も採れるが、形質がバラつくため使われることはない。

ワケネギは、アブラムシ類が媒介するウイルス（萎縮病）に感染していることが多いので、茎頂培養でウイルスフリー化した苗（無病苗）が用いられる。

しかし、露地で栽培すると再び感染してしまうため、1～数年の周期で新しい無病苗に更新して栽培が続けられている。

栽培はむずかしくはないが、被害を大きくするアブラムシ類、ネギアザミウマなどの防除を主体に管理する。葉ネギとして利用されるため、緑葉部の食害痕は商品性に大きく影響する。

図30　分げつした状態
（品種：東京小町）

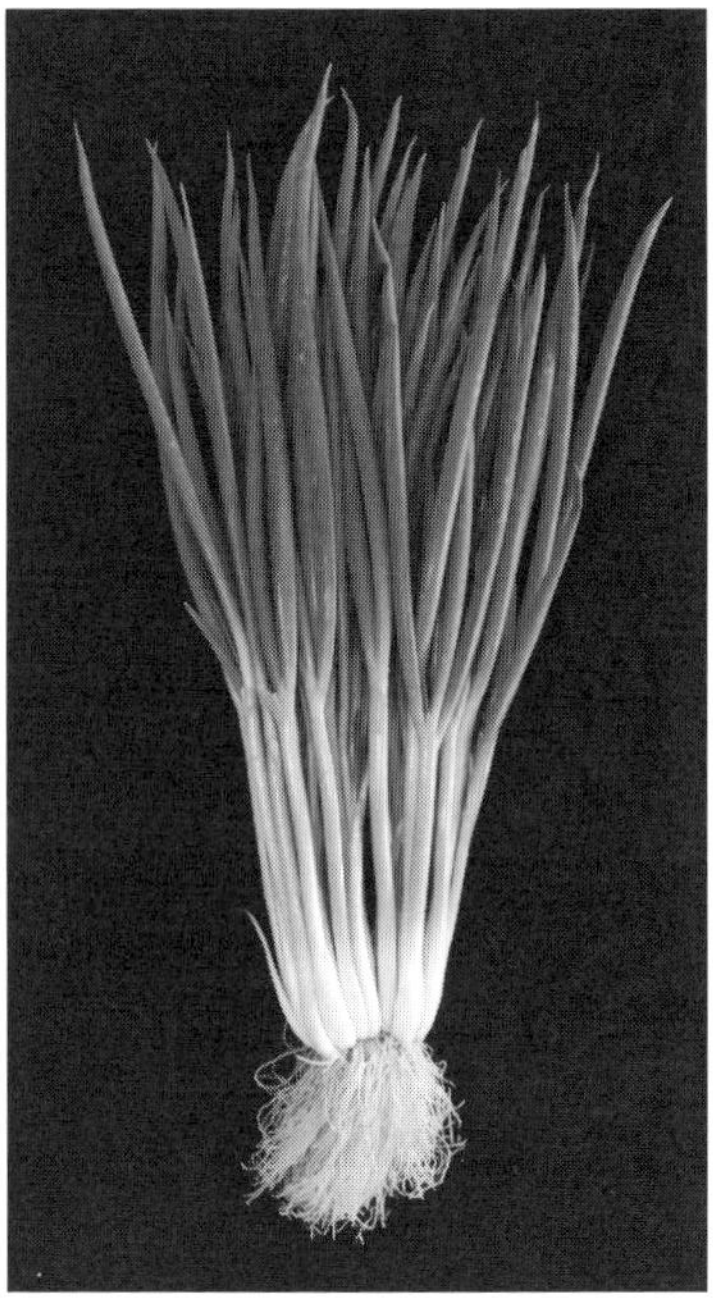

注）写真提供：沼尻勝人

②ワケネギの利用

ワケネギは、一般のネギが抽台して端境期になる4月以降に重宝されている。軟白部の食感は軟らかく緑葉部ともに香りがよく、生では辛味があるが、加熱すると甘くなる。薬味はもちろん、和え物、汁物、焼き物、何にでも使えるネギである。

ワケネギの生産過程で大きな労力を占めるのが、出荷調製作業である。収穫した株は分げつしており（図30）、これを分け、外葉、薄皮、根を除去しなければならない。なお、都内では手作業で調製が行なわれているが、都外の産地では皮むき機が利用されている。

③作型

作型は、7～8月に定植し11～3月に収穫する夏植え、11～2月に定植し4～6月に収穫する秋冬植え、4～5月に定植し7～9月に収穫する春植えに大別されるが、周年的に作付けできる（図31）。

ただし、9月に植えると低温感応しやすく、4月に抽台するので、3月までに収穫を

図31　ワケネギの主な作型

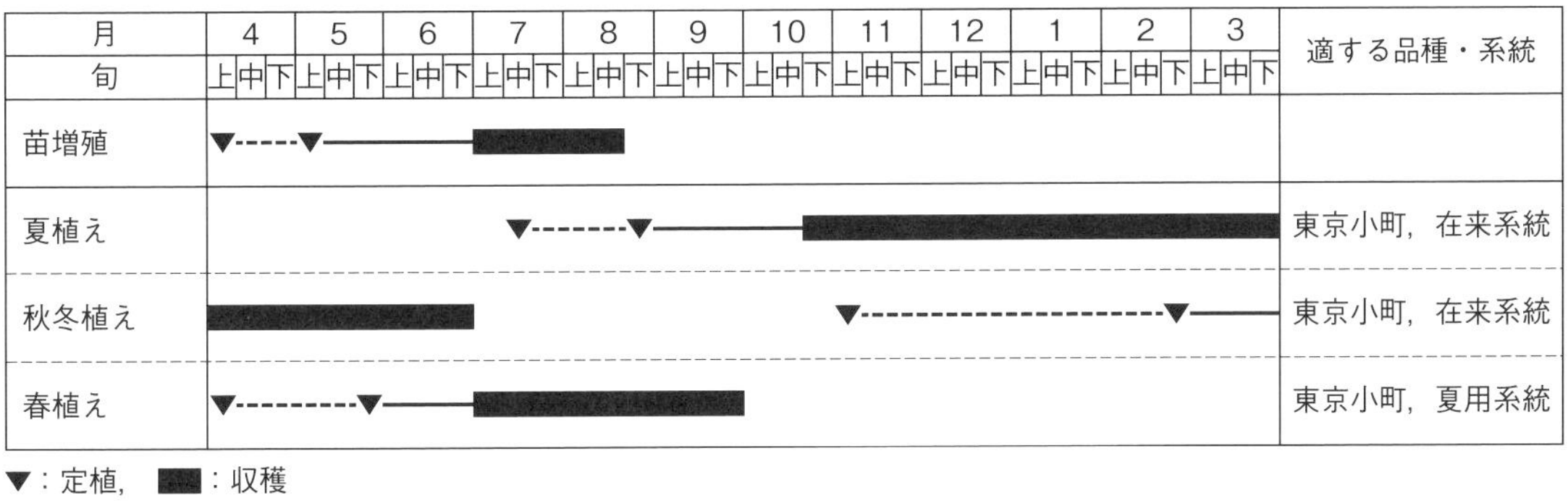

図32　抽台の様子

終えるか、植付け時期をずらすようにする（図32）。

(2) 他の野菜・作物との組合せ方

ネギ類は、土壌病害の防除に効果のあることが知られている。中でもワケネギは周年栽培できるため、キュウリなど果菜類の前作として、あるいは混作として利用しやすい。

連作するとネダニ類が発生しやすくなるので、他の野菜と組み合わせて栽培したい。前後作には、エダマメ、キュウリ、ナスなど、多様な野菜の栽培が可能である。

なお、ワケネギにつくネギアザミウマは、他の葉菜類も食害するので、混作するときには注意が必要である。

2 栽培のおさえどころ

(1) どこで失敗しやすいか

苗　健全で害虫が付着していない、無病苗を用いる。生育の悪い株は、ウイルスやネダニ類に汚染されていることがある。アブラムシ類が付着していると、見た目は正常でもウイルスに感染している可能性がある。

アザミウマ類　ネギアザミウマは増殖が速く、増えると防除が困難になる。

過湿　生育を促すには適度な土壌水分が必要だが、ネギ類はもともと乾燥には強く、過湿には弱い。過湿になると病害も受けやすくなる。

植付けの深さ　ネギは一般に浅植えで分げつし、深植えでは分げつしにくくなる。

肥料欠乏　肥料欠乏により生育や葉色が悪

表30 主要系統・品種の特性

系統・品種	入手先	草丈(cm)	葉鞘長[注2)](cm)	葉鞘径[注2)](mm)	葉身径[注2)](mm)	1本重[注2)](g)
在来系統[注1)]	各地域生産団体・種苗センターなど	55	16	7	8	7
夏用系統	各地域生産団体など	59	20	9	10	18
東京小町	武蔵野種苗園[注3)] 日本農林社[注3)]	50	15	10	11	18

系統・品種	葉色	葉の硬さ	分げつの早さ	収穫期間(在圃性)	調製歩合(%)	抽台発生	作型適性	株間の目安(cm)	植付け深さの目安(cm)
在来系統[注1)]	淡	やや軟	やや早い	短	60～70	少	秋冬植え	20	7
夏用系統	中	やや硬い	中	中	60～70	甚	春植え	20	7
東京小町	濃	中	やや遅い	やや長い	70～80	微	周年	20～15	6

注1)‘極楽寺系’での特性。埼玉県種苗センターが配布している「優良系統VF苗」は‘極楽寺系’よりも草勢がやや強く，分げつも早い
注2)緑葉を2～3枚になるよう出荷調製した後の状態(春植え栽培)
注3)予約販売

くなるほか、さび病にかかりやすくなる。

ハダニ類 ハウスでは、ハダニ類に注意が必要である。

(2) おいしく安全につくるためのポイント

農薬だけにたよることはせず、機能性資材を用いて、物理的に害虫を防除する。目合い0・8㎜の赤色防虫ネットを利用したトンネル栽培、近紫外線除去フィルムを利用したハウス栽培などを行なう。

(3) 品種の選び方

ワケネギの種類は、以前から‘極楽寺系’などのいわゆる在来系統と夏用系統があり、作型に応じて使い分けられてきた(表30)。

冬～春に収穫する作型では、寒さに強く、生長や分げつの早い在来系統が利用される。一方、夏に収穫する作型では、高温下でも軟弱にならない夏用系統が利用される。夏用系統は低温期に葉が硬く、抽台しやすい特性を持つため、冬～春の収穫には適さない。

こうした中、在来系統と夏用系統の特徴を兼ね備えた‘東京小町’(東京都農林総合研究センター育成)が2017年に品種登録された。‘東京小町’は高温期や低温期でも品質低下しにくく、抽台も少ないため、1品種で周年利用できる。分げつがやや遅いが、その分、在圃性がある。

3 栽培の手順

(1) 畑の準備

排水がよく、作土の深い圃場が適する。

作付け前にはダゾメット粉粒剤(ガスタード微粒剤)などで土壌消毒を行ない、完熟堆肥を10a当たり2tの施用と、pH6・5を目標に炭酸石灰などの石灰資材を施用する。

元肥は、窒素、リン酸、カリを、成分量でそれぞれ10a当たり20、25、20kgを目安に施用する(表32)。

ベッド幅、通路幅とも70cm程度として、マルチを敷設する。マルチの規格は9220(または9215、いずれも大穴)、色は防虫対策を兼ねて銀黒やストライプ(秋冬植え)または白黒(春植え)とする。

表31　ワケネギ栽培のポイント

	技術目標とポイント	技術内容
圃場の準備	◎圃場の選定	・水はけがよく作土の深い圃場
	◎土壌消毒	・土壌病害虫を防除するため，土壌消毒を行なう
	◎施肥	・完熟堆肥を施用する
		・pH6.5を目標に，苦土石灰など石灰資材を施用
		・元肥は，窒素，リン酸，カリを成分量で各20kg/10a程度を施用
	◎マルチ	・高温期は白黒，低温期は銀黒やストライプマルチを用いる
		・マルチの規格は9220（または9215），大穴とする
		・ベッド幅，通路幅ともに70cm程度を基準とする
	◎施設栽培	・害虫防除のため，赤色防虫ネット（目合い0.8mm）によるトンネル栽培や，近紫外線除去フィルムを利用したハウス栽培を推奨する
		・ハウスでは灌水設備を準備する
苗の準備	◎苗の入手	・ウイルスフリー苗（無病苗）を入手する
		・生育の悪い株は，ウイルスやネダニ類に汚染されている可能性があるので使用しない
	◎苗の増殖	・購入苗を生産用としてそのまま植え付けると種苗コストがかかる
		・ハウスまたは簡易なネットハウスで，入手した苗を一度増殖する
		・増殖には細心の注意をはらい，とくにウイルスを媒介するアブラムシ類を防除する
		・植付け後，20倍程度（またはそれ以上）に増えたら生産用の苗として用いる
定植方法	◎苗の調整	・親株を分割して，葉鞘径1cm以上の苗を用意する
		・葉鞘径が細い場合や，早く収穫したい場合は分割せずに2本植えとする
		・倒伏しないよう，緑葉部分を切り揃え，苗の長さを25cm程度にする
	◎植付け方法	・植付けの深さは6〜7cmとする
		・マルチ9220規格を用いた場合，栽植株数は約7,000株/10aになる
定植後の管理	◎追肥	・葉色が淡くなるようであれば追肥を行なう
		・施肥量は窒素とカリを成分量で各5kg/10aを目安にし，通路へ行なう
	◎病害虫防除	・ネギアザミウマ，ネギハモグリバエ，アブラムシ類（萎縮病），さび病，べと病，黒斑病に注意する
		・農薬では，「ネギ，ワケギ，アサツキ」および「野菜」に登録のあるものが使える
		・害虫防除のため，赤色防虫ネット（目合い0.8mm）によるトンネル栽培や，近紫外線除去フィルムを利用したハウス栽培を励行する
	◎保温	・トンネルで保温する場合は，穴あき農ポリなどを用いて，11月下旬〜1月下旬を目安に被覆する
収穫・調製	◎収穫適期	・草丈60cm程度，分げつ本数20本を目安に収穫する
	◎収穫方法	・地際のなるべく低いところをつかみ，葉を傷めないようていねいに抜く
	◎調製方法	・分げつ，葉鞘ごとに分割し，緑葉数が2〜3枚になるよう，古い外葉や薄皮をむき取る
		・根は，盤茎を少し残して除去する
		・汚れなどを落として，150gずつ輪ゴムで結束し，袋詰めを行なう

表32　施肥例　（単位：kg/10a）

	肥料名	施肥量	成分量		
			窒素	リン酸	カリ
元肥	完熟堆肥	2,000			
	苦土石灰	150			
	化成8号（8-8-8）	250	20	20	20
	重焼燐	14		4.9	
追肥	NK化成（16-0-16）	30	4.8		4.8
施肥成分量			24.8	24.9	24.8

(2) 育苗のやり方

苗は，無病苗として配布されているか，販売されている原苗を入手し，一度自家増殖を行なう。原苗をそのまま生産用に用いたのでは採算が合わなくなる。

苗の増殖は，アブラムシ類が付着しないよう，ハウスまたは簡易なネットハウスを用いる。ネットの目合いは0・8〜0・6㎜とする。圃場の準備は前項のと

図33　定植後の様子

図34　収穫期（在来系統）

図35　調製後のワケネギ（品種：東京小町）

注）写真提供：沼尻勝人

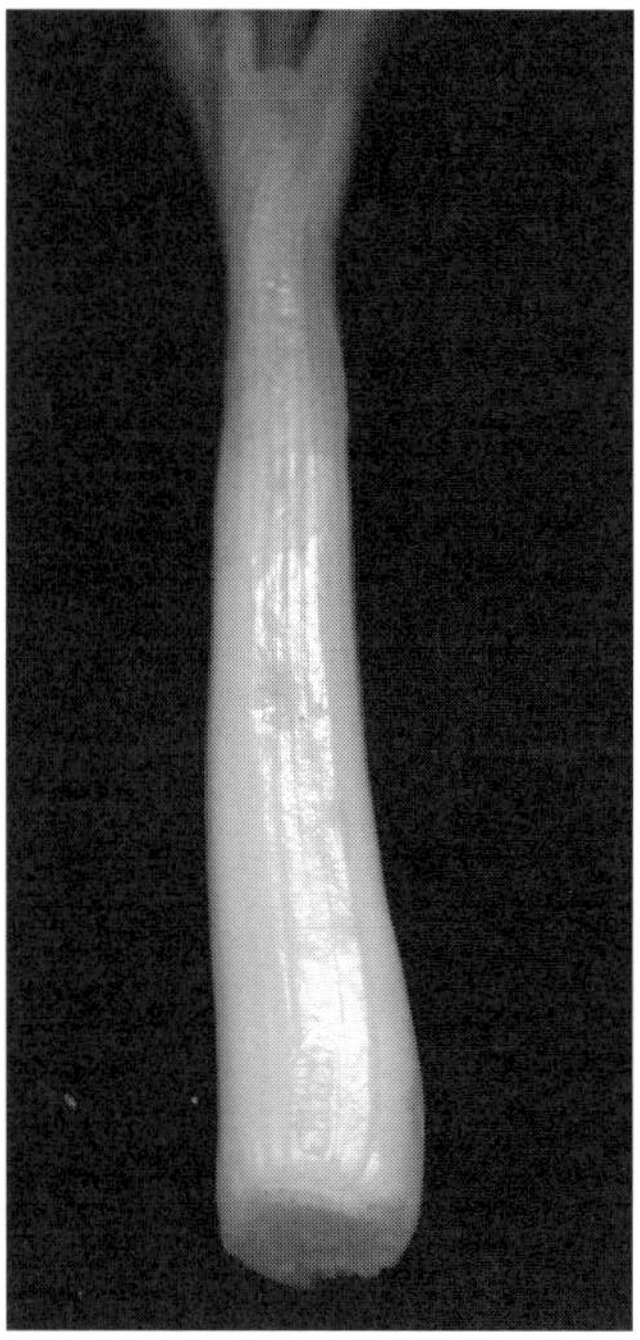

図36　根の処理方法

おりでよいが、天井をフィルムで被覆するなら、1～2割を減肥してもよい。

植付け本数は、生産用に必要な苗の20分の1本を目安にする。4月に原苗を植えれば、7月以降に生産用の苗が得られる。なお、その苗の一部を同様に管理し続ければ、無病苗として維持することができる。

(3) 定植のやり方

ワケネギは、葉鞘の中に新しい分げつを複数内包しており、太いほうが早く増殖する。葉鞘の太さで1cm以上、または分割しないで2本の状態で苗とする。倒伏防止のため、葉先を切って長さ25cm程度に切り揃えておく。

植付けの深さは4～8cmで、浅いほうがよく増えるが、生育がバラつくので、6～7cmを目安にする。マルチ9220規格（株間20cm、条間45cmの2条）に植えると、10a当たり栽植密度は7000株になる（図33）。

(4) 定植後の管理

マルチ栽培では追肥しない場合が多いが、葉色が淡くなるなど肥料切れの兆しがあれば追肥を行なう。施肥は窒素とカリを主体に、

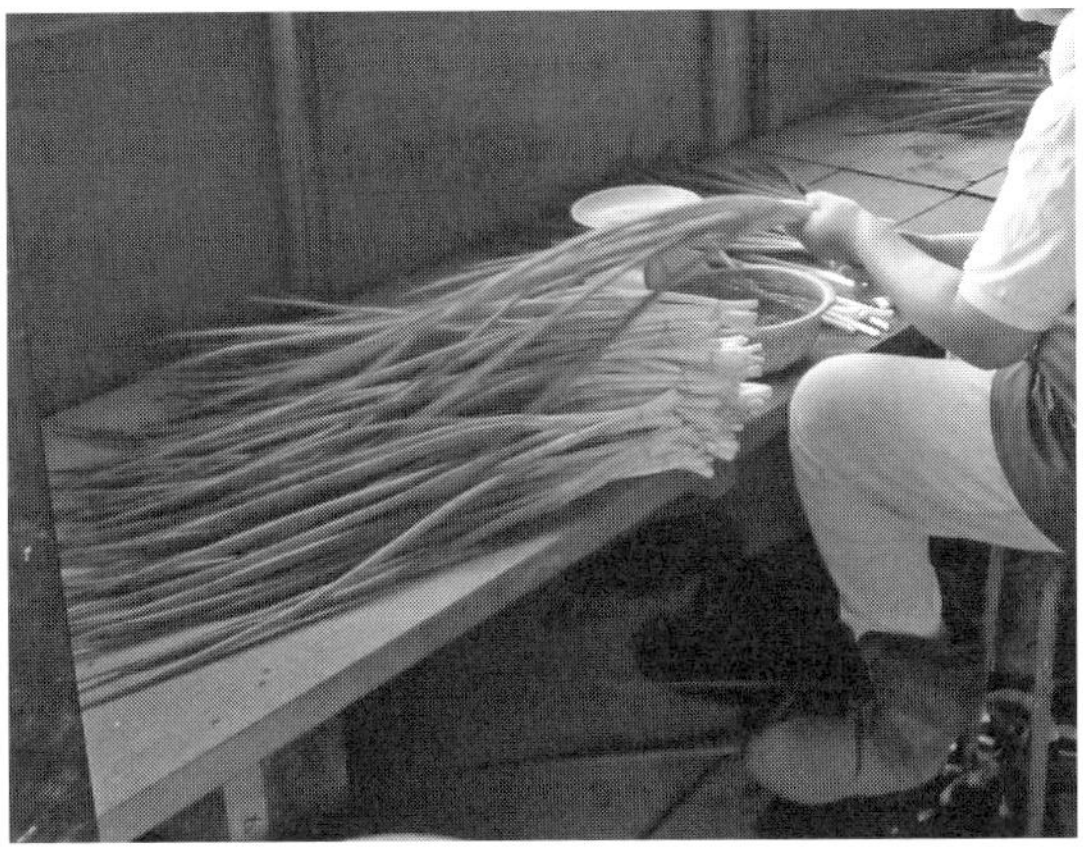

図37　出荷調製　輪ゴムで結束

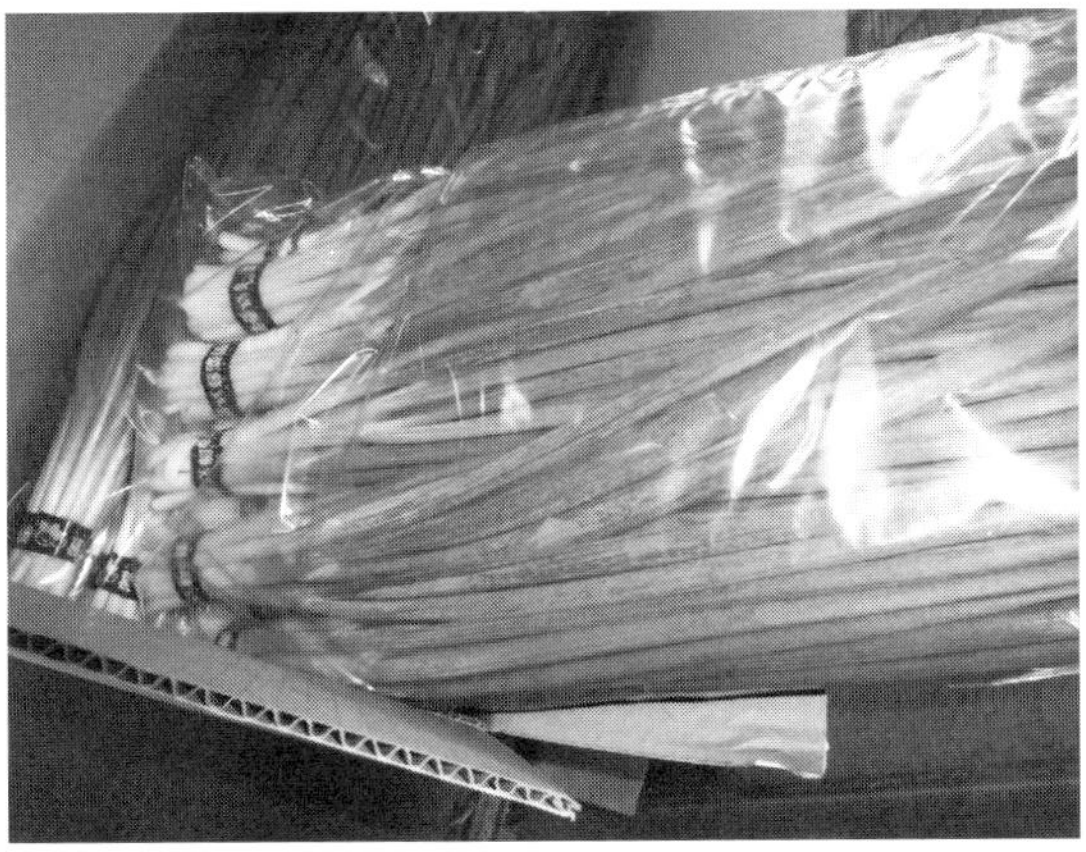

図38　出荷調製　袋詰め

成分量で10ａ当たり５kgを目安にし、通路へ行なう。

ハウス栽培では、株元に散水できるよう、灌水設備を設置する。

厳寒期に、穴あき農ポリフィルムなどでトンネル被覆すると生育が早まり、葉先枯れも少なくなる。しかし、被覆の開始や除去の時期が遅れると、低温感応やその後の温度上昇によって、抽台が増えることがある。被覆の開始時期は11月下旬、終了時期は1月下旬ころとする。

(5) 収穫

収穫時期は、草丈で60㎝、葉鞘が20本程度に増えたころで、植付け後の日数では、４～８月植えで90～１００日、11～12月植えで１３０～１５０日である（図34）。

株の地際部の下のほうを持ち、葉を傷めないように抜き取り、分げつ・葉鞘ごとに分割する。さらに、古い外葉や薄皮をていねいにむき取り、緑葉数が２～３枚になるように調製する（図35）。根部は盤茎を少し残して除去する（図36）。

このようにして出荷調製を行なうと、１本重で17～25ｇになる。収穫物に対する商品の重さの割合、すなわち調製歩合は60～80％で、収穫株に抽台分げつ（ネギ坊主）が含まれていると30％程度に落ち込むこともある。

汚れなどを落として、１５０ｇずつ輪ゴムで結束し、袋詰めを行なう（図37、38）。市場出荷の場合、１箱に30袋が詰められる。

4 病害虫防除

(1) 基本になる防除方法

ワケネギの栽培で問題となる病害虫は、アブラムシ類（萎縮病）、ネギアザミウマ、ネギハモグリバエなどの微小害虫や、シロイチモジヨトウなどのチョウ目害虫、さび病、べと病、黒斑病などの病気である。農薬は、「ネギ、ワケギ、アサツキ」および「野菜」に登録のあるものを使うことができる（表33参照）。

アブラムシ類は萎縮病のもとになるウイルスを媒介し、ネギアザミウマは緑葉部を著しく食害するので、これらの害虫にはとくに注意する。農薬だけで完全に防除するのはむずかしいため、防虫ネットなどによる物理的な

表33　病害虫防除の方法

	病害虫名	発生時期・条件	農薬例	化学合成農薬を使わない工夫
病気	萎縮病	アブラムシ類がウイルスを媒介	アブラムシ類の防除	
	さび病	春と秋，降雨が続く時期，肥料不足	ヨネポン水和剤 アミスター20フロアブル ダコニール1000フロアブル	ハーモメイト水溶剤（無機）
	べと病	春と秋，降雨が続く時期，風通し不良		Zボルドー水和剤（無機）
	黒斑病	春～秋，草勢低下，連作		
害虫	アブラムシ類	盛夏を除く3～11月	ハチハチ乳剤 マラソン乳剤	赤色防虫ネット（目合い0.8㎜）被覆 近紫外線除去フィルム展張ハウス 光反射資材敷設
	ネギアザミウマ	春～秋，とくに5～10月		
	ネギハモグリバエ		ベネビア グレーシア乳剤 コテツフロアブル	
	シロイチモジヨトウ	8～9月で雨の少ない時期		
	ネダニ類	汚染株の持ち込み，連作	ガスタード微粒剤 トクチオン乳剤 フォース粒剤	太陽熱消毒
	ハダニ類（ハウス）	高温乾燥		ボタニガードES（微生物） サンクリスタル乳剤（天然物由来）

防除を主体とし、農薬は補助的な利用とする。

さび病やべと病は比較的気温の低い春や秋、黒斑病は春～秋、いずれも降雨が続く時期に発生する。また、さび病は肥料切れで発生が助長される。適正施肥で草勢を維持し、風通しをよくする。銅剤（Zボルドーほか）などで予防したり、ストロビルリン系（アミスター20フロアブルほか）などの農薬で初期に防除する。

(2) 農薬を使わない工夫

アザミウマ類は、アブラムシ類よりさらに小さいが、目合い0・6㎜以下のネットで侵入しなくなる。しかし、目合いが細かいと風通しが悪くなる。そこで、赤色の目合い0・8㎜の防虫ネットを用いる。アザミウマ類に対して、赤色なら0・8㎜で、無色の0・6㎜と同等の効果がある。この防虫ネットの使用で、ワケネギに飛来するすべての害虫を同時に遮断することができる。

ハウス栽培では、近紫外線除去フィルムを利用する。近紫外線除去によってアザミウマ類やハモグリバエ類の行動が抑制され、増えにくくなる。なお、ハウスではハダニ類が発生しやすく、しかも、近紫外線除去フィルムはハダニ類には効果がない。気門封鎖剤（サンクリスタル乳剤ほか）などを用いて早めに防除する。

マルチだけでなく、ハウスの周辺部や圃場の通路部分も、光反射性のある白色やシルバーの資材で覆うと、害虫の活動を抑制することができる。

5 経営的特徴

収量は夏どりで2～3t、秋～春どりで2・5～3・5tである。市場での単価は産地や年で大きく変動し、ここ数年は1100～500円台になっている。単価を600円、収量を2tとすると、10a当たり粗収益は120万円、農業所得は63万円になる（表34）。

労働時間のおよそ8割、400時間が収穫・調製・出荷作業であり、夏の在圃期間を2週間とすると、1人で栽培できる面積は2～3aになる。しかし、周年栽培ができるので、収穫期がずれるように栽培すれば、作付け面積を広げることができる。

在圃性の短い在来系統では作付け回数を多くし、長い'東京小町'では1回の面積を広げるなどの調整を行なうとよい。

（執筆：野口　貴）

表34　ワケネギの経営収支例

項目		摘要
収量（kg/10a）	2,000	
単価（円/kg）	600	
粗収益（円/10a）	1,200,000	収量×単価
経営費（円/10a）	567,250	
種苗費	110,000	増殖用購入苗（275円×400本）
資材費	92,450	土壌消毒用農ポリ（21,200円）
		白黒マルチ（15,000円）
		支柱（15,000円）注1)
		赤色防虫ネット（41,250円）注1)
肥料費	39,000	堆肥2t（10,000円）
		苦土石灰（500円×8袋）
		化成肥料（1,500円×15袋）
		重焼燐（2,500円×1袋）
農薬費	42,300	土壌消毒剤（20kg，32,000円）
		殺菌剤（2剤3回，4,300円）
		殺虫剤（2剤3回，6,000円）
光熱動力費	33,000	燃料150ℓ，電気代
諸材料費	131,500	箱代（120円×450箱）
		袋代（5円×13,500袋）
		その他荷造り用品など（10,000円）
出荷経費	102,000	市場手数料（8.5％）
農機具費	16,000	
農具費	1,000	
農業所得（円/10a）	632,750	
所得率（％）	52.7	
労働時間（時間/10a）	500	・圃場準備～栽培管理（100時間） ・収穫・調製・出荷作業（400時間）注2)

注1）耐用年数を4年，年に2作利用として案分
注2）手作業調製

九条系葉ネギの栽培

1 この栽培の特徴と導入

(1) 栽培の特徴と導入の注意点

①九条系葉ネギの特徴

九条系葉ネギは、主に葉身部を食用にする。

栽培の形態は広く、ほとんど小ネギと変わらないものから、土寄せして葉鞘部を約15cm軟白し、根深ネギ並みに太く仕上げるものまである。この場合も、葉身部も食用にするので、緑色が美しく保たれていることが重要である。

②作型分化と栽培

伝統的な秋まき冬どり太ネギ栽培以外は、明確な作型の分化がなく、多くが周年栽培である。

伝統的な栽培法では、収穫まで1年以上かけ、長さ90cm以上、葉鞘の太さ20mmぐらいに仕上げる。このネギは甘味があり、葉身が柔らかく、冬の鍋物に欠かせない。しかし、最近では食生活の変化にともない、比較的細いうちに出荷するものが大半を占めている。

出荷規格が長さ60～80cm程度、太さ5～15mm程度と幅があるため、同じ播種期でも目標の出荷のサイズによって収穫期が大きく異なる。

周年栽培では、抽台の恐れのある時期以外は、本圃の生育状況を見ながら、定期的に播種・定植する。秋以降の定植では、収穫までの期間が長くなり、周年栽培でも同じ圃場で年3作程度になる。

パイプハウス栽培では、移植栽培のほか、直播でも栽培される。

(2) 他の野菜・作物との組合せ方

露地栽培では、周年栽培のほか、秋冬の結球野菜や根菜類と夏ネギの組合せ、水稲の裏作などが考えられる。

ハウス栽培では、周年専作のほか、コマツナ、ホウレンソウなど軟弱野菜栽培に組み込む例が多い。苗床を確保して育苗さえしておけば、ほぼいつでも定植ができ、他の野菜との組合せは容易である。

キャベツやダイコン、ツケナ類などアブラナ科の野菜は多いが、科の異なるネギとの輪作は病害虫の多発を防ぐためにも効果的である。

2 栽培のおさえどころ

(1) どこで失敗しやすいか

九条系葉ネギの最適土壌pHは6～7.4だが、土壌への適応性は広い。しかし、根群が浅くて好気性であるため、排水不良地では生育が悪い。

土壌ECが高い圃場で栽培すると、葉の先端が枯れやすくなるため、栽培前にECを測定して施肥量を調節する。

直播栽培では、発芽揃いをよくすることがポイントである。播種後の灌水を十分に斉一に行なうことと、保水を兼ねて遮光資材を用いることで、発芽揃いがよくなる。

夏どりでは、高温・乾燥によって生育不良

図39　九条系葉ネギの栽培　栽培暦例

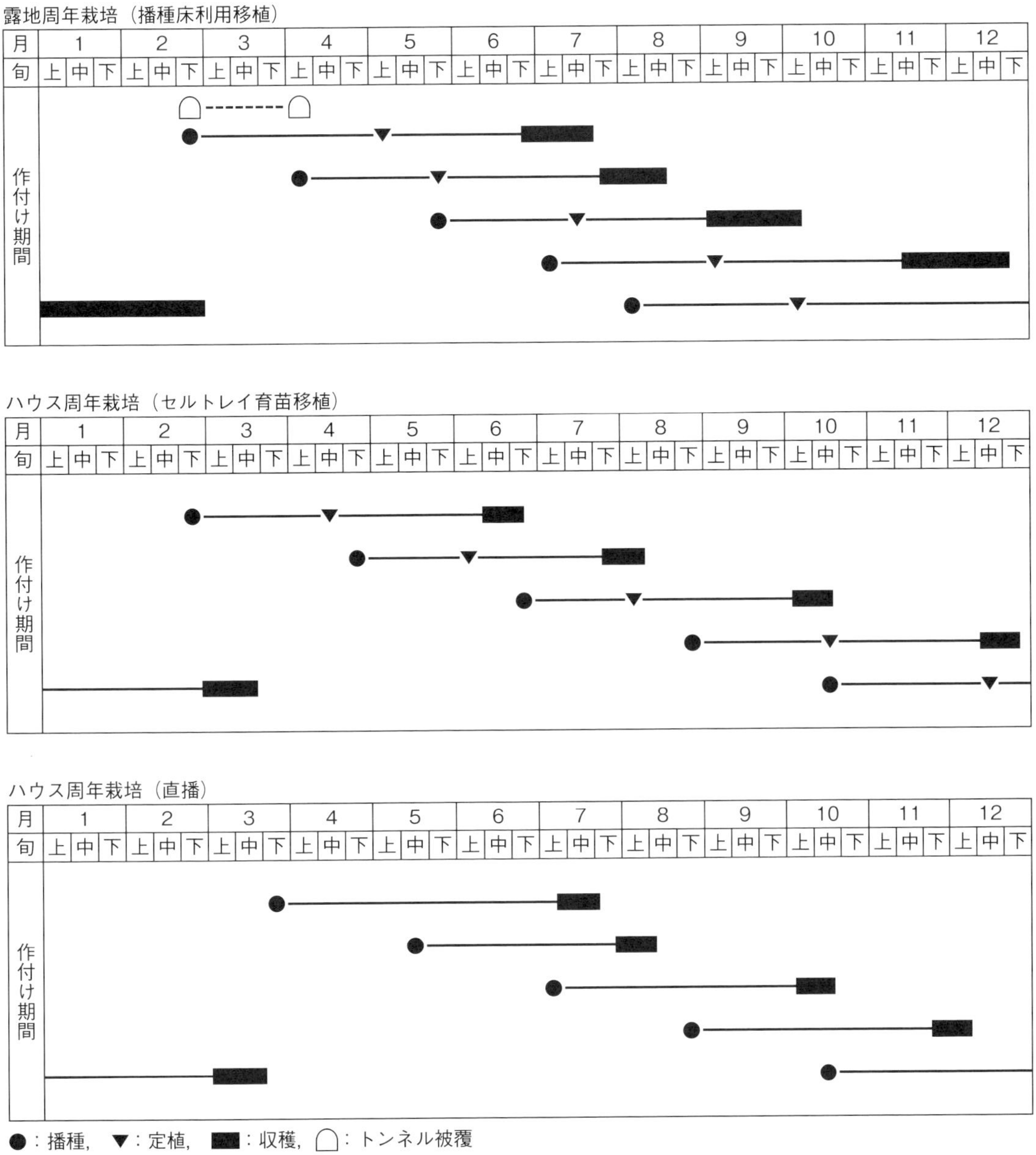

になり、品質低下をまねきやすいので、耐暑性品種を用いるとともに土壌水分を適度に保つ。

(2) おいしく安全につくるためのポイント

良質な堆肥の施用など、土つくりをしっかり行なう。また、栽培前にECを測定し、施肥が過剰にならないようにする。

常に病害虫の発生状況を観察し、発生が少ないうちに適切に農薬を使用する。とくに、ハウス栽培では防虫ネットなどを利用し、害虫の飛び込みを防ぐ。

(3) 品種の選び方

従来は、低温期には‘九条太’を用いて太く仕上げ、高温期には‘浅黄系九条’を用いて細く仕上げていた。しかし、最近では収穫・調製が容易にできるため、葉折れが少ない品種が好まれる傾向にあり、根深ネギとの交配種などさまざまな品種

表35　主要品種の特性

品種名	販売元	特性
夏あんじょう	イシハラシード	暑さに強く，高温乾燥条件でもボリュームよく育つ。葉折れはやや少ない。食味は他のあんじょうシリーズより少し劣る。露地の冬栽培には不向き
スーパーあんじょう	イシハラシード	葉伸びがよく周年栽培が可能。葉先枯れはやや多い。葉は柔らかく，食味に優れる
浅黄系九条	タキイ種苗	葉身，葉鞘とも細く，分げつが多い。暑さに強いが，周年栽培も可能
スーパー京香	丸種	耐暑性・耐寒性に優れ，周年栽培が可能。春栽培での収量は高い
九条太	タキイ種苗	茎が太く，中～大ネギとして利用。生育はやや遅く，収穫までの期間が長い。葉は肉厚で葉先まで柔らかい。耐寒性が強く，冬の栽培が中心。伝統的な干しネギ栽培にも利用される

が市販されている（表35）。

周年栽培でも一つの品種にこだわらず、夏には高温乾燥に強い品種、冬には低温伸長性がよい品種や抽台しにくい品種を組み合わせて使用する。

3 栽培の手順

(1) 育苗のやり方

① 播種床利用の育苗

播種床の準備と播種　本圃10a当たり2～2・5aの播種床を準備する。この播種床に、表39の施肥例を参考にして元肥を施用し（基本的には、播種床も本圃の元肥も同様の施肥）、幅1・2～1・5m、総延長160～200mのウネを立てる。

ハウス育苗では肥料の流亡が少ないので、毎作施肥すると肥料過多になる恐れがあるので、土壌診断によって施肥量を加減する。やや少なめに施用し、葉色の変化を観察し、追肥を施用するとよい。

本圃10a当たり、春と秋は4ℓ、夏は2ℓの種子を準備する。ウネ幅1・2mでは4条、1・5mでは6条の条播きとする。播き溝に十分水を含ませて播種し、薄く覆土した後、モミガラなどで覆って乾燥を防ぐ。

育苗管理　早春まき栽培ではトンネルで保温して、発芽、生育の促進を図る。トンネルは5月までに除去する。

害虫の発生期に、ネットや不織布のトンネル被覆で害虫の侵入を抑え、本圃への害虫の持ち込みを防ぐ。

育苗時期にもよるが、育苗期間は40～70日程度、草丈25cm程度で定植する。草丈が伸びすぎている場合は、15cm程度に刈り込む。

② セルトレイ育苗

セルトレイによる育苗は、ハウスで行なうことを基本にする（表37参照）。

播種　200穴のセルトレイを、10a当たり230枚準備する。培土は、セルトレイ用の育苗土（窒素成分で600mg／ℓ程度の緩効性肥料入り）を使用する。1穴当たり3～5粒播種し、覆土・鎮圧後、直管パイプなどの上に並べ、トレイ基部と地面との間に空間を設け、根が地面に入らないようにする。

灌水は、均一になるように、トレイの下から水が染み出るまで十分に行なう。

乾燥防止のため不織布をベタがけし、さら

表36　露地周年栽培（播種床利用移植）のポイント

	技術目標とポイント	技術内容
播種床の準備	◎圃場の選定	
	・砂壌土〜壌土が適地	・土壌適応性は広いが，根群が浅く好気性なので，排水不良地では生育が悪い ・本圃10a当たり2〜2.5aの播種床が必要
	・排水不良対策	・排水不良地では高ウネにするなど排水に努める
	◎土つくりと施肥	
	・pHの調整	・好適土壌pHは6.0〜7.4
	・有機物施用，深耕，施肥	・播種床の施肥例（2a当たり）堆肥600kg，苦土石灰24kg，BMようりん8kg，CDU燐加安S682 20kg
	◎ウネ幅	・ウネ幅は1.2〜1.5m
	◎病害虫防除	
	・粒剤の施用	・アザミウマ類，ネギハモグリバエなどの予防
育苗方法	◎播種	・ウネ幅1.2mでは4条，1.5mでは6条の条播きにする ・播き溝に十分水を含ませて播種し，薄く覆土した後，モミガラなどで覆って乾燥を防ぐ ・本圃10a当たり（播種床2a当たり）春と秋には4ℓ，夏には2ℓの種子を準備
	◎トンネル被覆	
	・低温期の保温	・早春播きではトンネルで保温して，発芽，生育の促進を図る ・トンネルは5月までに除去する
	◎被覆資材の活用	
	・害虫被害の軽減	・害虫の発生期にネットや不織布のトンネルがけで害虫の侵入を抑え，本圃への持ち込みを防ぐ
圃場の準備	◎圃場の選定	・播種床の条件と同じ
	◎有機物施用，深耕，元肥施用	・施肥例（10a当たり）堆肥3,000kg，苦土石灰120kg，BMようりん40kg，CDU燐加安S682 100kg ・マルチ栽培の場合は追肥ができないので，CDU燐加安S682の代わりに，窒素成分が同程度含まれている栽培期間に応じた肥効調節型肥料を利用する
	◎耕起，ウネ立て	・ウネ幅を1.2〜1.5mにする
	◎病害虫防除	・播種床の準備に準じる
定植方法	◎定植	
	・栽植密度	・ウネ幅1.2mでは3条，1.5mでは4条植えとし，株間10〜20cm，1株5〜10本植え付ける ・栽培期間，品種特性（太さ，分げつなど），苗の大きさを考えて，栽植密度を加減する
	・定植苗の目安	・播種後40〜60日，草丈25cmを目安に植え付ける
定植後の管理	◎灌水	・定植後，十分灌水し，活着を促す
	◎中耕・土寄せ，追肥，除草	・追肥と，除草を兼ねた中耕・土寄せを，栽培期間に応じて1〜3回行なう ・条間の土を株元にかぶせるように土寄せをする（深さは2〜3cm）
	◎病害虫防除	・葉が水をはじくので，薬剤散布では展着剤を添加する
収穫	◎収穫	
	・収穫の目安	・収穫の目安は草丈60〜80cm（収穫適期は広い）
	・季節に応じた太さ	・葉鞘径は，季節による用途の違いに対応し，夏には8mm，冬には15mmを目安にする
	・定植から収穫までのおよその日数	・春まき夏どり　60〜100日 春まき秋冬どり　70〜150日 夏まき冬どり　120〜150日 秋まき春どり　130〜180日
	◎調製	・根についた土を落とし，下葉や枯葉を取り除き，葉鞘部が白くきれいになるように皮をむく。ひげ根をなるべく除き，根部を洗浄して調製する

表37　ハウス周年栽培（セルトレイ育苗移植）のポイント

	技術目標とポイント	技術内容
ハウスの準備	◎圃場の選定	
	・砂壌土～壌土が適地	・土壌適応性は広いが，根群が浅く好気性なので，排水不良地では生育が悪い
	・排水不良対策	・排水不良地では高ウネにするなど排水に努める
	◎ハウスの組み立て（間口5～7m）	・被覆資材に近紫外線除去フィルムを使用すると，生育促進や虫害軽減の効果がある ・被覆は，4～10月は雨よけだけとし，11～3月は側面張りもして保温する
	◎病害虫防除	・ハウス側面，出入り口など開口部に目合い0.8mmの赤色防虫ネットを設置する
育苗方法	◎育苗ハウス・資材準備	・本圃とは別に育苗用ハウスを準備する ・冬に育苗する場合は加温施設を導入する ・200穴セルトレイを10a当たり230枚準備する
	◎播種	・培土はセルトレイ用の育苗土（窒素成分で600mg/ℓ程度の緩効性肥料入り）を使用し，1穴当たり3～5粒播種する ・根が地面に入らないよう，播種後はトレイを直管パイプなどの上に並べ，底部と地面との間に空間を設ける
	◎灌水と液肥の施用	・播種直後の灌水はトレイ下から水が染み出るまで十分行なう ・生育期間中の灌水は午前を基本とする ・葉色が薄くなれば液肥を施す
	◎乾燥防止と保温・遮熱	・乾燥防止のため不織布をベタがけし，低温期はビニールなど（保温）を，高温期はシルバーポリ（遮熱）をベタがけする ・8割程度発芽したら被覆資材を除去する
	・冬の育苗	・冬の育苗で加温育苗床を利用する場合は，育苗床に透水性の防根マットを敷き，その上に密着するようにセルトレイを設置する
	◎育苗期間	・育苗期間は40～50日が目安
	◎せん葉	・がっちりした苗をつくるため，草丈が25cmを超えたら15cmに刈り込む（せん葉）
定植の準備	◎土壌診断と土つくり	
	・有機物施用，深耕，施肥	・ハウス栽培では肥料の流亡が少ないので，土壌pH，ECを測定し，施肥量を調節する ・施肥例（10a当たり） 堆肥3,000kg，苦土石灰120kg，BMようりん40kg，CDU燐加安S682 100kg
	◎耕起，ウネ立て	・ウネ幅を1.2～1.5mにする
	◎病害虫防除	
	・粒剤の施用	・アザミウマ類，ネギハモグリバエなどの予防
定植方法	◎定植	
	・栽植密度	・ウネ幅1.2mでは5条，1.5mでは6条を目安に，株間10～15cmで植える ・栽培期間，品種特性（太さ，分げつなど），苗の大きさを考えて，栽植密度を加減する
定植後の管理	◎灌水	・定植後，十分灌水し，活着を促す ・生育前半は土壌表面が乾いたら十分灌水する ・生育後半は4日に1回程度午前中に灌水し，生長にともない灌水間隔を広げる ・収穫2週間前程度からは灌水を控え，倒伏，葉折れを防ぐ
	◎中耕・土寄せ，追肥，除草	・追肥と，除草を兼ねた中耕・土寄せを，栽培期間に応じて1～2回行なう ・1回目の追肥は草丈20cmのころ，窒素成分で10a当たり3kg程度行ない，草丈50cmのころに葉色が薄ければ窒素成分で10a当たり1kg程度行なう ・条間の土を株元にかぶせるように土寄せをする（深さは2～3cm）
	◎高温対策	・高温期の栽培では寒冷紗などで遮光する
	◎病害虫防除	・葉が水をはじくので，薬剤散布では展着剤を添加する
収穫	◎収穫	
	・収穫の目安	・収穫の目安は草丈60～80cm（収穫適期は広い）
	・季節に応じた太さ	・葉鞘径は，季節による用途の違いに対応し，夏には8mm，冬には15mmを目安にする
	・定植から収穫までのおよその日数	・春まき夏どり　50～80日 春まき秋どり　60～120日 夏まき冬どり　100～120日 秋まき春どり　120～150日
	◎調製	・根についた土を落とし，下葉や枯葉を取り除き，葉鞘部が白くきれいになるように皮をむく。ひげ根をなるべく除き，根部を洗浄して調製する

表38　ハウス周年栽培（直播）のポイント

	技術目標とポイント	技術内容
ハウスの準備	◎圃場の選定	
	・砂壌土～壌土が適地	・土壌適応性は広いが，根群が浅く好気性なので，排水不良地では生育が悪い
	・排水不良対策	・排水不良地では高ウネにするなど排水に努める
	◎ハウスの組み立て（間口5～7m）	・被覆資材に近紫外線除去フィルムを使用すると，生育促進や虫害軽減の効果がある
		・被覆は，4～10月は雨よけだけとし，11～3月は側面張りもして保温する
	◎病害虫防除	・ハウス側面，出入り口など開口部に目合い0.8mmの赤色防虫ネットを設置する
本圃の準備	◎土壌診断と土つくり	
	・有機物施用，深耕，施肥	・ハウス栽培では肥料の流亡が少ないので，土壌pH，ECを測定し，施肥量を調節する
		・施肥例（10a当たり） 堆肥3,000kg，苦土石灰120kg，BMようりん40kg，CDU燐加安S682 100kg
	◎耕起，ウネ立て	・ウネ幅を1.2～1.5mにする
	◎病害虫防除	
	・粒剤の施用	・アザミウマ類，ネギハモグリバエなどの予防
播種	◎播種	
	・播種密度	・ウネ幅1.2mでは5条，1.5mでは6条を目安に，株間10～15cm，1カ所5～7粒で播種する
		・栽培期間，品種特性（太さ，分げつなど）を考えて，栽植密度を加減する
定植後の管理	◎灌水	・播種後，十分灌水し，活着を促す
		・保水を兼ねて，播種後に遮光資材をベタがけすると発芽が揃いやすくなる
		・徒長防止のため，8割程度発芽したら遮光資材を除去する
		・生育前半は土壌表面が乾いたら十分灌水する
		・生育後半は4日に1回程度午前中に灌水し，生長にともない灌水間隔を広げる
		・収穫2週間前程度からは灌水を控え，倒伏，葉折れを防ぐ
	◎中耕・土寄せ，追肥，除草	・追肥と，除草を兼ねた中耕・土寄せを，栽培期間に応じて1～2回行なう
		・1回目の追肥は草丈20cmのころ，窒素成分で10a当たり3kg程度行ない，草丈50cmのころに葉色が薄ければ窒素成分で10a当たり1kg程度行なう
		・条間の土を株元にかぶせるように土寄せをする（深さは2～3cm）
	◎高温対策	・高温期の栽培では寒冷紗などで遮光する
	◎病害虫防除	・葉が水をはじくので，薬剤散布では展着剤を添加する
収穫	◎収穫	
	・収穫の目安	・収穫の目安は草丈60～80cm（収穫適期は広い）
	・季節に応じた太さ	・葉鞘径は，季節による用途の違いに対応し，夏には8mm，冬には15mmを目安にする
	・定植から収穫までのおよその日数	・春まき夏どり　80～100日 春まき秋どり　90～150日 夏まき冬どり　130～150日 秋まき春どり　150～190日
	◎調製	・根についた土を落とし，下葉や枯葉を取り除き，葉鞘部が白くきれいになるように皮をむく。ひげ根をなるべく除き，根部を洗浄して調製する

表39　施肥例　（単位：kg/10a）

	肥料名	施肥量	成分量		
			窒素	リン酸	カリ
元肥	堆肥	3,000			
	苦土石灰	120			
	BM ようりん	40		8	
	CDU 燐加安 S682	100	16	8	12
追肥	尿素	6	3		
	尿素	6	3		
施肥成分量			22	16	12

注1）播種床は本圃の元肥のみを施す
注2）ハウス栽培では施肥前に土壌診断をして，施肥量を調節する

に、低温期にはビニールなど（保温）、高温期にはシルバーポリ（遮熱）を不織布の上からベタがけする。８割程度発芽したら、被覆資材を除去する。

発芽後の管理　灌水は午前を基本とし、乾燥期に午後軽く灌水する場合でも、加湿による立枯病に注意する。

葉色が薄くなれば液肥を施す。
がっちりした苗をつくるため、草丈が25cmを超えたら、15cmに刈り込む。

図40　セル育苗の様子

冬に加温育苗床を利用する場合は、育苗床に透水性の防根マットを敷き、その上に密着するようにセルトレイを設置する。

育苗期間は40~50日が目安である。

(2) 定植のやり方

① 露地栽培の定植

本圃の準備　本圃に、表39の施肥例を参考に元肥を施用し、ウネ幅１・２~１・５ｍのウネを立てる。

雑草対策を目的にマルチ栽培をする場合は、追肥ができないので、ＣＤＵ燐加安Ｓ６８２の代わりに、窒素成分が同程度含まれている、栽培期間に応じた肥効調節型肥料を利用する。

定植苗の目安　苗の定植適期は季節によって異なるが、播種床利用の場合は播種後40~60日、草丈25cmが目安になる。

伸びすぎたら、葉先を切り詰めればよい。苗を掘り上げて、クズ苗を捨て、生育の揃ったものを植える。

栽植密度　ウネ幅１・２ｍでは３条、１・５ｍでは４条植えとし、株間10~20cm、１株５~10本植え付ける。

栽植密度は栽培期間、品種の特性（太さ、分げつなど）、苗の大きさを考慮して加減する。具体的には、早く細く仕上げるときは密植に、分げつさせてゆっくり太く仕上げるときは疎植にする。

定植方法　定植は、鍬でウネに植え溝をつけ、苗を並べて鍬で覆土する方法や、移植ゴテで１株ずつ立てて植える方法がある。条間は、中耕のときに鍬を入れやすい幅にしておく。

セルトレイ育苗の場合は、播種後40日程度

で定植する。施肥、ウネ幅、株間などは播種床苗と同様にする。なお、セルトレイ育苗では、タマネギ移植機を用いた定植も可能である。

定植後は十分灌水して、活着を促す。なお、高温期の栽培では、生育期間中にも灌水を行なう。

②ハウス移植栽培の定植

ハウス栽培では、4～10月は雨よけ被覆だけにし、11～3月は側面張りもして保温する。

ハウスの被覆資材に近紫外線除去フィルムを使用すると、生育を促進して虫害を軽減する効果がある。また、雨よけ栽培でも、側面や開口部に防虫網を張ると害虫防除になる。

ハウス栽培では肥料の流亡が少なく、毎作施肥すると肥料過多になる恐れがあるので、土壌診断によって表39を参考に施肥量を調節する。

ウネ幅は、間口6mハウスなら1・2m、間口7・2mハウスなら1・5mを基本にする。ウネ高は10cmを目安に、排水が悪ければウネ高を20cm程度にするなど、圃場条件によって変える。

植付けは、ウネ幅1・2mなら5条、1・5mなら6条を目安に、株間10～15cmで行なう。

定植後は十分灌水し、活着を促す。

③ハウス直播栽培の場合（表38）

ハウスの保温や防虫網の設置、施肥、ウネつくりなどは、移植栽培と同様に行なう。

播種は、1・2mウネなら5条、1・5mウネなら6条を基本に、株間を10～15cmとり、1カ所に5～7粒播く。播種後しっかり灌水し、発芽までは土壌表面が乾かないように管理する。

保水を兼ねて、播種後に遮光資材をベタがけすると発芽が揃いやすくなる。なお、徒長防止のため、8割程度発芽したら遮光資材は除去する。

④施肥について

表39で示した化成肥料のみの施肥のほか、元肥や追肥に有機肥料を配合したものを利用する場合や、肥効調節型の肥料を利用することもできる。

肥効調節型肥料は、在圃期間より少し短めの肥効期間のもの（たとえば定植後100日で収穫するのであれば70日タイプ）を使用する。

肥効調節型肥料利用すると肥料費はかかるが、追肥労働力の軽減や、マルチ栽培への対応などの効果も期待できる。

(3) 定植後の管理

①露地栽培

追肥、除草を兼ねた中耕・土寄せを、栽培期間に応じて1～3回行なう。追肥の1回目は草丈20cmころ、2回目は45cmころを目安に行ない、収穫予定2週間前に葉色が薄いようであれば3回目を行なう。

追肥の一例として、1回につき窒素成分量で10a当たり3kg程度（3回目は10a当たり1kg程度）の尿素を与える。

夏期は乾燥状態に応じて灌水をする。

②ハウス栽培

灌水管理　ハウス栽培では乾燥しやすいため、散水チューブなどの灌水施設を設置する。

生育前半は土壌表面が乾いたら十分灌水する（散水チューブなどの利用では、灌水ムラにならないように、手灌水で補う。夏は地温の低い早朝に灌水し、日中は土壌表面を乾かし気味に管理して、苗立枯病の予防に努める。

生育後半は4日に1度程度午前中に灌水し、生長にともない灌水間隔を広げる。

収穫2週間前程度からは灌水を控え、倒

図41　露地栽培（収穫期）

図42　ハウス栽培

伏、葉折れを防ぐ。

施肥と中耕・土寄せ　草丈20cm程度になれば、条間に追肥を行ない、除草を兼ねて軽く中耕・土寄せをする。追肥の量は、窒素成分で10a当たり3kg程度とする。

その後、草丈50cm程度のころに葉色が薄いようであれば、さらに追肥（10a当たり窒素成分で1kg程度）を行なう。

温度調節　夏は、ハウスサイドや開口部の開放に加えて、寒冷紗など遮光資材を用いるなど、ハウス内気温の上昇抑止に努める。

(4) 収穫

収穫は、伝統的な栽培を除き、長さ60～80cmを目安にする（図41、42）。

収穫時の葉鞘径は、季節による用途の違いに対応し、夏は8mm、冬は15mmを目標にする。季節による太さの違いは、夏は薬味に、冬には鍋物に使われることが多いという、用途の違いに対応したものである。

収穫後は、根についた土を落とし、下葉や枯葉を取り除き、葉鞘部が白くきれいになるように皮をむく。ひげ根をなるべく除き、根部を洗浄して調製する。

露地栽培での定植から収穫までのおよその日数は、春まき夏どりで60～１００日、春まき秋冬どりで70～１５０日、夏まき冬どりで120～150日、秋まき春どりで１３０～１８０日になる。ハウス移植栽培では露地栽培より10～30日短くなる。

4 病害虫防除

(1) 基本になる防除方法

①病害虫の防除

問題になる病害にはべと病、黒斑病、さび病、害虫にはアザミウマ類、ネギハモグリバエ、ネダニ類、シロイチモジヨトウなどがある（表40）。

発病や食害で葉身部が被害にあうと著しく商品価値を落とすので、圃場をよく観察し、予防や早期防除を重点に行なう。

アザミウマ類やネギハモグリバエの場合、播種か定植の前に薬剤（粒剤）を土壌混和すれば、長期間の防除ができる。

②葉先枯れ症の対策

問題になる生理障害である葉先枯れ症は夏に多く、生育後期に葉身の先端部が褐色に枯

表40　病害虫防除の方法

	病害虫名	発生時期と特徴	防除法
病気	べと病	4～5月ごろ，15℃前後の気温で降雨が続くと発病が多くなる。葉と花梗に，長楕円形か紡錘形の大きな黄白色の病斑を形成した後，その上に白色のカビを生じ，しだいに暗緑色から暗紫色に変化する。病原菌は葉についたまま越冬し，伝染源になる	圃場の排水をよくし，健全な苗を定植する。発病株を早めに抜き取る
	黒斑病	5～11月ごろ発生し，梅雨期や秋雨期に多い。葉と花梗に，淡褐色で楕円形から紡錘形の長さ数㎜の小斑点を生ずる。後に褐色から暗褐色の病斑になり，さらに進むとその上に黒褐色の同心輪紋を生じ，すす状のカビを着生する。生育後期に草勢が衰えたり葉が損傷すると発生が多くなる	緩効性肥料を施用するなど，肥料切れしないように管理する。発生地では2～3年の輪作を行なう
	さび病	春と秋の比較的低温で多雨のときに発生が多い。葉と花梗の表面に，やや隆起した楕円形のかさぶた状の病斑を形成し，その中央が橙黄色になる。後に，病斑の中央が破れて黄赤色の胞子を飛散する	草勢が衰えると発生しやすいので，肥料切れに注意し，草勢を維持する。潜伏期間が約10日あるので，発病前から薬剤散布を行なう。発病株は伝染源になるので，廃棄する
害虫	アザミウマ類	吸汁によって被害部が点状から糸状に白くなる。ひどい場合には株全体が白っぽくなり，生育が衰える。夏に高温・乾燥が続くと発生が多い。とくに，雨よけ栽培では発生が多いので，注意する	定植時の薬剤の土壌混和により長期間の防除ができる。目合い0.8㎜の赤色防虫ネットを，ハウス栽培では開口部に展張することで，露地栽培では圃場周囲を囲むことで被害が軽減できる
	ネギハモグリバエ	幼虫が葉の組織内を食害し，短く細長い白斑をつくる。春～夏に発生が多く，5～6月に降雨が少ないと多発する。近年，B系統といわれる系統が広がりつつある。従来の系統（A系統）は1葉当たり数匹の幼虫しか寄生しなかったが，B系統は1葉当たり10匹以上が寄生する場合もあり，食害が広がると葉が白化症状を呈する	被害の進展が早いので，よく圃場を観察し，発見したら被害葉の処分と登録のある農薬を用いる。防除のポイントは，被害葉を処分し冬に耕うんする，夏に太陽熱消毒を行なう，定植時に薬剤の土壌混和を行なうなどである
	ネダニ類	春の地温上昇にともなって繁殖し，6～7月に最高密度になる	有機質に富む酸性砂土で発生しやすいので，石灰施用によって土壌酸度を矯正する。連作を避け，ウリ科，マメ科作物などと輪作を行なう
	シロイチモジヨトウ	5～11月に発生し，8月中旬～10月に被害が多い	発生期に播種床やハウス側面に防虫ネットを被覆する。卵塊と孵化初期の幼虫を捕殺する。大規模圃場では性フェロモンを利用した防除ができる

れ込む。土壌の石灰含量が少ないときや、pHが低く石灰の吸収が阻害されているときに発生しやすい。

土壌の石灰飽和度を60％以上、pHを6以上にすることを目標に、石灰質肥料を施用し、深耕による下層土の改良を行なう。

(2) 農薬を使わない工夫

①輪作

ヒガンバナ科以外のコマツナ、ミズナ、ホウレンソウ、キクナなどの葉菜類や、イネ科、ウリ科などとの輪作は、ネギの病害虫の発生を抑えることができる。

②マルチ

露地栽培では、主に雑草対策を目的に利用する。高温期の栽培では白を、低温期の栽培では黒を利用すると生育促進にもつながる。追肥ができないので、栽培期間に応じた肥効調節型肥料を利用する。

③太陽熱利用土壌消毒

ハウス栽培では、土壌病害と雑草対策を兼ねて行なう。

④紫外線カットフィルムの利用

ハウスの被覆資材として用いると、ネギハモグリバエやアザミウマ類の被害を軽減する効果が見られる。

⑤防虫ネットの設置

ハウス開口部に目合い0・8㎜の赤色防虫ネットを設置すると、ネギアザミウマの発生が抑えられ、ネギアザミウマが媒介するえそ条斑病の発生が低減できる。

天井も含めたハウス全面を被覆すれば、遮光により高温期の遮熱効果もある。

露地でも、赤色防虫ネットで、圃場周囲を1・5m程度の高さで囲うことで、ネギアザミウマの発生抑制が期待できる。

5 経営的特徴

九条系葉ネギの栽培では、多くの軟弱野菜と同様に、収穫・調製に最も多くの労働時間がかかる。ただし、軽量な野菜なのと、しゃがみ作業が少ないので、収穫作業自体は重労働ではない。

周年栽培がほぼ可能なので、多品目生産の経営では、労働力に合わせて収穫時期を選び、取り入れるとよい。

定植作業には10a当たり30時間以上と、収穫・調製に次いで多くの時間がかかる。そこで、セル成型苗を用いた機械移植栽培を導入している例がある。セルトレイを機械にセットするだけの全自動型と、トレイから苗を外して植付け用ポットに投げ込む、半自動型が開発されている。

（執筆：南村佐保）

表41　九条系葉ネギの経営指標（10a当たり）

	露地 播種床利用移植	ハウス セルトレイ育苗移植	ハウス 直播
収量（kg）	2,000	6,800	5,100
単価（円/kg）	560	660	660
粗収入（円）	1,120,000	4,488,000	3,366,000
経営費	647,000	2,952,140	1,859,830
種苗費	37,000	88,700	58,200
肥料費	44,800	134,400	112,000
農薬費	46,100	164,300	63,800
諸材料費	8,000	40,000	30,000
流通経費	207,600	777,240	582,930
減価償却費	113,500	497,900	414,100
雇用労賃	156,000	1,113,600	496,800
その他	34,000	136,000	102,000
農業所得（円）	473,000	1,535,860	1,506,170
所得割合（%）	42	34	45
労働時間（時間）	546	1,696	1,206
うち経営主	416	768	792

注）露地栽培（播種床育苗移植）は春まき夏どり1作の例を示した。ハウス（セルトレイ育苗）は年間4作，ハウス（直播）は年間3作とした

小ネギの栽培（周年栽培）

1　この栽培の特徴と導入

(1)　栽培の特徴と導入の注意点

①小ネギ栽培とは

葉ネギは葉身部、葉鞘部とも食される。小ネギはこの葉ネギの中で、草丈が50～60cm、葉鞘径が5㎜程度の大きさで収穫され、1.5葉程度（産地や時期で異なる）まで下葉が除去され、100g程度の束で袋詰めされる。

小ネギは、ハウスの土耕による、周年栽培が一般的である（図43参照）。他に、NFT耕などの水耕栽培や、露地（トンネル）栽培も取り組まれている。

②栽培の概要

小ネギは播種機で播種された後、65～130日程度で収穫される。年間にハウス当たり2～3回転程度作付けされる。1作当たりの収量は、10a当たり0.9t（夏出し）～2t（冬春出し）程度である。

また、1年を通して、下葉除去やネギを結束する調製作業に多くの労力を必要とし、雇用労力や調製機を活用した経営が広く行なわれている。

立地条件は、日照がよいことと、集中的に雨が降ってもハウス内が冠水しないことが望ましい。

③重要な生産計画の策定

小ネギ栽培の最大のポイントは、①生産計画の策定と、②時期に応じた栽培管理を徹底し、生育を揃え、1年を通して品質のよいネギを生産することである。

とくに、生産計画は重要で、周年定量出荷をめざすとか、単価が高い夏に確実に出荷するなど、個別の経営規模に応じて策定する。生産計画が十分でなく、収穫終了後に随時播種していくのでは、夏に出荷するネギが途切れてしまうなどの問題が出てくる。

生産計画では、播種日と播種面積を策定する。基本は、1年を通した生産計画を策定することで、周年安定的な出荷をめざす。

(2)　他の野菜・作物との組合せ方

生産を効率化して経営を安定させるために、周年生産の小ネギ専作が有利である。そのほか、最需要期で単価が高い夏出し作型のみを、冬春トマトや葉物野菜などの後作として組み合わせることもできる。

2　栽培のおさえどころ

(1)　どこで失敗しやすいか

①圃場全体の生育を揃える

圃場全体の生育を、均一に揃えることが大切である。部分的に生育不良や障害が発生すると、その作付けに支障があるだけでなく、肥料が部分的に集積し、それ以降の作付けにも悪影響をおよぼす。

基本対策として、施肥濃度を適正にすること、土壌水分を安定させるために播種前後に土壌深くまで灌水しておくこと、土壌水分を急変させるような灌水をしないこと、などが欠かせない。

図43　小ネギの栽培（周年栽培）　栽培暦例

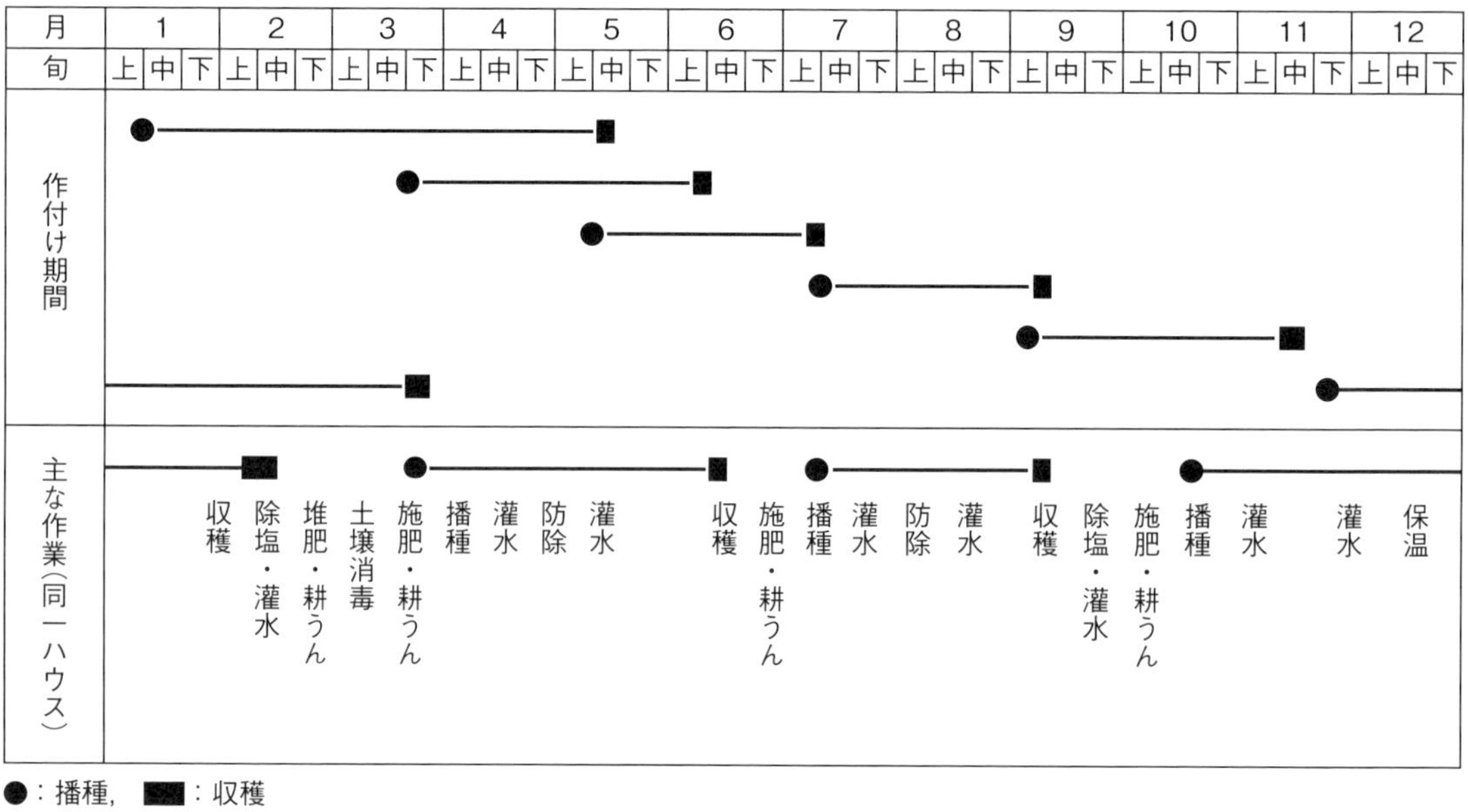

以下に、栽培時期別に失敗しやすい内容を紹介する。

②夏の失敗

夏は1年の中で生産が最も不安定である。

この要因は、①高温による出芽や生育のばらつき、②ネギハモグリバエやアザミウマ類などによる虫害と葉先枯れ症による規格外品の発生が多い、③重量が軽い、④台風被害、の4点である。

夏は、ハウスサイド付近より高温になるハウス中央部が生育不良になりやすく、ハウスを可能な限り換気する。

播種〜出芽期は、黒寒冷紗などの遮光資材をハウスに被覆したり床面に張って、地温を下げるとともに乾燥を防止することが、出芽を揃えるうえで有効である。

台風対策としては、補強型ハウスや耐候性ハウスなどの導入が有効である。

③梅雨期の失敗

梅雨期は土壌水分が高く推移しやすいため、軟弱な生育になり、葉折れや梅雨の晴れ間に倒伏が発生しやすい。

このため、生育中期ごろから灌水を控えるが、少なすぎても葉先枯れ症を誘発するため、天候に応じた灌水が重要である。

④春の失敗

春はネギの生育適温期で栽培しやすいが、「葉太り」と呼ばれる葉身径が太いネギになりやすく、太りにくい品種の選定や播種量不足に留意する。

また、「ラッキョ玉」と呼ばれる葉鞘基部が肥大し、調製作業がしにくいネギが発生しやすいので、適品種を選定するとともに極端な灌水制限をしないように留意する。

⑤冬の失敗

冬は低温のため出芽までに長い日数を要する。この対策は、ハウスを密閉し、床面に黒寒冷紗を張って保温し、出芽揃いをよくする。

灌水すると、土壌が乾きにくいため、灌水の間隔を長くする。土壌水分が多いと軟弱に生育するので、強い寒さによる葉折れや葉先の傷みが発生しやすい。

葉鞘部が長くなりやすいが、これは品種特性に大きく起因しているため、適品種の選定が大切である。
ハウスの閉め込みを継続し、軟弱に生育させると、凍害の発生を助長する。このため、適度な換気も必要であるが、冷気がネギに直接当たるサイド付近の生育が不良になりやすいため、ハウス内の地際部に風よけのフィルムを設置するとよい。

表42　時期別の課題と品種に求められる特性と品種例

基本特性

葉色濃，スタイル良，葉身硬，食味良

収穫時期別の特性

春期	葉太り少，春の葉先枯れ症少，葉鞘基部肥大なし
梅雨期	倒伏少，葉先枯れ症少
夏期	葉先枯れ症少，出芽安定，収量性高，苗立枯病少
初秋期	出芽安定
秋冬期	葉鞘短，冬の葉先枯れ症少
厳寒期	低温伸長性あり，寒さによる葉折れ少

収穫時期別の品種例

梅雨・夏・初秋期	ブラックスター，グリーンバーディーなど
秋冬・厳寒・春期	緑秀，冬彦など

(2) おいしく安全につくるためのポイント

品質は外観がよいこと、すなわち、葉色が濃い、葉身が細くスタイルがよい、葉折れがない、揃いがよい、虫害や葉先枯れがない、日持ちがよいものが好まれる。また、食味や香りは鮮度が落ちると低下する。

食味や香りの豊かなネギをつくるには、灌水が多すぎたり、蒸し込んだりして軟弱な生育をさせないこと、肥料過多による根傷みを起こさせないことが大切である。そのためには、保水、排水や通気に優れ、肥料バランスがよく、地力に富んだ土をつくることが大切である。

(3) 品種の選び方

品種に求められる特性を表42に示した。

品種は外観や食味など品質特性に加えて、耐暑性、耐寒性、低温伸長性、耐湿性など、環境条件に適応する栽培特性が異なる。栽培時期を中心に、個別の栽培条件（土壌条件、灌水管理など）、目標とする商品の姿を加味して、品種を使い分ける。

品種選定は、特性を十分に把握したうえで行なうことが大切である。栽培時期では、一般に夏用と冬用で品種が使い分けられ、冬用（低温伸長性があり、外観形質がよい特性を持つ）で、かつ耐暑性もある品種は周年用としても使用できる。

3 栽培の手順

(1) 畑の準備

①土つくり

小ネギ栽培は、土壌水分を制御できることが大切である。生育初期には十分な水が必要な一方で、後半には逆に灌水制限が必要になるからである。また、ネギは根に酸素を多く必要とする作物で、とくに高地温で根が傷みやすい。そのため、保水性がよく、かつ排水性や通気性もよい土が求められる。

そこで、まず小ネギつくりに適した圃場を選定し、次にハウス内の栽培床は高く土盛りし、排水が悪い圃場では暗渠を設置する。また、堆肥を施用して、土壌の腐植を増やして保肥力を高める、肥料成分を過剰集積させない、手で収穫できるくらいに土を膨軟にす

表43　小ネギの栽培（周年栽培）のポイント

	技術目標とポイント	技術内容
作付け準備	◎生産計画の策定	・個別の経営規模に応じ生産計画を策定する ・播種日と播種面積を決定する
	◎品種の選定，試し播き	・時期，個別の栽培条件（土壌条件，灌水管理など），目標とする商品の姿から品種を選定する ・新品種を採用する場合は試し播きを行ない，1m当たりの落下種子数（苗立ち本数）を確認する
圃場の準備	◎土壌消毒と排水対策	・除草対策を兼ねて，毎作か少なくとも年1回のダゾメット粒剤などによる土壌消毒を実施する ・ハウス内の栽培床は高く土盛りし，排水が悪い圃場では暗渠を設置する
	◎堆肥の施用	・堆肥などを施用する。過剰施用にならないよう留意する
	◎元肥の施用	・元肥を施用し，耕うん，整地，鎮圧する ・元肥は有機質肥料などを，窒素成分で1a当たり2～3kg施用する。カリ成分が蓄積している場合は，カリ成分が少ない肥料を使用する
播種方法	◎播種前後の灌水	・播種前後に十分量灌水する
	◎播種量	・播種機を利用し，条間15cm程度に条播きする ・播種量は3ℓ/10a程度が標準で，夏収穫では2.7ℓ/10a程度と播種量を1割程度少なくする
	◎播種後の被覆	
	・夏の遮光	・夏は，播種～出芽期に黒寒冷紗などの遮光資材をハウスに被覆したり床面に張って，地温を下げるとともに乾燥を防止する
	・冬の保温	・冬はハウスを密閉し，床面に黒寒冷紗を張って保温することで，出芽揃いをよくする
播種後の管理	◎生育初期（草丈20cmころまで）	・地表面が若干湿っている程度を保つようしっかり灌水し，生育を揃える ・春～夏の期間は，本葉展開～草丈10cmころまで土壌水分が多いと，苗立枯病が発生しやすいため灌水をやや控える
	◎生育中期（草丈20～40cmころ）	・灌水を徐々に制限していく
	◎生育後期	・灌水制限をする。生理活性を抑えてネギの流通性を高めるほか，葉色が濃くなる ・収穫時の土壌水分は品種や土壌条件で異なるが，深さ20cmのpF値で2.3前後が適正である
	◎病害虫防除	・虫害（ネギハモグリバエ，アザミウマ類）を中心に，定期的な薬剤防除と近紫外線カットフィルムや防虫ネットによる物理的防除を併用する ・害虫蛹の羽化防止を目的に，夏にハウス密閉＋床面フィルム被覆を行なう
収穫	◎収穫時間帯	・品温が低い早朝の時間帯に収穫する
	◎調製	・収穫後は1.5葉程度まで下葉を除去し，100g束などに結束する。結束したネギはフィルム包装し，発泡スチロールまたは段ボール容器で出荷する

注）本表は基本的なポイントであり，時期ごとに応用した管理が必要である

る、ことなどが土つくりの目標になる。

②施肥

土つくりのために、堆肥を施用する。木質の素材が多く含まれ、肥料成分が少ない、腐熟が進んだ堆肥を、毎年1a当たり300kg程度施用するとよい。

また、連作が重なると、カリなどの肥料成分が過剰に集積し、生育障害をまねくことが多くなる。そこで、土壌分析を定期的に実施しながら、堆肥や肥料を減らしたり、カリ成分の少ない肥料を利用するなど、過剰な集積を抑制する。

さらに、休閑期を設け、ハウスの被覆フィルムを除去して雨に当てたり、ソルゴーやトウモロコシなどを栽培して、除塩を行なう。

標準的な施肥例を表44に示した。

(2) 播種のやり方

元肥施用、耕うん、整地、鎮圧後に、播種機を利用し、条間15cm程度に条播きする。播種量は、10a当たり2・7～3ℓ程度が標準である。

播種量が少ない（播種密度が低い）と、しっかりした生育をするが、葉太り

したり、草丈が伸びずに揃いが悪くなる原因になる。量が多い（播種密度が高い）と、葉身は細くなるが、軟弱な生育になり倒伏などの原因になる。

一般的に、重量が軽く葉太りしにくい作型（夏収穫）では、10a当たり2・7ℓ程度と、播種量を1割程度少なくする。

種子の粒径は品種間差が大きく（15万～23万粒／ℓ）、とくに新品種を採用するときは試し播きを行ない、1m当たりの落下種子数（苗立ち本数）を確認することが大切である。苗立ち本数は夏出しで1m当たり110本程度、その他の時期で120本程度を目安にするとよい。

表44　施肥例　（単位：kg/a）

	肥料名	施肥量	成分量		
			窒素	リン酸	カリ
元肥	炭酸苦土石灰	10			
	有機配合	30	2.4	2.4	0.9
施肥成分量			2.4	2.4	0.9

注）作付け期間が長いなどで葉色が薄くなった場合は，化成肥料を窒素成分で0.4kg/a程度追肥する

図44　播種前の灌水（頭上灌水）

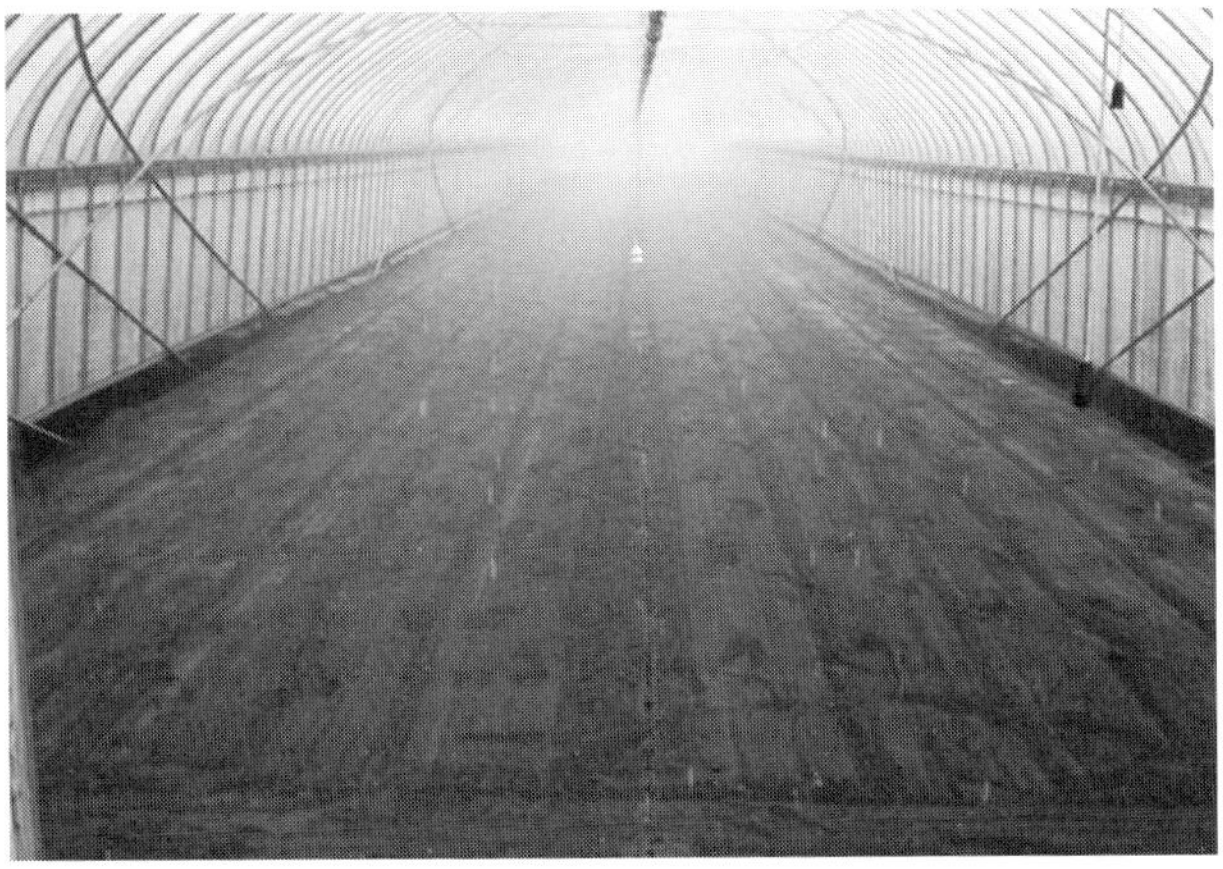

(3) 播種後の管理

① 温度管理

ネギの発芽適温は15～25℃である。小ネギ栽培では、冬～夏で播種深度付近の地温が3～40℃程度と大きく変化する。「2項(1)どこで失敗しやすいか」で述べたように、適温に近づけることが、出芽を揃えるために重要である。

② 灌水

播種前と播種直後の灌水　灌水は最も重要な作業で、生育を揃えるうえでも、品質にも大きく影響する。まず、播種前（前作収穫後）の灌水（図44）と播種直後の灌水を行なうが、できるだけ土壌深くまで浸透させる。この灌水によって地下部の土壌水分を安定させ、初期生育の揃いをよくするとともに、収穫時の葉先枯れ症の発生を軽減できる。

長時間の灌水をすると、ノズル式では浮き水ができて、表土が流れる圃場もあるが、その場合は吐出量の少ないチューブ式の灌水にするとよい。

生育初期の灌水　出芽後から本葉展開までは、小ネギが環境の変化に弱いので、灌水をやや控える。

その後、生育初期（草丈20cmころ）までは、地表面が若干湿っている程度を保つようしっかり灌水し、生育を揃える。

生育初期の葉鞘の太さのばらつきをなくすことが、収穫時の揃いをよくすることにつながる。

生育後期の灌水　生育後期は、収穫に向けて徐々に灌水を制限する。灌水の制限はネギの生理活性を抑え、流通性を高めるほか、葉色を濃くする。

収穫時の土壌水分は、品種や土壌条件で異なるが、深さ20cmのpF値で2・3前後が適正である。

栽培時期別灌水　栽培時期別では、春～夏

図45　収穫期の小ネギ

は、苗立枯病の発生を防止するため、本葉展葉期～草丈10㎝ころまでの灌水は控える。また、生育後期は少量多回数を心がけ、収穫間際まで灌水を継続することで、収量が多く、葉先枯れ症が発生しにくくなる。

秋～冬は、灌水過多によって、軟弱した生育になりやすい。また、急激な冷え込みによる凍害、葉折れなどが起こりやすいため、生育後期は間隔を開けて、収穫前は無灌水とする。

(4) 収穫

草丈が55㎝程度になったら収穫する。10本程度ずつ手でつかみ、引き抜く。

収穫後はネギの呼吸を抑え、鮮度を保つため、品温を低く保つことが重要である。そのため、品温が低い早朝に収穫し、調製するまでは予冷する。

調製は、根を短く切り揃え、下葉を1・5葉程度まで除去する。100g束などに結束し、フィルム包装し、発泡スチロールか段ボール容器で出荷する。

表45　主な害虫と主な農薬例

害虫名	農薬名
ネギハモグリバエ	ジノテフラン粒剤
アザミウマ類	ブロフラニリド水和剤
シロイチモジヨトウ	スピネトラム水和剤

4 病害虫防除

(1) 基本になる防除方法

ネギハモグリバエとアザミウマ類の2種の害虫が、病害虫被害の大部分を占め、葉身部が商品である小ネギの価値を著しく落とす。

とくに、ネギハモグリバエは卵や幼虫が葉身内部に存在するため、有効な農薬が少なく、甚大な被害をおよぼすことがある。

対策としては、播種時の農薬散布（粒剤）＋生育期の定期的な農薬散布、蛹の羽化防止を目的とした、夏期のハウスの密閉＋床面のフィルム被覆が有効である。

(2) 農薬を使わない工夫

近紫外線カットのハウス被覆フィルムや、0・6㎜目合い以下の防虫ネットは、ネギハモグリバエとアザミウマ類に高い侵入防止効果が認められている。

この物理的防除と合わせ、粘着トラップなどを用いて予察に努め、害虫初期発生段階に効果的な防除を行なう。

病害は比較的少ないが、高温期の苗立枯病

に対しては、本葉展葉期～草丈10㎝ころまで灌水を控えることで、低温期のボトリチス属菌による葉枯れ症は、ハウスの閉め込み状態を継続しすぎないことで予防できる。

5 経営的特徴

小ネギでは、調製作業に雇用労力や調製機を活用した経営が広く行なわれている。周年生産する場合の例として、10a当たり1年間の粗収益は、収量4tで392万円である。種子、肥料、ビニール代などの生産資材費、パイプハウスなどの償却費、調製作業の雇用労賃など、経営費を差し引いた所得は55万円になる（表46）。

（執筆：末吉孝行）

表46　小ネギの栽培（周年栽培）の経営指標

（10a当たり）

項目	
収量（kg）	4,000
単価（円/kg）	980
粗収益（千円）	3,920
所得（千円）	550
所得率（%）	14

リーキ

表1　リーキの作型，特徴と栽培のポイント

主な作型と適地

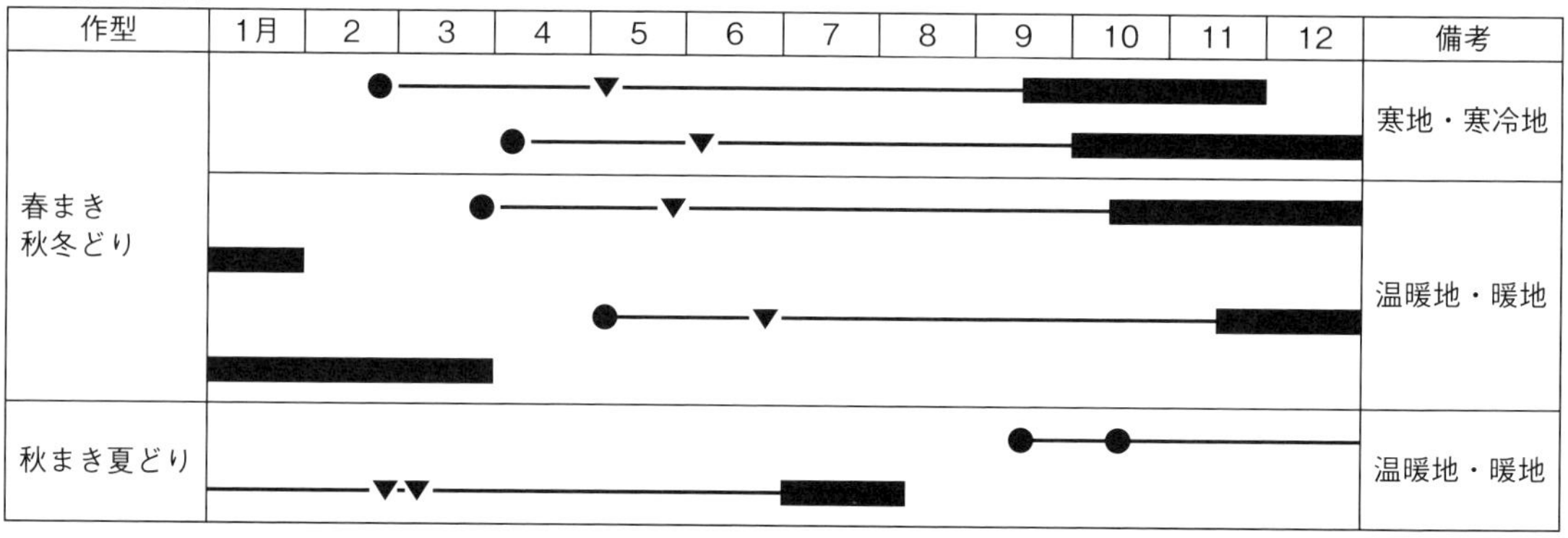

●：播種，▼：定植，■：収穫

特徴	名称	リーキ（ヒガンバナ科ネギ属）別名：西洋ネギ，ポロネギ，ポワロ
	原産地・来歴	原産地は地中海沿岸地域で，古代エジプト時代にすでに栽培された歴史の古い野菜である。日本には明治初期に導入された
	栄養・機能性成分	緑色の葉身部のカロテン含量が高いため緑黄色野菜。独特の臭気や辛味の成分はスルフィド類
	機能性・薬効など	スルフィド類には，抗血栓・ガン予防効果があり，ビタミン B_1 の吸収率を高めることでスタミナ強化や疲労回復効果が期待できる
生理・生態的特徴	発芽条件	発芽適温は15〜20℃で，10℃でも1週間程度で発芽するが，25℃を超えると発芽率が低下する
	温度への反応	生育適温は15〜20℃で，25℃以上で生育が抑制される。耐寒性は強く，気温がマイナス10℃でも耐える
	日照への反応	日照の豊富な条件が適するため，日当たりのよいところで栽培する
	土壌適応性	土壌適応性は広いが，有機質に富み，排水性・保水性がよい肥沃な土壌が適している。好適土壌pHは7.5〜8.0である
	開花習性	緑植物春化型で，一定の大きさになった株が低温に一定期間置かれると花芽分化し，その後高温・長日で花芽の発育・抽台が促進される
栽培のポイント	主な病害虫	病気：黒斑病，べと病，軟腐病，腐敗病が発生する 害虫：ネギアザミウマ，定植時にネキリムシ類の食害が見られる
	他の作物との組合せ	キャベツやブロッコリーなどの結球野菜，ホウレンソウなどの軟弱野菜と輪作が組める。タマネギやネギなどのヒガンバナ科作物と連作にならないようにする

この野菜の特徴と利用

(1) 野菜としての特徴と利用

リーキはヒガンバナ科ネギ属の主に葉鞘部を食用にする野菜である。原産地は地中海沿岸で、この地域に広く野生する *Allium. ampeloprasum* の変種である。その近縁種に無臭ニンニクまたはジャンボニンニク、エレファントガーリックとも呼ばれるグレートヘッドガーリックがある。栽培の歴史は古く、古代エジプト時代にすでに栽培され、古代ギリシャ・ローマ時代にはヨーロッパ各地で広く知られ、『聖書』にも記載されている。現在もヨーロッパでは、栽培の多い野菜の一つである。

日本には明治初期に導入されたが、ネギが広く栽培されていたことから普及しなかった。戦後、食の洋風化にともなってリーキの需要は増加したが、円高による輸入の増加や本場志向などの影響で国内生産は減少し、１９７６（昭和51）年度以降は東京都中央卸売市場の年報に掲載されなくなった。当時の全国の作付け面積は関東周辺を中心に30ha程度であった。一方、リーキは本格的な欧米料理には欠かせない野菜で、現在、年間３０００t程度の輸入があり、主な輸入国はベルギー、オランダ、オーストラリアである。

近年、レストランのシェフらの要望なども受け、生産者との直接取引や、西洋野菜を得意とする仲買業者との契約栽培、直売なども行なわれるようになり、まとまった面積の産地はないが、国内でも各地で生産が行なわれるようになっている。

リーキは、根深ネギの葉鞘部を太く短くした〝下仁田ネギ〟のような外観で、商品形態は軟白された葉鞘部、その上の黄緑色の葉鞘部、緑の葉身部がほぼ3分の1の割合で、葉身部のカロテン含量が高いため、緑黄色野菜に分類される。

独特の臭気や辛味の成分は、有機硫黄化合物のスルフィド類である。スルフィド類は、血液を固まりにくくする血栓予防効果、ガン予防効果のほか、ビタミンB_1の吸収率を高めるのでスタミナ強化や疲労回復効果が期待できる。

軟白した葉鞘部は、根深ネギより柔らかくて刺激臭が少ない。加熱調理をするとトロリとして強い甘味が出る。葉身と葉鞘部は、ポトフやポタージュスープ、グラタン、サラダなどに利用される。日本料理では、天ぷらや汁の実としても利用できる。葉鞘部をアルミホイルで包んでグリルで焼いてもよい。若どりした細いリーキはポワロー・ジェンヌと呼ばれ、柔らかく生食ができる。

(2) 生理的な特徴と適地

形状は根深ネギに似ているが、リーキの葉身は根深ネギに比べて長くて硬く、ネギが円筒形であるのに対してニンニクのように扁平でV字型にくぼみ、開度2分の1の互生で、左右に広がるように展開する。分げつはせず、土寄せをして葉鞘部を15cm以上軟白する。

発芽適温は15～20℃で、10℃でも1週間程度で発芽するが、25℃を超えると休眠して発芽率が低下する。

生育適温も15～20℃で、冷涼な気候を好み、耐暑性はネギより強いが、25℃以上で生育が抑制される。耐寒性は強く、気温がマイナス10℃に下がる寒冷地でも寒害はほとんど受けない。葉は約１００℃・日で1枚展開する。

花成は緑植物春化型で、一定の大きさになった株が低温に置かれると花芽分化し、その後高温・長日で花芽の発育・抽台が促進される。

土壌の適応性は広いが、湿害に弱いため、排水性・保水性のよい肥沃な土壌が適している。好適土壌pHは7.5～8である。

作型は、春まき秋冬どり栽培と秋まき夏どり栽培がある（表1）。

時期を選べば寒地や暖地でも栽培ができ、主な作型は春まき秋冬どり栽培である。

（執筆：川城英夫、鹿野　弘）

露地栽培

1 この作型の特徴と導入

(1) 作型の特徴と導入の注意点

リーキの露地栽培は、春まき秋冬どり栽培と秋まき夏どり栽培がある。春まき秋冬どり栽培がリーキの主要な作型である。春まきは全国的に栽培できるが、冬季積雪のある寒地・寒冷地では年内に収穫を終える秋どりとなり、温暖地・暖地では秋から翌年の3月まで収穫する秋冬どりができる。秋まき夏どり栽培は、冬季に積雪のない温暖地や暖地で可能な作型になる。

リーキは根深ネギのような形態で、しかも葉鞘部を軟白するため、栽培方法は根深ネギにほぼ準じる。このため根深ネギを作付けているところでは、施設や資材、機械を共用できる。

栽培期間が長く、春まき秋冬どり栽培では夏の高温・乾燥と台風などの気象災害を受けやすいため、保水性と排水性のよい圃場を選

図1　リーキの春まき秋冬どり栽培　栽培暦例

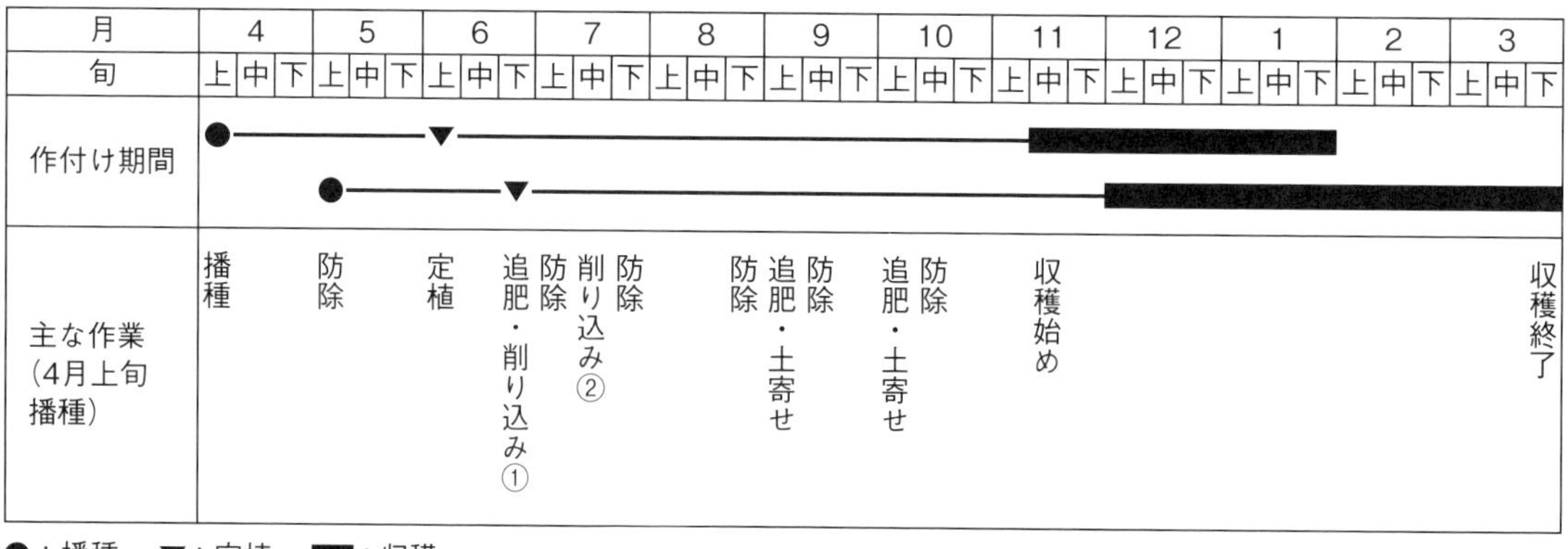

●：播種，▼：定植，■：収穫

ぶことが大切である。

春まきと秋まきは作期が異なるが、栽培法はほとんど変わらない。そこで、ここでは春まき秋冬どり栽培を前提に、栽培法を紹介する。

(2) 他の野菜・作物との組合せ方

キャベツやブロッコリーなどの結球野菜、ホウレンソウなどの軟弱野菜と輪作が組める。土つくりのために、ソルゴーやエンバクなどの緑肥作物を作付けてすき込むとよい。タマネギやネギなどのヒガンバナ科作物と連作にならないようにする。

2 栽培のおさえどころ

(1) どこで失敗しやすいか

リーキは比較的低温でも発芽するが、25℃を超えると種子が休眠して発芽不良になりやすい。播種期の気温に応じて適温を維持する管理をし、発芽を揃えることが大切である。

リーキの葉はニンニクのように扁平でV字型にくぼんでいる。このため、土寄せのときに土を強く跳ね上げると葉身のつけ根から葉鞘内部に土が入り、病気や商品価値の低下をまねく。葉鞘内部への土の入り込みを防ぐ土寄せが栽培のポイントである。

気温の高い8月に追肥・土寄せを行なうと、軟腐病が発生しやすいので注意する。

(2) おいしく安全につくるためのポイント

圃場の水はけが悪いと湿害を受けやすく、高温期の追肥や土寄せは軟腐病をまねきやすい。おいしく安全につくるためには、日当たりがよく、排水性と保水性のよい膨軟な土壌の圃場を選ぶ。健苗を育成して生育の揃った苗を適期に定植し、早く活着させる。追肥や土寄せは気温下降期から本格的に行なうようにする。軟白のための土寄せは、葉の間から葉鞘部に土が混入しないようにていねいに行なう。

(3) 品種の選び方

生育の早晩性や耐寒性、草姿、葉鞘の肥大・伸長性などの異なる品種がある（表2）。草姿は、土寄せの作業性や葉鞘内部への土の混入に影響し、立性のものは葉がウネ間に広がらないので作業性がよく、土の混入も少ない。年内に収穫を終える秋どりでは、葉鞘部の肥大が早い早生品種を使用する。冬どりの場合、耐寒性が強く、葉鞘部の肥大・伸長がゆるやかで、葉身が折れにくい品種が適する。

表2　主要品種の特性

品種名	販売元	早晩性	葉色	草姿	葉鞘部	
					長さ	太さ
メガトン	丸種	早生	濃緑	半立性	やや長	やや太
クリプトン	丸種	中早生	濃緑	半立性	中	太
ロングトン	丸種	中生	緑	立性	長	中
ポトフ・ルフレ	渡辺農事	中生	濃緑	半立性	長	太
ラリー	ベジョージャパン	早生	緑	立性	長	太
ガウディー	小林種苗	早生	濃緑	半立性	長	太

注）販売元のホームページなどから作成

葉鞘部の肥大がよい'メガトン'（丸種）、'クリプトン'（丸種）、葉鞘の伸びがよい'ロングトン'（丸種）や'ポトフ・ルフレ'（渡辺農事）などがある。

3 栽培の手順

(1) 育苗のやり方

温暖地・暖地の播種期は3～5月で、この期間に収穫時期に合わせて時期をずらしながら播種する。

育苗方法は、地床育苗とセル成型育苗がある。育苗日数は、地床育苗で80～90日、セル成型苗で50～60日である。地床育苗の方法は、根深ネギに準じて行なう。ここでは作業の省力化を図りやすいセル成型育苗（チェーンポットを含む）を紹介する。

育苗施設、資材、培養土は、ネギにほぼ準じる。セルトレイは128～200穴、チェーンポットは株間が10cmになるチェーンポットCP303-10（264穴）を使用する。10a当たり株数はおよそ1万本で、1割程度多めに育苗する。なお、チェーンポット

表3　春まき秋冬どり栽培のポイント

	技術目標とポイント	技術内容
育苗	◎健苗育成	
	・育苗方法	・セルトレイ，チェーンポット育苗，地床育苗がある ・セルトレイは128～200穴，チェーンポットは株間10cmのCP303-10を使用する ・肥料成分量の比較的多いネギ用の培養土を使用する ・1穴1粒播種する
	・播種後の灌水，保温	・播種後にたっぷり灌水する
	・発芽を揃える （以下，セルトレイ育苗，チェーンポット育苗）	
	・温度管理	・ハウス内で育苗し，発芽適温の15～20℃にに近づけるため低温時には小トンネルや保温マット，高温時には寒冷紗で遮光する
	・追肥	・発芽後1カ月ほどして葉色が淡くなってきたら追肥を行なう
	・病害虫防除	・育苗中，定植後の病害虫を防除するための殺菌・殺虫剤を散布・灌注する
	・剪葉	・機械定植する場合，葉先が垂れてきたら草丈10～15cmに刈り込む
	・育苗日数	・育苗日数50～60日，葉数3～4枚，葉鞘径3mm以上の揃った苗を目標とする
定植の準備と定植	◎本圃の選定と土つくり	
	・圃場の選定	・排水性と保水性のよい膨軟な土壌の圃場を選ぶ
	・土つくり	・定植の1カ月前に苦土石灰などを施用して土壌pH6.5以上に調整する
	・元肥施用	・定植の2～3日前に元肥を施用する
	・植え溝つくり	・ウネ間90～110cmで，深さ10cm程度，幅20～25cmの植え溝をつくる
	◎定植	
	・適期定植	・葉数3～4枚で根鉢が形成された苗を株間10cmで定植する ・手植えの場合，苗の大きさを揃え，ウネに対して葉の出る向きを45度の角度で植える ・植え付け後，株元に1～2cm覆土を行ない，株元をしっかり押して固定する
	・苗の乾燥に注意	・根を乾燥させないように注意し，揃った苗を定植する。植付け時の根の乾燥は，根深ネギより弱いのでとくに注意する
定植後の管理	◎追肥・土寄せ	・葉鞘の伸びを見ながら2回に分け，鍬などを用いて植え溝を埋め戻す ・高温期には追肥・土寄せを行なわない ・9月に入って気温が下がってきたら1カ月おきに2回追肥・土寄せを行なう
	・葉鞘内部に土を入れない	・土寄せをネギロータリーで行なう場合，葉鞘内部への土の混入を防止するため，土を飛ばしすぎないようにし，リーキと寄せた土の間に少し空間ができるよう土を寄せる
	・病害虫防除	・ネギに準じて病害虫の早朝発見・早期防除を行なう
収穫・調製	◎収穫・調製	
	・適期収穫	・葉鞘径3cm，葉鞘の軟白部15cm以上になったら収穫を開始する
	・調製	・外葉をむき，根切り，葉切りを行なって長さ45cmに切り揃える

苗を使用する場合、補植用をセルトレイで育苗しておくとよい。

水稲育苗箱にセルトレイを入れて培養土を詰め、播種穴をあけた後に1穴1粒播種して覆土を行なう。培養土は、ネギで使う緩効性肥料を混ぜた養分量の多いものを使用する。

ハウス内で育苗し、発芽適温に近づけるため低温期には小トンネルや保温マット、高温期には寒冷紗で遮光する。

低温期は苗箱を育苗床に直置きするが、気温が上がってきたらベンチ上やパイプ、角材の上に並べて地面から隔離すると根鉢が形成されやすく、定植後の活着がよい。

培養土の表面が乾いたら灌水し、育苗ハウス内の温度は20～25℃とし、30℃以上にならないように管理する。発芽後1カ月ほどして葉色が淡くなってきたら、液肥やマイクロロングトータル280などの微細粒肥料を施用する。

育苗中の病気を予防するため、殺菌剤を1～2回散布する。ネギアザミウマを防除するため、育苗後半から定植当日にベリマークSCを苗箱灌注してもよい。機械定植する場合、葉先が垂れてきたら草丈10～15cmに刈り込む。

育苗日数50～60日、葉数3～4枚、葉鞘径3mm以上を目標とする（図2）。

図2　リーキのセル成型苗（定植時）

(2) 畑の準備

酸性土壌では生育不良になるので、定植の1カ月前に苦土石灰などを施用して土壌pH6・5以上に調整する。定植の2～3日前に元肥を施用する。施肥量は追肥を含めて10a当たり3要素成分量で各25～30kgを目安とする（表4）。

次に植え溝をつくる。ウネ間は90～110cm、植え溝は深さ10cm程度とし、溝幅はチェーンポットの定植器「ひっぱりくん」が使えるように20～25cmとする（図3参照）。殺虫剤の苗箱処理を行なわない場合、定植前に植え溝に粒剤の殺虫剤を施用して混和する。

(3) 定植のやり方

定植の1時間以上前に、苗にたっぷり灌水しておく。

株間を10cmとし、溝の中央部に植え付ける。10a当たり栽植株数は9000～

表4　施肥例　（単位：kg/10a）

	肥料名	施用量	成分量		
			窒素	リン酸	カリ
元肥	堆肥	2,000			
	苦土石灰	150			
	BMようりん	50		10.0	
	CDUS555	50	7.5	7.5	7.5
追肥	燐硝安加里S604（1回目）	30	4.8	3.0	4.2
	燐硝安加里S604（2回目）	50	8.0	5.0	7.0
	燐硝安加里S604（3回目）	50	8.0	5.0	7.0
施肥成分量			28.3	30.5	25.7

図3　栽植様式と定植

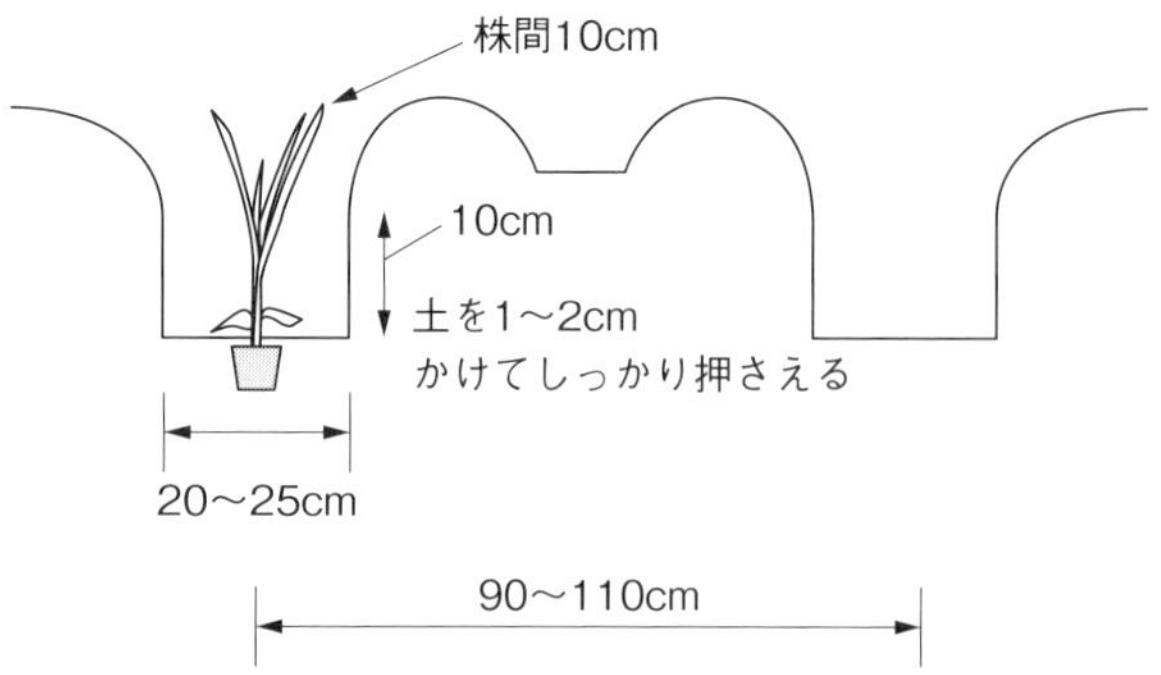

手植えの場合は，葉の向きを45°くらいにして定植する

図4　セル成型苗の定植

株間10cmで，手植えの場合は葉の向きをウネに対して45°に苗を植えて1～2cm覆土後，周りをしっかり押して根鉢と土を密着させる

1万1000株になる（図3）。

セル成型苗を手植えする場合は、苗の葉の出る向きをウネに対して45度くらいの角度に植えると生育がよく、その後の管理がしやすい（図4）。リーキの葉は交互に反対側に出て、大きく広がるので、葉が出る向きをウネに直角に植え付けると、受光態勢がよい反面、葉がウネ間に広がって土寄せのときに葉が邪魔になる。一方、葉の向きをウネと平行にすると、葉がウネ間に広がらないので土寄せはやりやすいが、隣の株と葉が重なる。これらの間をとってウネに対して45度くらいの角度に植えると隣の株と葉が重ならず、ウネ間にもそれほど葉が広がらないので、防除や土寄せ作業がやりやすい。

定植後、株元に1～2cm覆土をしてから、株元をしっかり押して株が倒れないように固定する。

簡易定植器「ひっぱりくんHP-16」を使用する場合、チェーンポット苗を定植器にセットし、先端のポットを割り箸などで固定して引っ張る。引っ張り終わったら、次のチェーンポットをホッチキスでつなぎ、これを繰り返す。1冊で約26m植えられる。

(4) 定植後の管理

軟白長は15cm以上あればよいので、根深ネギほど土を盛らなくてよい。植付け後、葉鞘の伸びを見ながら20～30日後を目安に、鍬などを用いて通路の土を葉の分岐部の下まで入れて埋め戻す。リーキは、ネギより葉鞘の伸長がゆるやかなので、時期をずらして2回に分けて埋め戻す（図5）。1回目の埋め戻しの前に、植え溝に追肥をする。

9月に入って気温が下がってきたら1カ月おきに2回追肥・土寄せを行なう（図6）。

リーキは、土寄せ時にV字型をした葉身の間から葉鞘内部に土が入りやすく、商品価値の低下をまねく。土の混入を避けるために鍬を使った手作業で土寄せをすることも行なわれる。ネギロータリーを使用する場合、リーキと寄せた土の間に少し空間ができるように土を寄せる。管理機のロータリーのカバーの上に肥料袋などをかぶせ、ロータリーカバーの隙間から土がもれて飛ばないようにする。仕

図5　削り込み（埋め戻し）

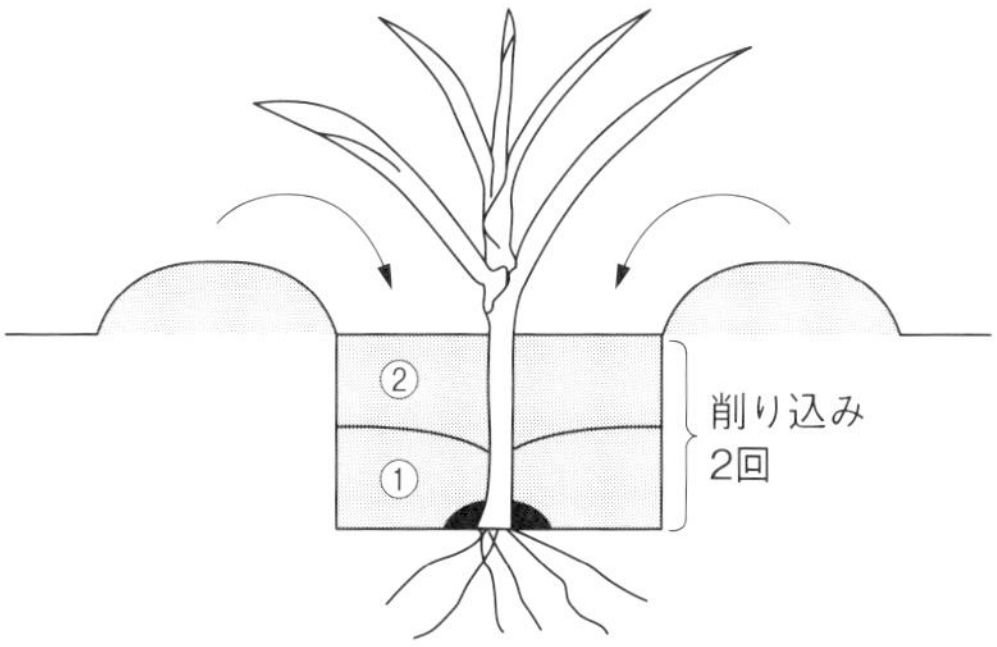

図6　土寄せのやり方

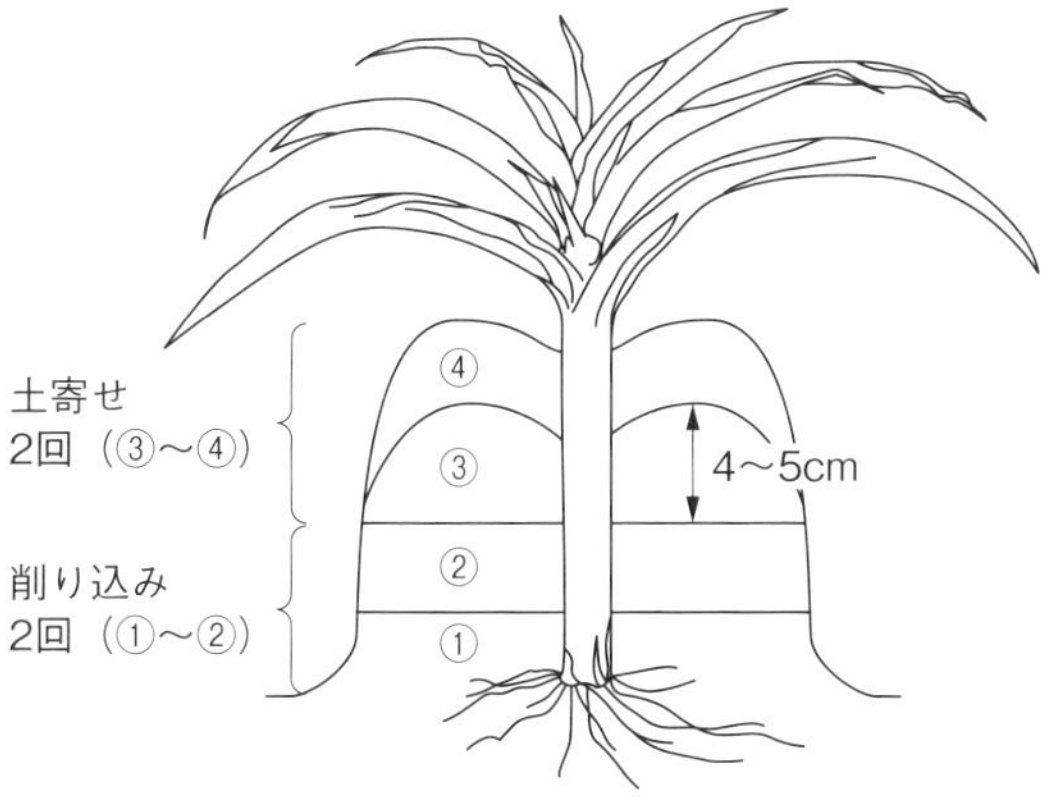

上げに鍬で株元に土を寄せることもある。

(5) 収穫

葉鞘径3cm以上、土寄せ後30～40日で葉鞘の軟白部15cm以上、できれば20cm、調製重が1本200～300gになったら収穫を開始する（図7）。盛り土が高くないので手で抜き取ることもできる。トラクターに根深ネギの掘取機を付けて収穫できる。ヘクタール規模の面積の栽培をするところでは、ハーベスタも利用されている。収穫後、外葉をむき、根切り、葉切りを行なって長さ45cmに切り揃える。調製後のリーキは、軟白部が15～20cm、その上の黄緑色の葉鞘部が10～15cm、緑の葉身を加えて45cmになる（図8参照）。

図7　収穫期のリーキ

注）写真提供：宮城県農業・園芸総合研究所

4 病害虫防除

(1) 基本になる防除方法

病害虫では、定植直後のネギキリムシ類、その後はネギコガ、ネギアザミウマ、夏の高温多湿時には細菌による軟腐病や腐敗病、気温

図8　収穫調製したリーキ

注）写真提供：宮城県農業・園芸総合研究所

下降期のヨトウムシ類などが発生するので、早期発見・早期防除に努める。

リーキは農薬取締法ではネギに含まれ、ネギに使える農薬を利用できる。ネギの適用農薬のほか、野菜類、鱗茎類、鱗茎類（葉物）に登録がある農薬を使えるので、ネギに準じて防除を行なうとよい。

(2) 農薬を使わない工夫

輪作や良質な堆肥の施用、圃場の排水性改善によって病害虫の発生要因を少なくすることが基本である。

栽培管理面では、高温期の窒素追肥や窒素過多、土寄せは軟腐病や腐敗病の発生を助長するので、肥培管理を適正に行なうことが発病抑制につながる。

5 経営的特徴

リーキは根深ネギに準じて栽培できるため、根深ネギを生産している場合は使用する施設、機械、資材がほぼ共通で、労働時間も大差なく、生産コストはほぼ同等である。葉鞘径3cm以上で調製後の収量で10a当たり2～3tを目標とする。販売価格は販売方法、取引先で大きく異なるが、1kg当たり400円とした場合、10a当たり粗収入は80万～120万円になる。

インターネットによる販売も見られるが、洋食レストランや直売所、西洋野菜を取り扱う仲買業者を対象に顧客を確保し、契約出荷に結びつけられれば、競合する相手や産地が少ないので有利な販売ができる。

（執筆：川城英夫、鹿野　弘）

ワケギ

表1　ワケギの作型，特徴と栽培のポイント

主な作型と適地

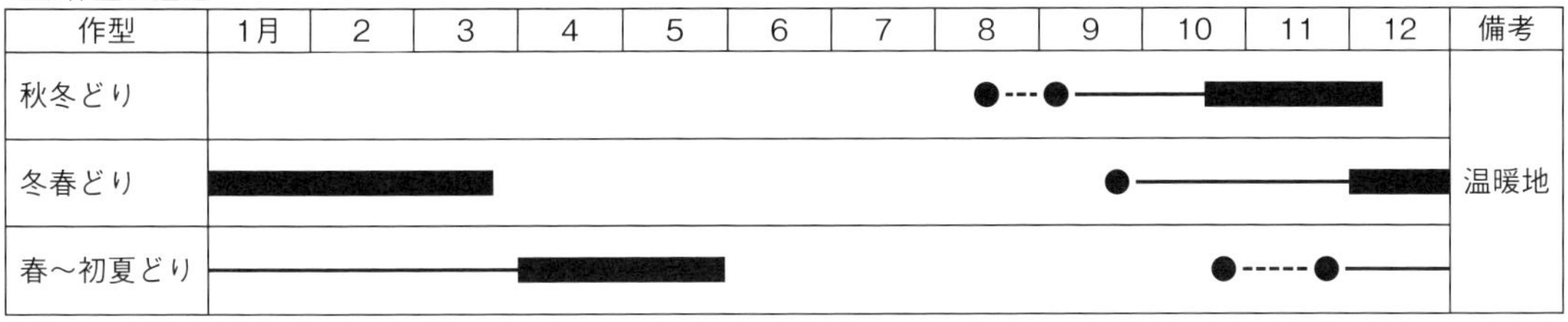

●：植付け，▬：収穫

特徴	名称	ワケギ（ヒガンバナ科ネギ属）
	原産地・来歴	諸説あり
	栄養・機能性成分など	栄養素的には葉ネギと同等で，β-カロテンやビタミンC，ビタミンKを多く含む
	機能性	ネギ類に含まれる硫化アリルが，食欲増進，ビタミンB_1の吸収・活性化を促すとされる
生理・生態的特徴	発芽条件	乾燥に弱く，発芽には十分な水分が必要
	温度への反応	生育適温は15～20℃で，10℃を下回ると生育不良，5℃以下で生育が停止する
	日照への反応	十分な日照時間が確保できる圃場を選定する。条件が悪い圃場では軟弱徒長し，倒伏や病害発生が懸念される
	土壌適応性	好適土壌pHは6.0～7.0で，酸性土壌に弱いので，石灰質資材の投入を行なう
栽培のポイント	主な病害虫	病気：べと病，黒斑病，さび病 害虫：アザミウマ類，ハモグリバエ類，ネギコガ，シロイチモジヨトウ
	他の作物との組合せ	夏（6～8月）が作付けのない時期になるため，夏秋野菜との組合せが可能である

この野菜の特徴と利用

(1) 野菜としての特徴と利用

①ワケギの特徴と栽培

ワケギは、野生種は不明であるが、古くは中国から渡来したものとされ、主に関西から西に栽培が多い。漢字で「分葱」と表記されるとおり、分げつが非常に多い。

地下部は、収穫期になるとりん茎を形成する。ネギよりも辛味が穏やかで、甘味が強い。関東地域で主に生産されている「ワケネギ」は、ワケギとは別種で、青ネギの仲間である。

温暖な気候を好み、耐暑性、耐寒性は劣るが、秋～初夏にかけての野菜として需要がある。

現在の国内生産は、西日本～九州、とくに広島県での生産が最も多く、２０１８年度は生産量４３９ｔと、全国の53％を占めている。

②栄養分と利用

一般のネギ類と比較すると、ネギ類独特の香りは穏やかで、加熱すると柔らかくなるため、食味は良好である。

栄養分としては、β-カロテンなどを多く含む。

調理方法は、「ぬた和え」と呼ばれる、ゆでたワケギを酢味噌で和えるのが一般的である。いろいろな具材に小麦粉をつけて焼いた、「ジョン」と呼ばれる韓国料理がある。その具材にネギ類を使用した「パジョン」というのがあり、それにワケギが使用される場合があり、ワケギを使うと柔らかく食味がよい。

③品種

品種は、地方ごとに在来系統が多い。耐寒性のある冬出し品種（早生系統）と、耐寒性はあまりなく、厳寒期に葉枯れを起こし、春先に伸びた葉を収穫する品種（晩生系統）に分かれる。

同じ系統であっても、りん球の大きさ、外皮色、内皮色が異なる場合がある。

(2) 生理的な特徴と適地

生育適温は15～20℃で、10℃以下になると生育が悪くなり、５℃以下では生育が停止する。夏秋どりは、平坦地より山間の冷涼地が適する。生産は主に冬温暖な西南暖地に集まっている。

耐寒性は低く、冬は地上部がわい化し、生育が停止する。

土性は、砂土～砂壌土が適する。排水がよく、腐植に富み、保水性があり、通気性のよい土壌での栽培が望まれる。

最適pHは６～７で、酸性の強い土壌は不適なので、注意を要する。

（執筆：友田正英）

ワケギの栽培

1 この作型の特徴と導入

(1) 作型の特徴と導入の注意点

①秋冬どり栽培

この作型は、8～9月上旬の高温期に植え付け、10月中旬～12月にかけて収穫するので、生育初期に台風などの風水害を受けやすい。しかし、比較的生育期間が短いことと、年末～正月需要に合わせた出荷が可能なことから、作型として重要である。

高温期の栽培であるため、葉色はやや薄くなるので、乾燥や肥料切れなどに注意が必要である。

また、葉を食害する害虫も多く発生するため、定期的に防除を行なうことが必要である。

②冬春どり栽培

この作型は、気温が低下する9月下旬ころの植付けであり、最も生育が良好で、秋冬どりに続いて収穫する。春先の最需要期での出荷であり、植付けも多い。

冬の生育になるため、温暖な地域での栽培が必要条件になる。

③春～初夏どり栽培

この作型は、秋冬どりを収穫した後に植え付けるので、畑の有効活用が可能になる。

注意点としては、降雨などにより土壌中の肥料分が流亡しているので、元肥の施用を確実に行なうとともに、その後の肥料切れにも注意する。

また、収穫期は気温の上昇期にあたるので、病害虫防除を早めに行なっていくことが必要である。

(2) 他の野菜・作物との組合せ方

基本的に、6～8月を除き、周年で各作型を組み合わせて栽培することで、秋～翌年5月の初夏まで出荷を行なう。

他の野菜と組み合わせる場合、とくに冬春どりワケギ栽培と組み合わせるときは、夏秋

図1　ワケギの栽培　栽培暦

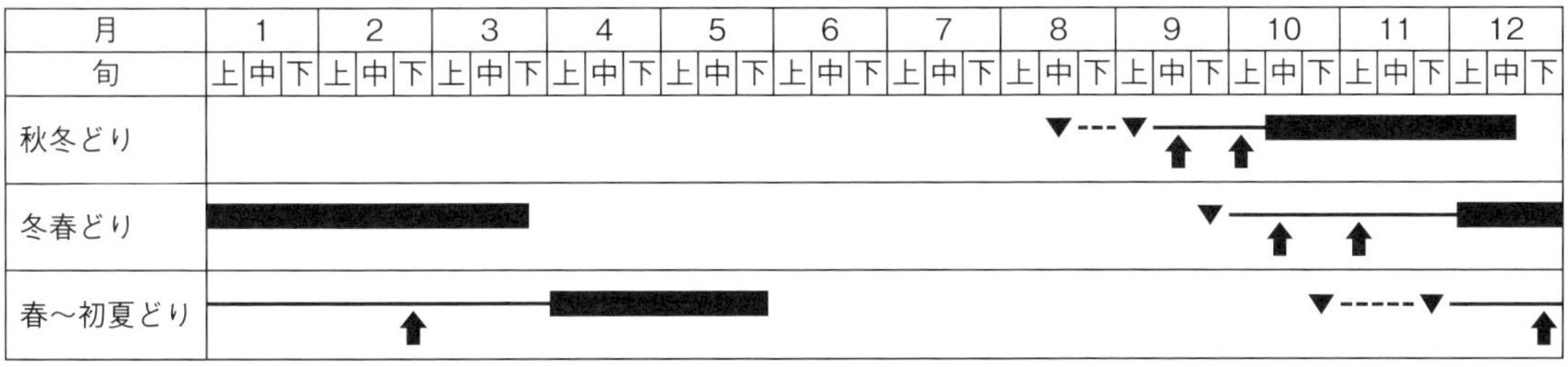

▼：植付け，⬆：追肥・土寄せ，▬：収穫

図2　栽培の様子

どり野菜の収穫終了が9月中旬ころと短くなることと、夏秋どり野菜の収穫・調製とワケギの植付けが重なることで、労力的に厳しくなるので注意が必要である。

また、周年でワケギ栽培を行なう場合、連作障害は比較的出にくいが、病害が多発した圃場は、後作のワケギ栽培で同じ病害が発生する可能性があり、とくに、秋冬どりの後作になる春～初夏どりの作付けは、病害発生に注意する必要がある。

2 栽培のおさえどころ

(1) どこで失敗しやすいか

①秋冬どり栽培

8月から植付けを開始するが、早すぎる植付けは芽立ちが不揃いになりやすいので、中旬ころから開始する。

植付け後の乾燥に注意するとともに、大雨後に停滞水しないよう、しっかり排水対策をしておくことが必要である。

生育中期までは高温期なので、葉を食害する害虫が多く、幼葉が被害を受けるとその後の生育への影響が大きいので注意する。病害については、気温の低下する10月下旬ころからべと病などが発生しやすくなるので、10月に予防的な薬剤散布が必要である。

②春～初夏どり栽培

生育期は病害虫が比較的少ないが、収穫期前から収穫期は気温の上昇期にあたるため、病害虫の発生に注意する。とくに、収穫中に害虫などに食害されると、商品価値が低下するので、早めの防除対策が必要となる。

(2) おいしく安全につくるためのポイント

①有機物の施用と排水対策

ワケギはもともと葉が柔らかく、食味は一般のネギ類と比較すると良好である。しかし、土壌条件のよくない圃場（排水不良、低腐植地など）で栽培すると、食味は低下しやすい。

このため、圃場には、定期的に堆肥などの有機物の施用が必要である。有機物を施用することで、肥料分の保持能力が高まり、施肥された肥料の効果が持続する。

また、排水対策をしっかりと行なうことで、根張りがよくなり、病害虫への抵抗性も高まると考えられる。

②適正な施肥量

施肥量が少ないと生育不良になり、過剰な施肥は葉色が薄くなるとともに、徒長、倒伏の原因になるので注意する。さらに、病害も発生しやすくなるため、適正な施肥量が求められる。

③適期収穫

収穫適期を過ぎると、葉鞘基部がラッキョウのように肥大し、商品価値を落とすので、気温上昇期では収穫が遅れないように注意する。

(3) 品種の選び方

品種は、基本的に在来種であり、各地域で系統選抜されて現在にいたっている。

大きく分けて早生種と晩生種があり、年内～年明けの収穫は早生種、春～初夏どりは晩生種を用いる。

早生種は分げつが多く、低温伸長性もあるが、倒伏がやや早い。これに対して晩生種は、分げつがやや少なく低温伸長性も劣るが、倒伏は比較的遅いのが特徴である。

代表的な品種には、早生種が〝木原早生〟、晩生種は〝木原晩生1号〟がある（表2）。

3 栽培の手順

(1) 種球の準備

5月上中旬の、春～初夏どりで収穫した一部を、次作の種球として利用する。

種球は、好天時に半日～1日ほど陽光に当てると、外皮がはがれやすくなるので、手で

表2　主要品種の特性

品種名	特性
木原早生	球の外皮は黄褐色で，内皮色は白い。耐寒性が強く，主に秋冬どり栽培に利用される
木原晩生1号	球が大きく，丸く，外皮は赤褐色である。耐寒性はやや弱いが，耐倒伏性があるので，冬～初夏どり栽培で利用される

表3　秋冬どり栽培のポイント

	技術目標とポイント	栽培のポイント
植付け準備	◎圃場の選定	・ワケギの栽培には，排水のよい圃場を選ぶことが必要（滞水は，生育不良を起こしやすい） ・排水の状況によって，ウネの高さを変える。排水良好な圃場は平ウネでも可
	◎土つくり	・排水のよい圃場は，肥料保持能力が低い場合が多いので（砂質土壌など），毎年2t/10aの堆肥投入が必要
	◎元肥の施用	・元肥は，植付けの1週間～10日前に施用する。あまり早く投入すると降雨で肥料が流亡し，初期生育に影響する場合がある
植付け	◎種球の準備と選別	・5月に収穫した一部を次作の種球として利用するが，好天時に半日～1日陽光に当てると外皮がはがれやすくなる。はがすとき，小球は2～3個結合したままで，大球は1個で発根部が同じ程度つくよう分割する ・褐変したりスポンジ状のものは除外する
	◎植付けの深さ	・植付けは，球の高さの4分の1が土の上に出るようにする
	◎灌水	・高温期での植付けになるので，適度に降雨がある場合を除き，手灌水が必要である ・排水のよい圃場では，土に適度な湿度がある状態が続くほうが生育は良好になる
植付け後の管理	◎追肥・土寄せ ・追肥	・追肥は，生育期間中2回程度行なう。しかし，秋雨の時期には，長雨で肥料切れが発生する場合があるので，葉色が薄くなってきたときは，別途，追肥が必要になる
	・土寄せ	・追肥後に軽く株元を土寄せする。あまり厚く土寄せすると株元からの病害発生の要因となるので注意する
	◎病害虫防除	・生育期間を通して高温期にあたるので，害虫の発生が多くなる。定期的に圃場を観察し，早めの防除に努める ・ワケギは葉が柔らかく，秋雨の時期からべと病の発生が多くなるので，秋雨前の予防的な防除が必要である
収穫	◎適期収穫	・生育期間中に肥料切れが発生すると，葉鞘基部がラッキョウのように肥大しやすくなる。また，収穫適期を過ぎると同じく葉鞘基部が肥大するので，生育状況を観察し，収穫適期を逃さないようにする

もんで外皮をはがす。そのとき、小球は2～3個ずつ結合させ、大球は1個ずつにするが、発根部が平等につくように分割する。

また、種球は褐変していたり、スポンジ状のものは除外する。

(2) 畑の準備

畑は、排水が不良の粘土質土壌では高ウネとし、排水が良好な砂質土壌では低ウネ、あるいは平ウネでも栽培は可能である。

土壌改良として、10a当たり完熟堆肥2t、苦土石灰100kg施用する（表4）。

(3) 植付けのやり方

植付け1週間～10日前に、元肥として、窒素、リン酸、カリを、それぞれ成分量で10a当たり10～15kg程度施用しておく（表4参照）。

栽植密度は、図3のように、ウネ幅120～140cmに株間12～15cmで7球植えにし、条間20～30cmとることを基本にする。栽培期間が短い秋冬どり作型は、分げつが少なくなるため、条間20cm、株間12cmと、多めに植え付けることが必要である。

表4　施肥例　（単位：kg/10a）

	肥料名	施用量	成分量		
			窒素	リン酸	カリ
元肥[注1)]	牛糞堆肥	2,000			
	苦土石灰	100			
	ホウ素入り苦土硫加燐安250	100	12	15	10
追肥[注2)]	NK 化成2号　（第1回）	20	3.2	3.2	3.2
	（第2回）	20	3.2	3.2	3.2
施肥成分量			18.4	21.4	18.4

注1）元肥のうち牛糞堆肥と苦土石灰は，植付けの2週間前までに施用し，土壌混和しておく

注2）追肥は，1回目を植付けの2～3週間後，2回目をその2週間後に施用する

図3　ウネ幅と株間，条間

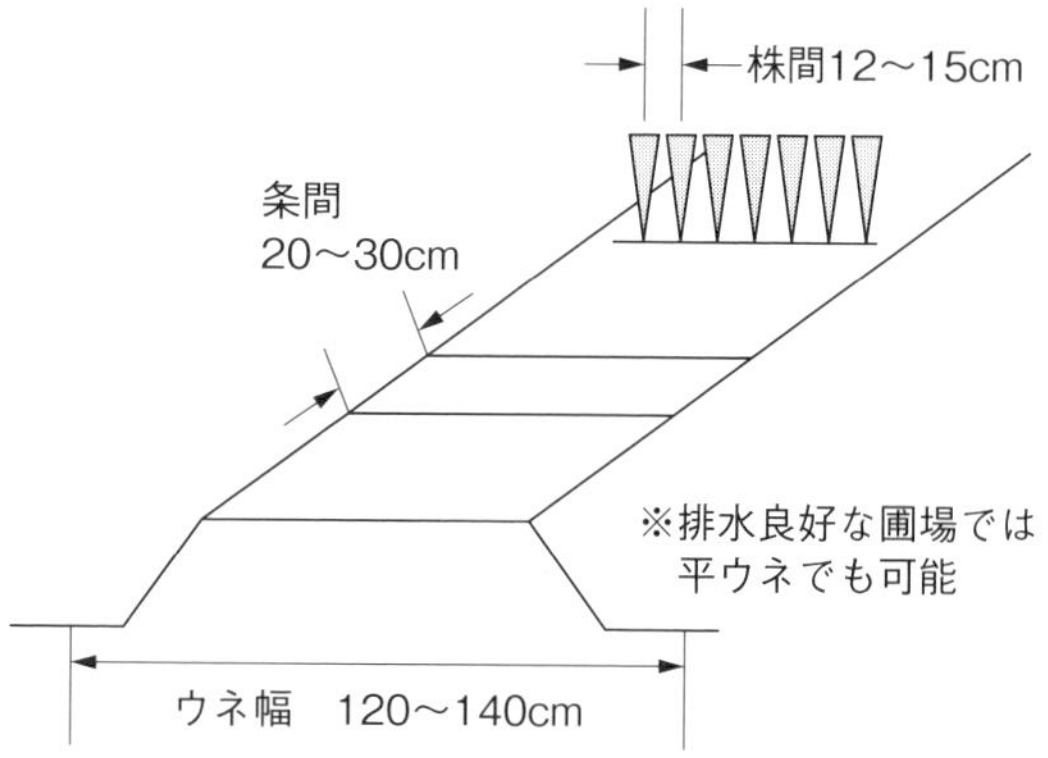

図4　収穫されたワケギ

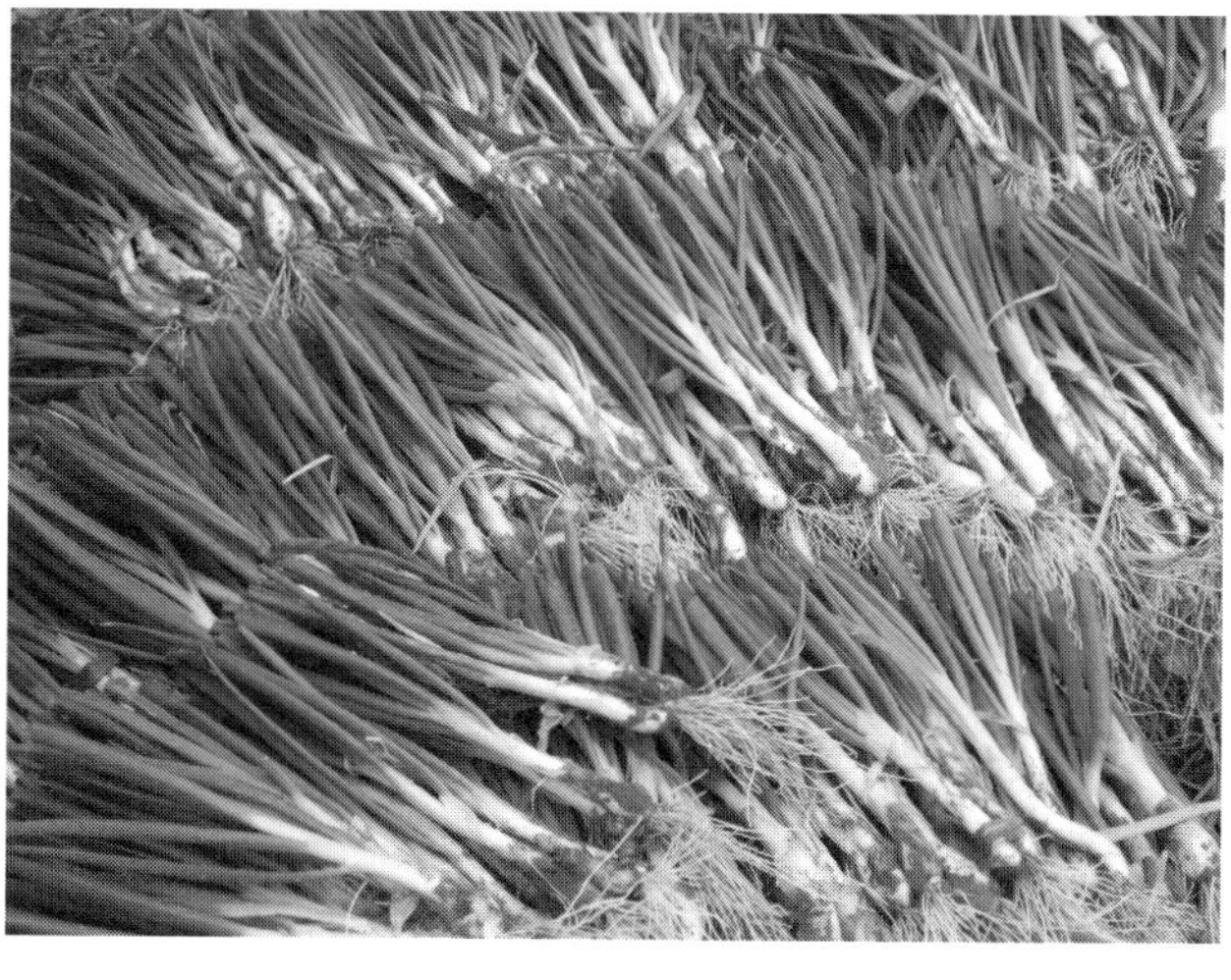

表5　病害虫防除の方法

	病害虫名	防除法	主な農薬
病気	べと病	・気温15℃前後で，春と秋に降雨が続くと，葉の表面に白いカビ（胞子）を生じ，その後，黄変して枯れる。白いカビは，降雨などにより周囲に飛散し，二次感染の原因になる。二次感染した株は，紡錘形黄白色の大型病斑をつくる ・発生の多い圃場には連作をしないこと，あわせて初期防除を徹底する	アミスター20フロアブル，ランマンフロアブル，ダコニール1000
	黒斑病	・秋雨時に多く発生し，肥料過多や，生育不良時に発生しやすい。始めは，白色の小斑点を生じ，その後，薄紫色の楕円形病斑を形成する。病状が進行すると，大型病斑になり，色が濃くなる。さらにすす状のカビを生じて，同心円の輪紋状となる ・多湿条件で発生しやすいため，圃場の排水をよくすることと，密植を避けることが必要である。発病した茎葉は，感染源になるので圃場外に持ち出し処分する。発病初期からの定期的な防除が必要である	アミスター20フロアブル，ダコニール1000
	さび病	・主に葉に発生し，中央が橙色で周囲が黄白色の小斑点を生じる。発生の適温は15～20℃で，雨の多い高湿度時に発生しやすい。夏と冬に発生が一時的に終息する ・発生した茎葉は圃場外に持ち出して処分する。早めの防除が必要	アミスター20フロアブル，ダコニール1000
害虫	アザミウマ類	・成虫や幼虫が，葉の表面をなめるように加害する。食害痕は，かすり状の白斑になり，全体に発生すると葉全体が白化して枯死する。ネギ類では，ネギアザミウマの発生が最も大きい。西南暖地では，3月ころから増加し，初冬前まで活動する ・登録薬剤での防除とあわせて，寄主になる圃場周囲の雑草防除や残渣の処分などの耕種的防除が必要である	スタークル顆粒水溶剤，スピノエース顆粒水和剤
	ハモグリバエ類	・ハモグリバエ類の中でも，ネギハモグリバエが最も多い。雌成虫が，葉肉内部に卵を産みつける。幼虫は葉の内部を食害し，白い不規則な線状の食害痕を発生させる。成熟した幼虫は，葉から飛び出して，地表面や土中で蛹になる。春と秋に発生が多い。 ・生育初期に加害されると葉の奇形や生育不良を生じやすいので，早期発見と防除が必要である。植付け時や土寄せ時の粒剤施用も有効である	スタークル顆粒水溶剤
	ネギコガ	・幼虫が葉の内側から食害し，白い点状あるいは線状の食害痕をつくる。ひどくなると穴があく場合がある。周年発生するが，春と秋がとくに多く発生する ・他の害虫の防除によって発生が抑えられる場合もあるが，早期発見と防除が必要である	アグロスリン乳剤
	シロイチモジヨトウ	・幼虫が葉を食害するが，孵化直後は，集団で葉身内に侵入し，表皮を残して葉肉を食害する。老齢幼虫になると分散し，葉に穴をあけて加害するようになる。成虫は春～秋にかけて発生し，とくに8月以降は発生数が多くなる ・圃場をよく観察し，卵塊や孵化直後の若齢幼虫の早期発見，早期防除が必要である	アグロスリン乳剤，スピノエース顆粒水和剤，マッチ乳剤

注）農薬は2023年12月6日現在の登録のもの。使用にあたっては，ラベルに記載されている使用基準を遵守すること

植付けの深さは、種球の高さの4分の1を、土の上に出すことが必要である。ただし、春どり作型は、防寒対策として、葉先が見える程度に深植えする。

(4) 植付け後の管理

8～9月の植付け時は、夏の高温乾燥期なので、適度に降雨のある場合を除き、手灌水が必要になる。灌水することで発根を促し、早期の活着を図ることができる。

1回目の追肥は、草丈が15～20cmのころに行なう。追肥が遅れると、葉色が落ちるとともに、病害の発生が多くなるので注意する。2回目の追肥は、1回目の約3週間後に実施する。1回の施用量は、窒素、リン酸、カリ、それぞれ成分で10a当たり3kg程度である。

あわせて、追肥のときに中耕・土寄せを行ない、生育促進と倒伏防止対策とする。

(5) 収穫

草丈が30～40cmになったら収穫を行なう（図4）。収穫が早すぎると、分げつが少なく収量が上がらない。また、収穫適期を過ぎると、葉鞘基部がラッキョウのように肥大して、商品価値を落とすため注意する。

抜き取った株は、古葉、枯葉を除去し、株元を水洗後しっかり水切りをした後、結束して箱詰め出荷する。

4 病害虫防除

(1) 基本になる防除方法

べと病　ワケギはネギ類の中でも柔らかい部類に入るため、べと病には弱い。秋冬どり、冬春どり作型については、年内収穫の直前に発生する場合があるので、9月下旬から予防的な防除を開始する。また、春～初夏どり作型については、2月中旬ころから予防散布を開始する。

さらに罹病した株については、早めに取り除くとともに、圃場に放置しておくと二次感染源になるので、必ず圃場外に持ち出して処分する。

虫害　ネギ類に一般に発生する害虫、とくにアザミウマ類（ネギアザミウマ）、ネギハモグリバエ、ネギコガ、シロイチモジヨトウの発生が多い。秋～初冬にかけて高温傾向で乾燥が続くと発生しやすいので、定期的に圃場を確認し、被害株を確認したら早めに防除を実施する。

(2) 農薬を使わない工夫

ワケギは、シロイチモジヨトウによる被害が発生すると、大きく食害されるため、野菜類に登録のある微生物農薬の使用が有効である。

ただし、老齢幼虫には効果が低下しやすいので、孵化直後の若齢幼虫時に防除を実施する。

表6　ワケギ栽培の経営指標（冬春どり）

項目	
生産量（kg/10a）	2,600
単価（円/kg）	381.9
粗収入（円/10a）	992,940
経営費合計（円/10a）	465,736
肥料農薬費	38,068
動力光熱費	29,640
小農具費	2,100
修繕費	2,163
減価償却費	216,311
雑費	11,031
販売経費	
出荷資材費	95,260
販売手数料	33,095
租税公課	38,068
所得（円/10a）	527,204
所得率（%）	53
労働時間（時間/10a）	520

5 経営的特徴

それぞれの作型で収益性は異なるが、収量、単価、需要を考えると、秋冬どり、冬春どりが安定していると考えられる。

栽培面積は、家族労働力2名で、夏の他品目との組合せで30～40aが目安になる。広島県では周年でワケギを生産しており、1haを超える作付けを行なっている産地もある。

労働時間的には、収穫、調製・出荷が40%強を占める。とくに洗浄、皮むき、箱詰めが大きい。

（執筆：友田正英）

ニンニク

表1　ニンニクの作型，特徴と栽培のポイント

主な作型と適地

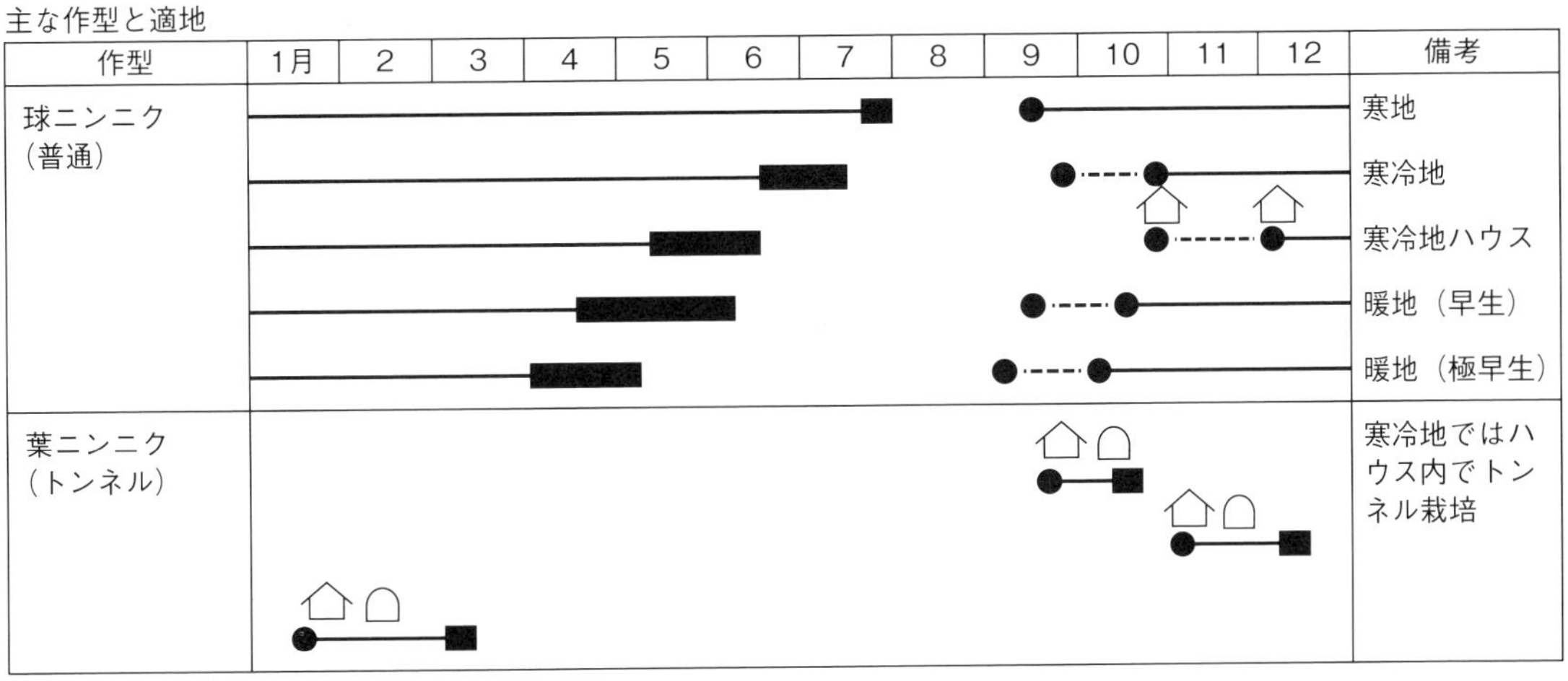

●：植付け，⌂：ハウス，∩：トンネル，■：収穫

特徴	名称	ニンニク（ヒガンバナ科ネギ属）
	原産地・来歴	・原産地は中央アジアで，中国を経由して日本へ渡来したと考えられている ・『古事記』『本草和名』などに中国名の「大蒜」（日本語の読み：オオヒル）の記載があるとされる
	栄養・機能性成分	・球ニンニクの栄養成分：炭水化物24％，タンパク質4％，脂質0.5％，食物繊維6％，ミネラル（カリウム510μg，リン160μg，マグネシウム24mgほか），ビタミン（C：12mg，E：0.5mg，B_1：0.19mg，B_2：0.07mg，ナイアシン：1.8mg，B_6：1.53mg，葉酸93μg，パントテン酸：0.55mg，ビオチン：2.0μg） ・機能性成分はアリイン，アリシン，スコルニジンを中心とした含硫化合物 ・生で組織が損傷すると，無臭のアリインから酵素反応により，刺激臭のあるアリシンが産生される。損傷がない状態で加熱処理，酸，油脂に漬け込むなどにより酵素が不活化すると，アリシンが産生されないため，刺激臭はほとんどない
	機能性・薬効など	・食品，香辛料として利用。疲労の予防や回復促進作用がある ・胸焼け，胃のむかつきなどが現われることがあるため，食べすぎに注意する
生理・生態的特徴	発芽条件	15～20℃が好適条件
	温度への反応	・萌芽と茎葉生育，球肥大期は15～20℃が適温。30℃以上で生育が抑制される ・収穫期は夏の休眠状態にあり，収穫後の乾燥期間は高温耐性が高く，50℃でも（通風条件で短時間の場合）耐えられるが，休眠が覚醒する8月下旬以降は高温耐性が低下する
	日照への反応	球の肥大は日照時間が長いと促進されるが，自然状態では問題になるほど不足することは少ない
	土壌適応性	・pH6.0～6.8（5.5以下で根の伸長が抑制される） ・肥沃で排水がよく，耕土が深い畑が適する

（つづく）

生理・生態的特徴	開花（着花）習性	・球の中心にある芯は花茎であり，正常な球形成には花芽形成は必須である。花芽形成には品種固有の低温条件を要する ・寒冷地品種は，冬0～10℃で1カ月以上の低温に感受（5℃で低温効果が高い）後，温暖（10～20℃）条件で花芽と側芽（りん片）が分化する ・暖地品種の場合，花芽分化前の低温は必ずしも必要でないものもある
	休眠	春に花芽分化後，その下位の2～3節に新しい側芽ができ，それぞれの側芽は，保護葉，貯蔵葉，新芽（発芽葉，数枚の本葉，生長点，盤茎）を持つりん片として成熟し，夏に休眠する。夏の高温遭遇の後，秋の気温低下により覚醒して生長が再開する
栽培のポイント	主な病害虫	土壌病害虫：紅色根腐病，黒腐菌核病，イモグサレセンチュウ 茎葉の病害虫：モザイク病，春腐病，さび病，葉枯病，黄斑病，チューリップサビダニ，ネギアブラムシ，ネギアザミウマ，ネギコガ 貯蔵中の病害虫：イモグサレセンチュウ，チューリップサビダニ，ネギアザミウマ
	他の作物との組合せ	ネギ，タマネギ，ニラなどネギ属植物は病害虫が共通するので避ける。輪作する場合，酸性土壌を好む作物との組合せは避ける

注）栄養成分：文部科学省「日本食品標準成分表2020年版（八訂）」「にんにく」から引用

この野菜の特徴と利用

(1) 野菜としての特徴と利用

①ニンニクの特徴と形態

ニンニクはネギ、タマネギ、ニラ、ラッキョウなどと同じネギの仲間で、以前はユリ科に分類されていたが、現在はヒガンバナ科ネギ属に分類されている。

地中に5～十数個の側球（りん片）からなるりん茎（りん球）をつくる。りん片は食用にするだけでなく、次世代の種苗としても利用する。

ニンニクの主な流通・販売形態は、りん球である。りん球は外皮をはぐと、中央に芯があり、その周りの節にりん片が並ぶ。りん片は最外部が硬い保護葉となり、その中に食用部位である貯蔵葉と小さな芽がある（図1）。

りん片の保護葉と外皮は、可食部を傷、虫害、病害などから守るのに役立つため、市場出荷する場合は重要な品質評価ポイントになる。

なお、芯の植物上の名称は花茎、外皮は親世代の葉鞘である。

②葉ニンニク、ニンニクの芽

りん球のほかに、ハウス栽培などで若い葉を軟弱に育てたものは「葉ニンニク」、球栽培でりん球が成熟する前の若い軟らかい花茎は「ニンニクの芽」と呼ばれ、いずれも商品として販売されており、栽培も比較的容易である。

なお、農薬取締法上の作物分類には、2024年4月現在、「にんにく」と「葉にんにく」があり、「にんにく」に登録のある薬剤は球生産にしか使用できない。なお、野菜共通に登録されている薬剤とその使用方法は、ニンニクのすべての販売形態で使用可能である。

(2) 生理的な特徴と適地

①休眠と休眠覚醒

ニンニクは、初夏の収穫期から夏の高温期に2カ月ほど休眠する。その後、気温の低下に従い徐々に休眠が覚醒し、8月下旬～9月上旬ごろに芽の生長が再開し、根が発生し始める。

②球形成には花芽形成が必須（花芽形成の条件）

葉ニンニク栽培では、低温に当てることなく15～20℃以上で栽培すると、養分と水分が供給されていれば、芽の生長点は継続して葉を形成するため、品種は地域を選ばない。

一方、球ニンニク栽培では、地域の気象に合った品種を選ぶ必要がある。正常な球形成には花芽形成が必須で、花芽形成には品種固有の冬の低温条件が必要である。

図1　球ニンニクの各部の名称

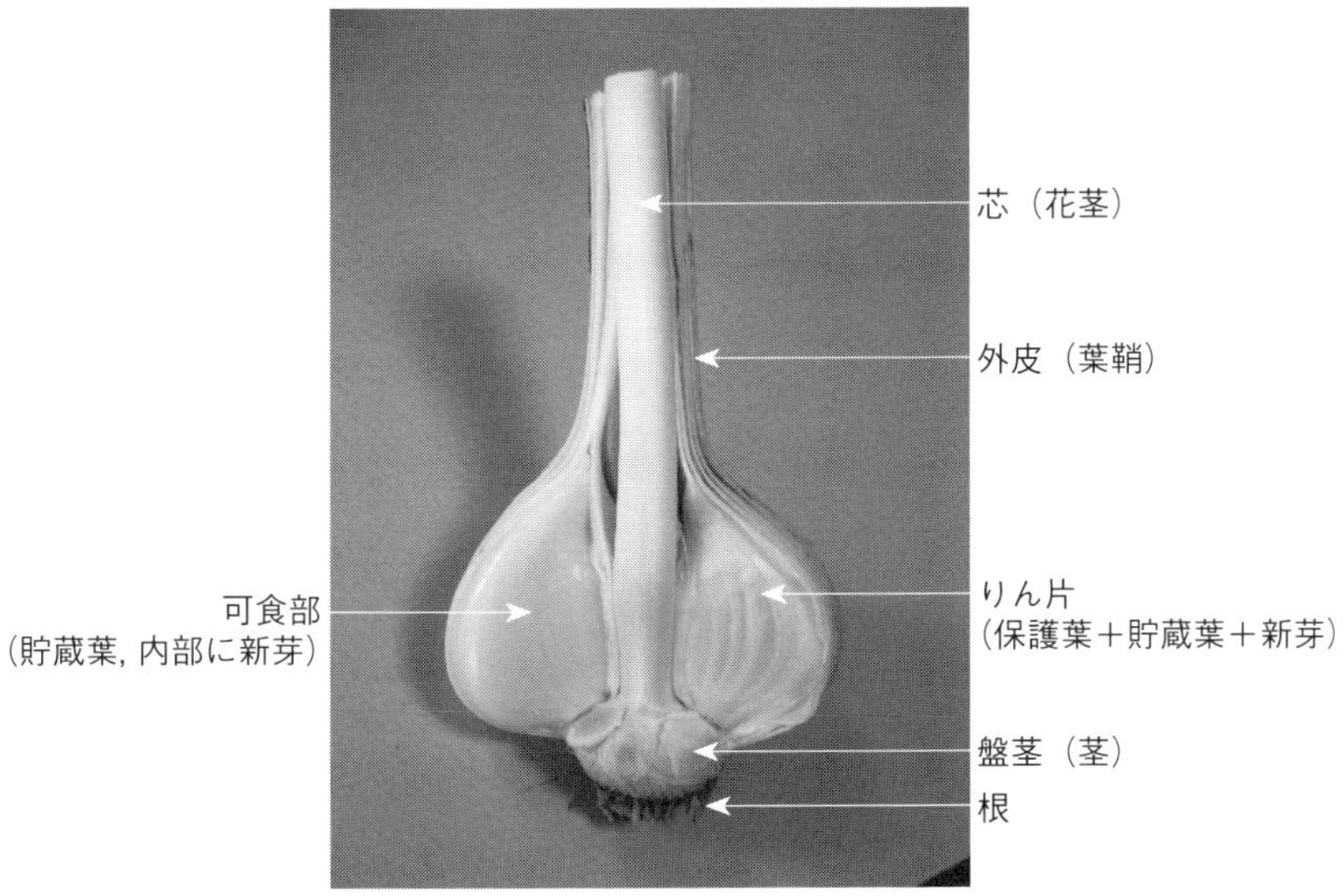

（　）内は植物としての名称

寒冷地品種は、冬の低温（0～10℃、5℃で低温効果が高い）に1カ月以上感受した後、温暖（10～20℃）条件で花芽と側芽（りん片）が分化する。暖地品種（早生、極早生）の花芽分化には、寒冷地品種ほどの低温は必ずしも必要なく、15～20℃でも日照時間が長いほど結球しやすい。

③種りん片の生長と新しいりん片の形成

種りん片は、夏に休眠が覚醒して秋に植え付けられた後、数枚の葉を地上部に出した状態で冬を過ごす。春に気温が上昇すると、種りん片の生長点（芽の部分）が花芽に分化して生長し、これがりん球の芯になる。

花芽分化とほぼ同時に、花芽の下位2～3節にそれぞれ1～複数の新しい芽（生長点）が発生して、それぞれが新しいりん片（側球）に生長する。

④「一つ玉」になる条件

長い低温期間が必要な、寒地・寒冷地品種を温暖な地域で栽培すると、花茎が形成されず、芯のない一つの肥大したニンニクを形成する。これを、中心球または「一つ玉」と呼ぶ。

十分な低温条件でも、越冬前に植物体の大きさが十分でない場合にも花芽分化せず、小さな一つ玉になることがある。一つ玉もりん片と同様に芽を持ち食用や種苗として利用できる。

⑤花茎の生長と花、珠芽

春に分化した花芽は、花茎が伸びて初夏に抽台し、先端に1枚の葉（総苞）と、さらにその中に花と珠芽（木子）をつける。ほとんどの栽培品種の花は機能不全で結実しないとされている。珠芽は、本来花となるべき組織が、ニンニク状に変化したものである。珠芽はりん片と同様に芽を持ち、食用や種苗として利用できる。

花茎の長さは、品種によって異なる。たとえば、品種'上海'の花茎は長く、長さのばらつきが小さいため、「ニンニクの芽」栽培にも向いている。一方、寒冷地品種'福地

表2　種苗管理センターの審査基準に用いられているニンニク品種の性質

品種	収穫期の早晩	萌芽の早晩	りん片の数	りん片の大きさ	外皮の色	抽台
遠州極早生	極早生			小	赤紫	
上海	早生				白	
壱州早生	中生	中	中	中	白	
富良野	晩生				淡桃	完全抽台
福地ホワイト	極晩生	晩	少	大	白	不完全抽台多

注）農研機構・種苗管理センターホームページより，「農林水産植物種類別審査基準（にんにく種）」から引用

図2　収穫したニンニク‘福地ホワイト’

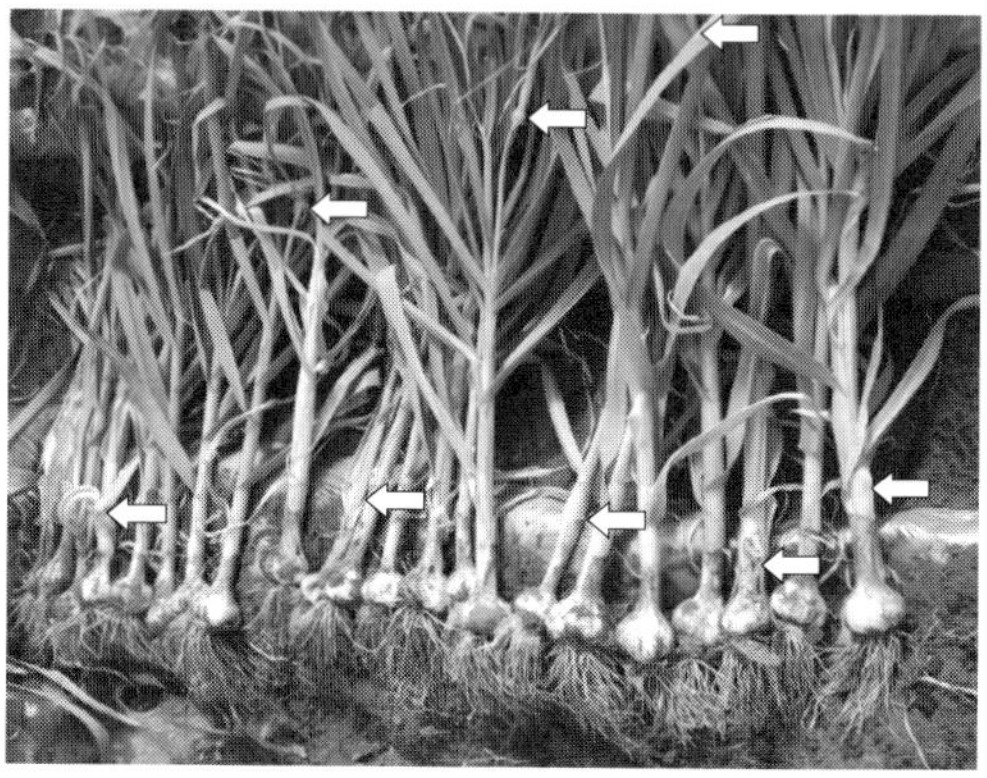

珠芽の位置が確認できるところに矢印をつけた。高さがばらばらである

ホワイト’は、同じ種球由来でも花茎の長さにばらつきが大きく、長く抽台するものから、花器が葉鞘内やりん球内に留まったり、痕跡を残すのみなど大きな変異がある（図2）。

⑥ニンニクの主な品種

ニンニクの主な品種特性については、農研機構（農業・食品産業技術総合研究機構）・種苗管理センターの特性表（表2）を参考にする。表2に示された5品種は、2024年1月現在、インターネットにより、いずれも種苗の入手が可能であることが確認されている。

表2の特性の中で、栽培時の品種選びに最も重要なのが「収穫期の早晩」で、これは越冬時（花芽・りん片分化のため）の低温要求量の短い・長いにほぼ同意で、すなわち、早生品種は低温要求量が少なく暖地向き、晩生品種は低温要求量が多くて寒地・寒冷地と見なすことができる。

日本各地には、1980年代ころまで、それぞれの在来種が存在した。しかし、2000年代に、安価な輸入物の影響で収益が期待できなくなったことから、現在、入手が困難になっている在来種も多い。

地域の在来種を栽培したい場合は、栽培を継続している方がいる可能性もあるので近隣を探すか、各地の遺伝資源を保存している農研機構・種苗管理センターに問い合わせることをおすすめする。

（執筆：庭田英子）

球ニンニクの栽培

1 この栽培の特徴と導入

(1) 栽培の特徴と導入の注意点

①栽培の特徴と課題

球ニンニクの栽培は、夏の休眠明けの秋に種りん片を植え付け、冬の越冬期間を経て、春に茎葉が伸長するとともに、りん片が分化・肥大し、初夏に収穫する（図3参照）。収穫した球ニンニクは、一部の生出荷を除き、乾燥・貯蔵して出荷する。

国産ニンニクは、健康志向、国産志向により比較的高値・安定傾向で、所得率の高い野菜の一つである。しかし、栽培には、種球の準備、植付け、収穫、乾燥、調製など多くの時間がかかるが、機械化が遅れていて人力作業が多いという課題もある。

②栽培のポイント

球ニンニク栽培のポイントは、品種選び、種球の確保、収穫作業から逆算した栽培計画、乾燥場所の確保である。

とくに、ニンニクは増殖率が5～12倍程度と低いことと、種球としての利用期間が収穫当年の秋の2～3カ月に限られるため、毎年十分な種球を購入によって確保することは困難である。そのため、いったん種球を購入したら、収穫したニンニクの一部、場合によってはほとんどを次の栽培のために保管し、自家増殖しながら栽培面積を広げていく。

また、同じ栽培条件での収穫適期は約1週間と短いうえ、雨天での収穫は避けたほうがよいのに、梅雨時期にあたる場合が多く、実際の収穫可能な日数はさらに短い。これが、適期収穫が可能な面積から栽培面積を決めなければならない要因である。

ニンニクは収穫後の乾燥が必要である。収穫量が少ない場合は、直射日光を避けた、風通しのよい場所に吊るして干す自然乾燥でよいが、収穫量が多くなったら、十分な乾燥場所を確保し、加温機と送風機を利用した強制乾燥が必要になる。

(2) 他の野菜・作物との組合せ方

①比較的連作に耐えるが輪作が必要

難防除病害虫イモグサレセンチュウや紅色根腐病が発生しないかぎり、比較的連作に耐えられる。

イモグサレセンチュウは、いったん確認されたらその圃場では栽培しない。紅色根腐病は、ネギ、タマネギなどのネギ属植物の後作やニンニクの連作で発生しやすいので、被害が目立ってきたら圃場を取り替えるか、ネギ属植物以外の作物と輪作する。

②イモグサレセンチュウが寄生する植物とは輪作しない

ニンニク栽培で最も避けたい害虫はイモグサレセンチュウで、いったん汚染された圃場は回復させることが困難である。汚染された種りん片で持ち込むことが多いので、信頼のおける種球を導入する。

また、イモグサレセンチュウは、ニンニクのほか、アイリス、ラッキョウ、ジャガイモ、マメ科植物、ハツカダイコンなど多くの植物に寄生することが確認されているため、それらの後作に栽培する場合は、注意が必要である。

③ジャガイモとの輪作は避ける

酸性土壌では、根の伸長が阻害される。輪作作物に、酸性土壌を好むジャガイモなどは避ける。

④果樹園後では腐植化完了後に作付ける

果樹園の後は、地下広く分布する根が分解するときに、有機酸が発生して土壌が酸性になりやすく、ニンニク栽培に適するまでにはかなりの年数を要する。

しかし、腐植化が完了すると、高品質のニンニクが生産されるよい土壌になる。

図3　球ニンニクの栽培（普通栽培）の生育と作業（品種：福地ホワイト，青森県）

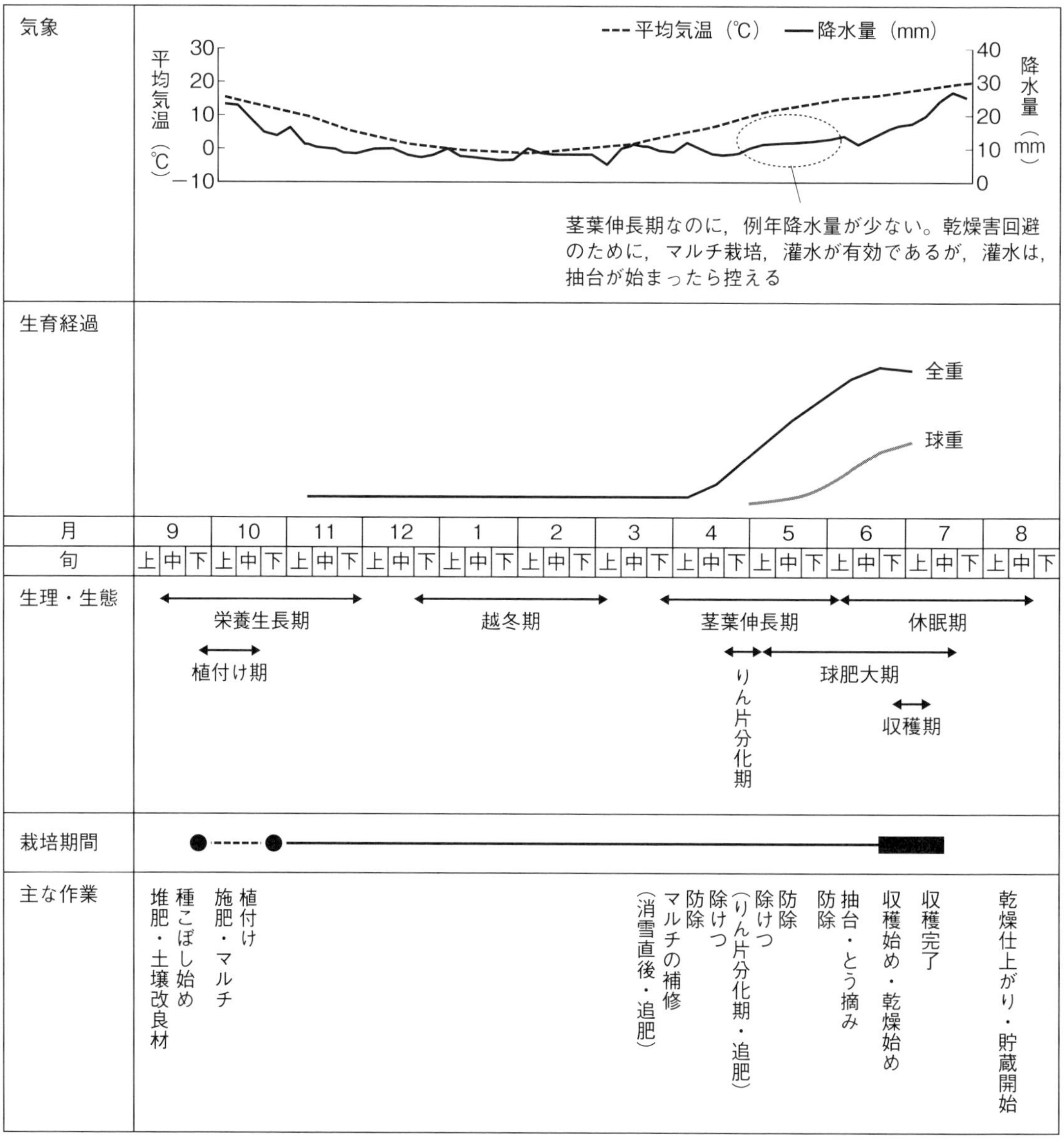

●：植付け，■：収穫

注）気象と生育データは，青森県産業技術センター野菜研究所の平年値
　　緩効性肥料使用時は全量を元肥とし，追肥はしない

2 栽培のおさえどころ

(1) どこで失敗しやすいか

①種球の確保

前述したように、種球の確保がむずかしいので、初めて種球を導入する場合は、種苗店などに早めに予約しておく。また、いったん導入したニンニクは絶やさないよう、収穫したニンニクの一部を次世代の種苗用に残しておく。

なお、種球は、乾燥後は常温で保管し、冷蔵しない。夏季休眠覚醒後の冷蔵は、ニンニクにとって「冬」に相当する。冷蔵したニンニクを露地栽培すると、秋の温度で花芽分化が誘導されることがあり、その後に迎える実際の冬の低温によって、次世代のりん片の分化や生育が阻害されて、正常な球形成ができない事例が確認されている。

一方、促成栽培したい場合は、それぞれの品種に十分な冷蔵（低温遭遇）時間を処理（確保）し、その後、球栽培に必要な生育温度を確保するとよい。

図4　ニンニクの1年（品種：福地ホワイト，青森県）

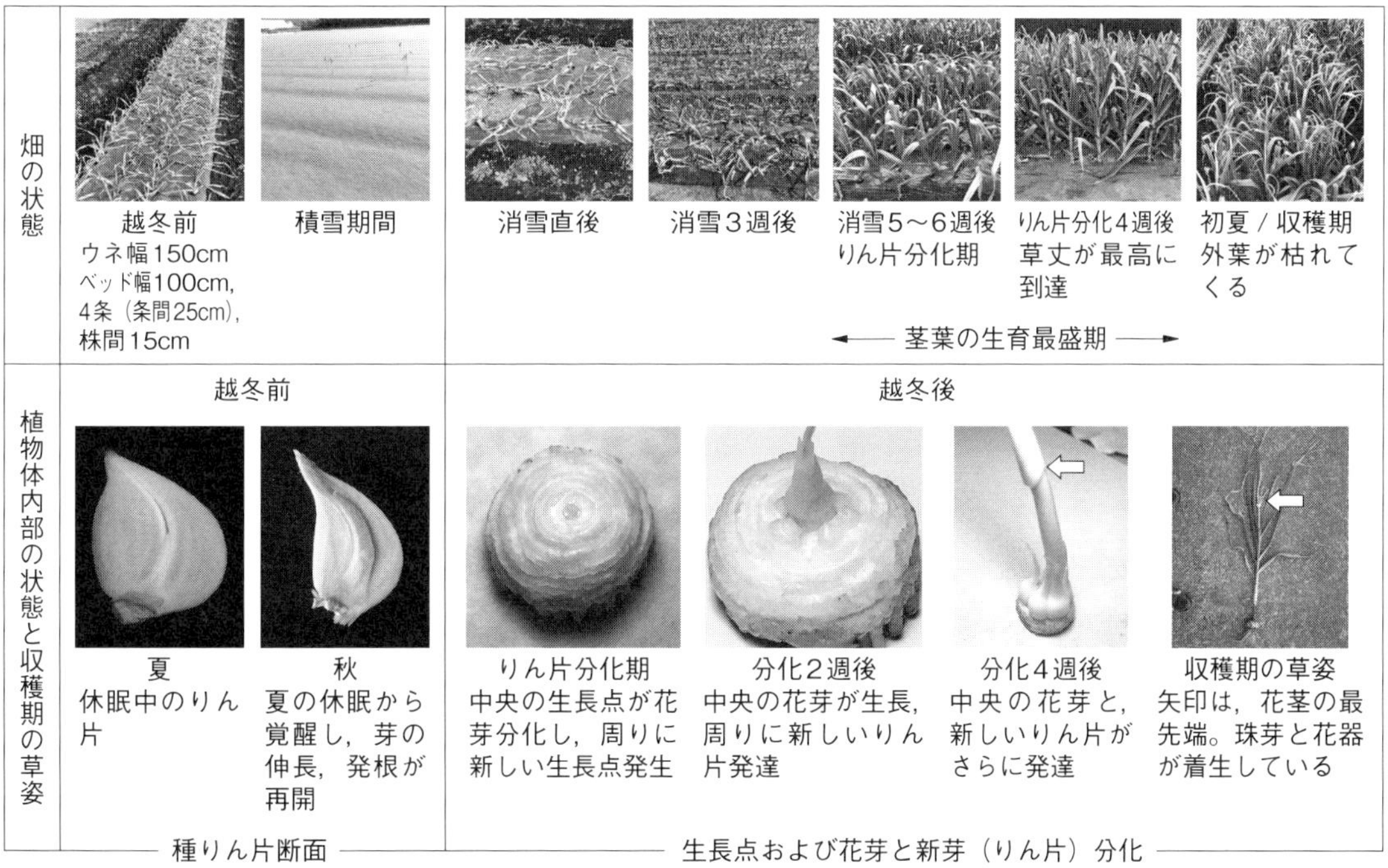

②適切な土つくり、過不足のない施肥量

後出3－(2)項で述べているように、土つくりを適切に行ない、肥料も過不足なく施用する。

③適期収穫

収穫が早すぎると収量が得られず、適期を過ぎると裂球（生産球の外皮の枚数が減り、外皮のひび割れが目立って中のりん片が外から見える状態）が多くなる。したがって、適期収穫は必ず守るようにする。

④収穫後の強制乾燥では通気が悪いと「煮え」が発生する

「煮え」は、貯蔵葉の一部または全部が薄黄色～橙色に透明化する現象で、乾燥過程の高温、かつ通気が十分でなく高湿度な状態に長時間遭遇する場合に発生する。

'福地ホワイト'では、収穫直後の乾燥処理初期に、不透水資材による密閉条件で、35℃一定で7日間、45℃一定では2日間処理で煮え症状が再現されている。

(2) おいしく安全につくるためのポイント

ニンニク生産は、種球の準備からほぼ1年と長い期間かかるが、基本技術を守ればそれほどむずかしいものではない。

地域の気象に適した品種を選び、適期に植え付け、収穫期まで健全な根と茎葉を保つことで、葉の栄養成分が球に転流して、内容成分の充実したニンニクになる。

食味評価の高い'福地ホワイト'の産地は、河川敷と河岸段丘であった。昔、「川原のニンニクは甘い、山のニンニクは辛い」といわれていたが、かつては、肥沃な土壌が川原にしかなかったためと考えられる。

現代では、堆肥など土つくりの資材を山まで運搬できる。土壌診断と土壌改良材によって不足成分を補完する、「土壌つくり」を適切に行ないさえすれば、どこでも栄養成分が充実した高品質なニンニクをつくることができる。

(3) 品種の選び方

品種は、栽培する地域の冬の長さと、品種特有の花芽分化のための低温要求量が合ったものを選ぶ（表2参照）。寒冷地品種を温暖地で栽培すると花芽分化できず、貯蔵葉化する中心球（一つ玉）を発生しやすいので、使用しない。

3 栽培の手順

球ニンニク栽培での生育と主な作業については、図3、4、表3に示した。以下、解説する。

(1) 種球の準備

病害虫に汚染していない種球（りん球）を選ぶ。種りん片は、夏季休眠覚醒後、あらかじめ1片ずつ離し（青森県ではこれを「種こぼし」という）て、重さまたは大きさ別に仕分けし、速やかに種消毒後、日陰でしっかり乾燥させて、植付けに備える。

りん片の重さは数g～20g以上とばらつきがあるが、標準的な栽植様式、施肥量（表4）は、7～14g程度を栽培する場合を想定している。大きなりん片は複数の芽を持つことがあり、除けつの手間が増える。反対に小さいりん片は生育や収量が少なくなるが、早めに、浅めに植付けすることで比較的大きなりん球を得ることができる。りん片の大きさを揃えて植え付けると、生育が揃って株同士の勝ち負けが抑制されるので、小さなりん片も効率よく利用できる。

表3　球ニンニク栽培のポイント

	技術目標とポイント	技術内容
植付け準備	◎1カ月～2週間前	
	・緑肥すき込み	
	・土壌診断	・土壌診断（pH など測定）
	・土壌改良資材	・酸度矯正用石灰資材，リン酸資材の施用量の決定 ・堆肥，石灰資材，リン酸資材の施用→耕うん （緩効性肥料で全量元肥体系または分施体系を選択）
	◎1週間前・元肥施用	・元肥施用→耕うん
	◎植付け直前	
	・ウネつくり・マルチ張り	・耕うん同時ウネ立て。春の生育最盛期に少雨の地域ではマルチ張り ・ウネ幅150cm，ベッド幅100cm，4条（条間25cm×株間15cm），ウネの高さは，土壌水分の多少により決める。通常約15cm，水分が多い転作田は約30cm
種球の準備	◎種球の導入	・病害虫に汚染されていない種球を導入，または選ぶ
	◎種こぼし	・清潔な場所で種こぼし
	◎種りん片の消毒	・バラした種りん片を網袋に回収して秤量 →チューリップサビダニ剤に浸漬処理→ベンレートT水和剤20を湿粉衣 →日陰でしっかり乾燥して植付けに備える
植付けとその後の管理	〈越冬前〉	
	◎植付け	・適期植付け（越冬前の展開葉数目標：2～4枚）
	◎発芽後の芽出し	・発芽が揃ったころ，植穴から外れてマルチ下に生長した芽を，ていねいに傷つけないよう穴から出す
	〈越冬後〉	
	◎マルチ補修	・積雪地では，消雪後マルチ補修
	◎分施体系では追肥	・分施体系での追肥時期は，積雪地は消雪直後とりん片分化期完了ころの2回（施肥量は表4参照。マルチの上からばらまきしてよいが，葉身のつけ根に入らないように注意する）
	◎除けつ	・除けつは越冬後2～3枚展開時に行なう。種圃場では実施しなくてよい
	◎灌水	・茎葉生長期に降雨が少なく，葉色が淡くなったら水不足→灌水する。灌水は，抽台（とう立ち）が始まったら控える
	◎とう摘み	・とう摘みは抽台したもののみ実施。種圃場では実施しなくてよい
	◎病害虫防除	・病害虫は早期発見・早期防除
収穫・乾燥・調製	◎乾燥準備	・乾燥場所，加温機，換気扇またはダクトファン，乾燥シート，温度計 ・直射日光が入る場所は80％以上の遮光をして，室内の温度変化を確認
	◎適期収穫	・外葉の枯れが目立ってきたら試し掘りして，収穫適期を見きわめる。枯葉率の目安は30～50％ ・収穫は，雨天を避ける
	◎収穫・茎長一時調製・すぐ乾燥（通風・加温）開始	・収穫→根切り→茎を乾燥方法に見合った長さ（表5参照）に調製 ・収穫物は畑に放置しない（低温では外皮や保護葉が着色，高温ではムレが発生し腐敗）
	・出荷体系に合った乾燥温度設定	・乾燥の通風温度は，日中の最高温度35℃を目安とする。氷点下貯蔵する場合は，夜温は無加温または20～24℃のテンパリング乾燥とする ・乾燥中は，吸気口，排気口，乾燥温度を常に確認する
	・乾燥仕上がりの確認	・盤茎部が硬くなったら乾燥完了。爪を立てて硬いと感じるか，木材水分計で測定する場合は15～18％
	◎保管開始	
	・常温貯蔵	・常温保管の場合は，乾いた暗所に，呼吸で発する水分が滞らないよう，コンテナの隙間をあけて積み直す。シート乾燥では風量を弱めて通風
	・周年出荷のための長期貯蔵	・周年出荷する場合は，乾燥完了直後から，温度は氷点下（－2℃），湿度は85％程度に制御できる施設に貯蔵
	◎出荷調製・包装・梱包	・根を切り落とすかリーマーで磨き，コンプレッサーなどで外皮の土を落とした後，大きさ別に仕分ける ・通気性のある網袋や紙袋に包装し，段ボールに梱包して出荷

りん片数は10ａ当たり1万7000～1万8000個を要するが、種こぼし時に芽を傷つけることがあり、大きさも十分なものを選ぶために、およそ2万個を目安に準備する。

ニンニクは増殖率が数倍と低いうえ、種の流通量が少ないため、いったん種を入手したら、2～3年は増殖し、種を絶やさないようにする。

珠芽も種として利用できる。珠芽はりん片より本葉の枚数が少なく生産力が劣るため、りん片の植付け時期では小さな1つ球か分球しても少ないりん片しか得られないが、翌年には十分利用可能な種となる。夏季休眠が覚醒する9月上旬（りん片の標準植付け時期より3～4週間前）に植付けすることにより、1ｇの珠芽でもＭ規格程度、数個のりん片数を生産できるので、ニンニク栽培導入初期などの種量が不足している場合には、利用するとよい。

ニンニクはウイルス病にかかると減収するが、感染株が死滅するほどのウイルスは確認されていない。最近はウイルスに汚染されていない（ウイルスフリー）種球も販売されている。ウイルスフリーの種球が入手できたら、小さなりん片でも十分肥大する可能性があるので、すべてのりん片を用いる。増殖のための栽培中は珠芽も用いる。

(2) 畑の準備

植付け前の土壌診断では、土壌酸度とリン酸の状態を知っておく。pHは6～6・8、リン酸は可給態リン酸で土壌100ｇ当たり50～100㎎を目標に土壌改良する。

土壌が酸性傾向の場合は、アルカリ資材の苦土石灰とリン酸補給のための苦土重焼燐、または両方の効果がある熔リンの施用量を計算して施用する。

植付け前1カ月には緑肥や前作の残渣をすき込み、2週間前には完熟堆肥10ａ当たり2～3ｔ、必要に応じてアルカリ資材、リン酸資材を散布してよく耕うんし、土壌になじませる。

①施肥量

緩効性肥料を用いる場合は全量元肥で、3要素とも10ａ当たり20～25㎏とする。

分施体系では、元肥は10ａ当たり窒素10～15㎏、リン酸20～25㎏、カリ10～15㎏とし、追肥は越冬直後と、りん片分化がおさまったころの2回、窒素とカリを各5㎏ずつ施用する（表4）。

②栽植様式、マルチ張り

ウネ幅150～160㎝、ベッド幅100㎝に4条植えとする。条間は25㎝、株間15㎝で、10ａ当たりの栽植本数は約1万7000～1万8000本である。

越冬後の、茎葉の生育最盛期に降水量が少

表4　施肥例 注1)　（単位：kg/10a）

項目	全量元肥体系	分施体系	
		元肥	追肥
堆肥	2,000～3,000	2,000～3,000	
炭カル	60	60	
苦土重焼燐	60	60	
窒素 注2)	CDU20～25	10～15	5×1～2回
リン酸 注2)	20～25	20～25	
カリ 注2)	20～25	10～15	5×1～2回
備考	緩効性肥料で元肥に全量	越冬前の生育を促す	積雪地は消雪直後とりん片分化が落ち着いたころの2回 温暖地は1回でよい

注1）青森県農林水産部，「健康な土づくり」マニュアルから引用
注2）3要素は成分量

ない地域では、土壌水分を保つ目的でポリフィルムによるマルチ栽培をする。植穴つきフィルムの場合は、設置後に降雨があると植穴の土が固まって植えにくいので、植付け直前に設置するとよい。

(3) 植付けのやり方

種りん片の頂部をまっすぐ上に向け、りん片の底面が深さ10cm程度になるよう、5〜7cm押し込んで植え、覆土する。

小さいりん片や珠芽は浅め、大きいりん片は深めに植え付ける。

(4) 植付け後の管理

①越冬前

芽出し　マルチ栽培の場合、発芽が揃ったころに圃場を見回り、フィルム下に潜り込んでいる芽を、植穴から引き出す。

②越冬後

除けつ　大きな種りん片では、複数の芽が発生する場合がある。複数の芽がそのまま生育すると、球の接した部分が扁平になるため、除けつする。

除けつの方法は、大きい（残す）ほうの株を傷めないよう、茎に沿って指を株元まで差し込んで軽く押さえながら、小さいほうの芽を横に引き裂いて取り除く。時期は、越冬後、生育が再開され、りん片分化期後で球の肥大初期に行なうのがよい。

なお、種球生産の圃場では、除けつをしなくてよい。

灌水　りん片分化期後の1カ月間は、草丈、葉数、全体の重量が急激に増大する時期である。この茎葉の生育最盛期には、肥料だけでなく水分も必要とする。

マルチ栽培は、この時期の土壌の乾燥を防ぐための技術であるが、年によって、また地域によってはマルチだけでは不足する場合がある。乾燥害が頻発する地域では、灌水設備を準備しておくとよい。

灌水は、りん片分化期後、抽台（とう立ち）が始まる前までに行ない、抽台が始まったら控える。

とう摘み　草丈が最大に達したころ、抽台（とう立ち）が始まる。ニンニクは花茎の先に花だけでなく、小さなニンニク（珠芽）がついて、りん球の肥大と競合するので、球肥大が十分でない場合はとうを摘み取る。

'福地ホワイト'では抽台しない株もあるので、葉鞘から突出したものだけを取り除き、葉鞘の途中にあるものはそのまま放任とする。葉の組織を傷つけると病原菌が侵入しやすくなるので、無理をしない。

なお、種圃場ではとう摘みせず、ウイルスフリーの場合は珠芽も種苗として利用する。

(5) 収穫

①収穫適期

収穫期に近づくと、球の肥大とともに外葉の枯れ（老化）が進む。新しいりん片が肥大して、球を横から見て底面（尻部）がほぼ平らになったころが収穫適期である。

収穫適期の目安はよく枯葉率30〜50％とされるが、収穫期の枯葉速度は、ウイルス感染株は早く進むのに対し、ウイルスフリー株は緩慢であり、品種によっても異なるので、必ず、試し掘りを行なう。前記2－(1)－③で述べたように、適期収穫を守る。

外皮は見映えをよくするだけでなく、貯蔵時の害虫の侵入を防ぐ役割もある。収穫時の葉のうち、中央（とう）から外側2〜3枚の葉の付け根（節）にりん片がついている。さらにその外側3〜5枚の葉鞘が外皮になるため、収穫期の生葉数は少なくとも6〜8枚は残したい。

②収穫、回収、根切り

収穫は、雨天を避け、機械の所有状況に合わせて行なう。土壌水分が多い状態で収穫すると、根が土を抱え込み、乾燥場所への土や水分の持ち込みが多くなるので、可能であれば避ける。

手収穫　手で株を引き抜き、根、茎を乾燥方法に合わせた長さに切断する。

機械収穫　先に茎を切断した後、地下20～25cmで根を切りながら掘り起こす方式（パワーハーベスタ）と、1ウネ4条の1株ずつ茎を機械でつかんで引き抜き、同時に根と茎を切断する方式がある。収穫物の回収容器は、前者では網袋か従来の小型（20kg容量）のコンテナが使われているが、最近は500kg容量の大型コンテナを使用する例もあり、大幅な効率化が図られてきた。

根切りと乾燥容器への収納　機械収穫で回収した後、乾燥工程に入るための一次調製（根切りと乾燥方式に応じた茎の長さ調製）して、網袋やコンテナに収納する（表5）。なお、根とともに茎の長さを調製して切る、根切り機が市販されている。

(6) 乾燥、貯蔵

①乾燥の目的と仕上がりの目安

収穫後に生の状態で販売する例もあるが、冷蔵しても1週間ほどしかもたないので、種球用や、長期貯蔵するためには乾燥処理が必要である。強制乾燥、自然乾燥とも、直射日光を避け、風通しをよくし、しっかり乾燥させる。

ニンニクの乾燥は、可食部（貯蔵葉と芽）以外の、外皮、芯、盤茎部の水分含有率を70～80％から15～18％まで低下させる処理である。

外皮、保護葉、花茎（芯）、盤茎の順に乾燥し、球の内側に位置する芯部の水分が、盤茎部を通じて除去されて乾燥仕上がりになるため（図5）、仕上がりの目安は盤茎部の状態で確認する。盤茎部は乾燥すると硬くなるので、爪を立てても跡が残りにくいくらいになったら仕上がりと判断できる。

乾燥仕上がりの目安を把握するために建築用木材水分計を利用することもできる。広葉樹モードにして、盤茎部に水分計のセンサー（針）を挿し込み、35℃一定（連続）乾燥では15％以下、テンパリング乾燥（昼間は35℃加温・通風、夜間は無加温または昼間より低温・通風条件での乾燥）では、夜間の低温通風時に若干の水分を含むので、16～18％以下を仕上がりの目標にする。球によってばらつきがあるので、複数の球で確認する。

乾燥所要日数は乾燥条件によって異なるが、3週間から1カ月かかる。乾燥による全体の減量率は、茎の長さや収穫の早晩によって25～40％と異なる。

②自然乾燥

家庭菜園など、小規模栽培では自然乾燥を行なう。

引き抜いた株の複数の葉と葉を結ぶか、茎を10～20cmにして10株くらいずつヒモで結んだり網袋に入れて、風通しのよい日陰で棒に吊るす。

中国の知人から聞いた方法に、収穫時に、球の部分を指で押さえながら芯（花茎）を折って葉鞘から抜き取り、葉を三つ編みにして軒に吊るす方法がある。

自然乾燥では、乾燥が完了するには1カ月以上かかる。また、乾燥中に球肥大が進む。

③強制乾燥

強制乾燥の流れと乾燥施設　強制乾燥する場合のニンニクの配置方法は、表5に示した

表5　強制乾燥の種類と収納容器と茎の一次調製長

乾燥方法			収納容器	茎の調製長	コンテナ収納率
棚乾燥			網袋	10cm以上	7〜8割
井桁積み乾燥			20kg小型コンテナ	7cm以上	7〜8割
シート乾燥	 吸引式の吸気側 手前から奥へ吸気	 そのまま排気	20kg容量小型コンテナまたは，500kg容量大型コンテナ	5cm	満タンに収納

注）「ニンニク周年供給のための収穫後処理マニュアル」（農研機構東北農業研究センター・青森県産業技術センター，2013年）ほかから引用

図5　ニンニクの部位別乾燥推移

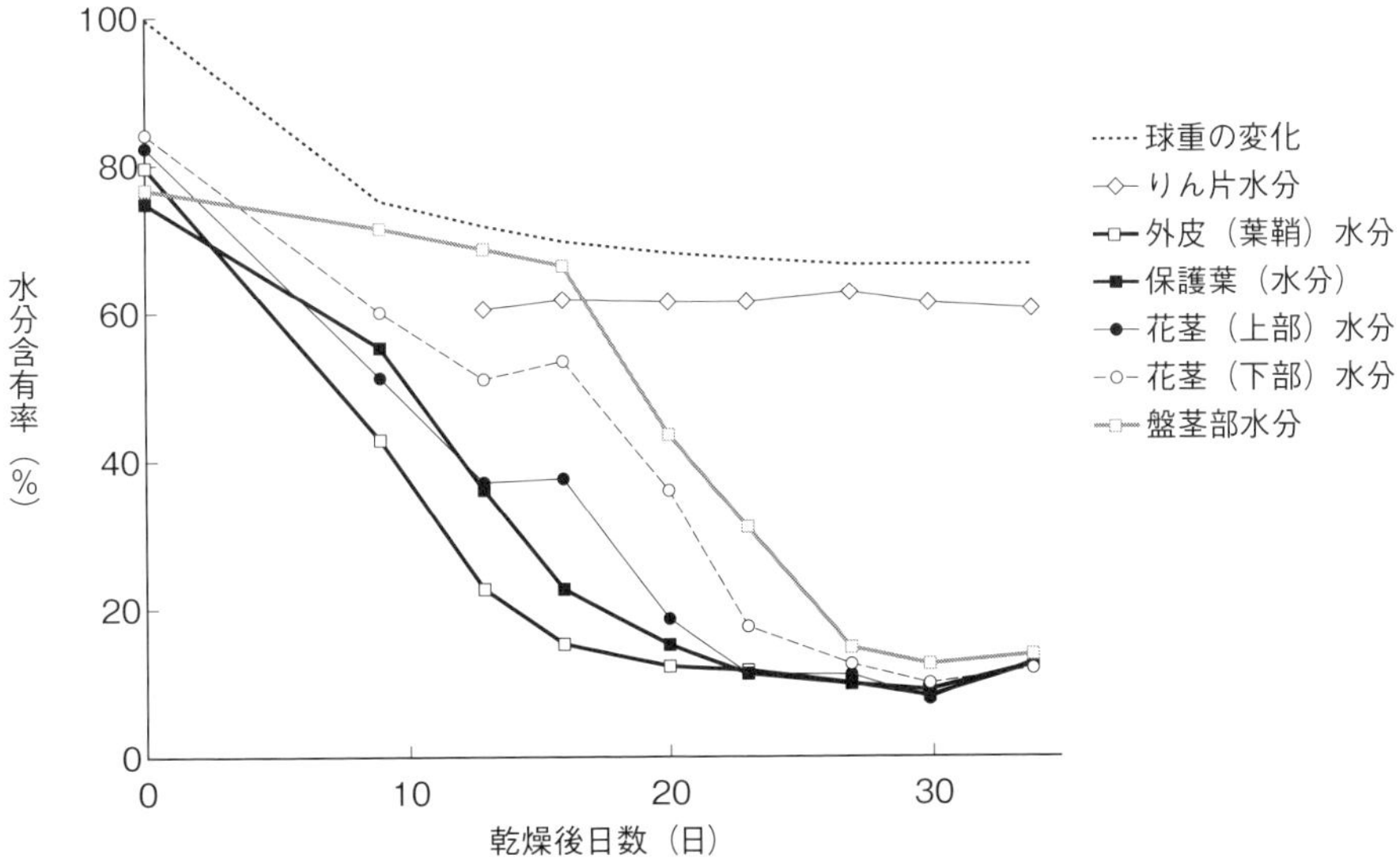

注）「ニンニク周年供給のための収穫後処理マニュアル」（農研機構東北農業研究センター・青森県産業技術センター，2013年）から引用

ように棚乾燥、井桁積み乾燥、シート乾燥の3種類ある。いずれも、①外気を室内に取り入れて適切な温度に加温し、②相対湿度が下がって乾燥した空気をニンニク間に通して水分を含ませ、③屋外に排気（排出）する、という流れで行なう。

　この流れを意識し、乾燥施設では、乾燥温度を確認するとともに、吸気口、排気口をしっかり確保することが必要である。雨天で吸気をしぶった結果、通気が滞って煮えを発生させる例が多い。降雨があってもしっかり吸気口を確保する（2－(1)－④参照）。

　なお、小屋の窓やパイプハウスなど日光が入る場所は、遮光率80％以上の資材で遮光する。床面は、土が露出していると余分な水分が供給されて、ニンニクの乾燥を妨げるため、不透水シートを敷設する。

　晴天日に室内が過剰に高温になる施設では、別途、換気装置を準備しておく。

乾燥場所の容積　30ａの栽培面積で、約4000kgが収穫量の目安になる。4000kg乾燥するための所要床面積は、高さ約2・5ｍの施設の場合、網袋に入れて乾燥する棚乾燥や、ニンニクを入れた小型コンテナを井桁積みして乾燥するなどの方式では、40㎡程度必要になる。

　それに対して、コンテナを隙間なく積んで、周囲をシートで覆い、強力な送風機で通風する方式（青森県ではこれを「シート乾燥」と呼んでいる）では約15㎡と節約できる。

加温機の熱量、送風機の風量　青森県の気象では、約4000kgの収穫したニンニクを乾燥させるための加温機の熱量は、2万4000㎉程度、シート乾燥の送風機の能力は60㎥／分程度を基準にしている。

④貯蔵

球ニンニクの品質　球ニンニクの販売では、芽が伸びすぎて貯蔵葉から飛び出している状態を「萌芽」、根が外皮から露出している状態を「発根もの」として、品質低下と見なされる。

　その理由は、葉が伸びすぎると、貯蔵葉の栄養成分や旨味成分が低下する。また、根は外皮から露出すると、根がこすれ合ったり乾燥して腐敗し、根の発生元であるりん片内部（図4下、越冬前の右の写真参照）まで腐敗が進行するためである。

長期貯蔵（萌芽発根抑制）　乾燥後、常温での品質保持期間は、青森県では10月半ばごろまでである。それ以降に販売するものは、収穫直後の乾燥時にテンパリング乾燥を行ない、乾燥の仕上がり確認後すみやかに氷点下（マイナス2℃）貯蔵を開始しておく。

　氷点下貯蔵施設から出庫後は、すみやかに調製して出荷する。出荷後の萌芽・発根を抑制するため、出庫直後に高温処理を実施する場合もあるが精密な温度管理が必要である。

　なお、氷点下貯蔵のための乾燥・貯蔵方法については、「ニンニク周年供給のための収穫後処理マニュアル」（農研機構東北農業研究センター・青森県産業技術センター、2013年）、青森県指導参考資料『「にんにくの乾燥チェックリスト」の活用法』（青森県産業技術センター、2022年）を参照されたい。いずれもインターネットで公表されている。

(7) 出荷のための調製・梱包

　乾燥・貯蔵後出荷するためには再度茎を切り戻した後、外皮や尻部の土やほこりを取り除く。まず、根をリーマーやカッターで削った後、圧縮空気で土を除去し、球径を揃える。乾燥後のニンニクでも、密閉すると、りん片の呼吸で発生する水分で湿度が高まり、発根やカビの発生が促されるので、紙袋や網袋に入れた後、段ボール箱に収納するなど、ある程度通気性のある資材に梱包して出荷する。

4 病害虫防除

(1) 基本になる防除方法

①土壌病害虫

土壌消毒のために登録された農薬もあるが、取り扱いがむずかしいので小規模の生産者には勧められない。

イモグサレセンチュウに対しては信頼のおける種球の導入、紅色根腐病は他の作物との輪作、黒腐菌核病は土壌水分を高めないよう排水対策を行なう。

②種りん片の消毒

種りん片の消毒は、できるだけ植付け直前に行なう。チューリップサビダニ防除のための殺虫剤浸漬処理し、イモグサレセンチュウと黒腐菌核病防除のためのベンレートT水和剤20の湿粉衣を行なった後、しっかり乾燥させて植え付ける。

③茎葉部の薬剤散布

茎葉に発生した病害虫は、薬剤散布で防除する。チューリップサビダニは、種りん片消毒のほか、最近、薬剤の茎葉散布による効果的な防除方法が確立されてきた。

貯蔵中に使用できる農薬はないため、貯蔵中に被害が顕在化する病害虫の防除でも、種りん片の消毒か、収穫前の茎葉部への薬剤散布で対応する。

(2) 農薬を使わない工夫

耕種的防除法として、以下の点がポイントになる。

・信頼のおける種球を導入する。
・割れ球はできるだけ使用しない。
・種りん片の調製後はすみやかに種消毒を行なう。
・肥沃かつ排水性のよい土壌を選ぶ。
・施肥量は適正量とする。
・連作を避ける。
・病害虫の早期発見に努め、見つけたら早めに抜き取り、圃場の外に持ち出す。とくに、ネギ、タマネギなどのネギ属野菜が周辺に作付けされている場合や、ノビルなど野生のネギ属植物にも共通の病害虫があり、感染源になるので注意する。
・光反射シートはアブラムシ類の忌避効果があるため、アブラムシ伝染性ウイルスの感染抑制効果がある。マルチ資材の色は、シルバーの効果が高いが、通常の透明、グリーン、黒マルチでも一定の効果がある。

5 経営的特徴

ニンニク栽培は、種球の準備から収穫、乾燥、調製まで多くの時間がかかるが、人力作業が多い。そのうち、出荷のための調製は少数の人員で進めることも可能であるが、種こぼし、植付け、収穫の各作業は短期間に集中するため、無理なく確保できる人員から栽培規模を決める（表7）。

そのため、作業の多くが人力であった時代には、1戸当たりの経営面積は50～60aが限界と見られていた。しかし、最近は、高性能の植付け機や収穫機が開発され、ha単位の大規模経営も見られるようになってきている。

経営面では、種苗費が全体の10～20%かかる。種球は購入したり自家採種するが、増殖

表6　病害虫防除の方法

	病害虫名	特徴	防除法
病気	モザイク病	・ウイルス病。種りん片に伝染 ・アブラムシ伝染性3種，チューリップサビダニ伝染性4種が確認されており，いずれも葉にモザイク状や条状の退緑斑を生ずる ・生育が抑制され収量が減る。混合感染すると減収率が高まる	・媒介虫を防除 ・ウイルスフリー種球を導入する ・ウイルスフリー株でない場合など種圃場の感染株率が高い場合は，重症株のみを抜き取り処分する
	黒腐菌核病	・土壌病害。根が腐敗し，株元に黒色の菌核をつくる ・土壌水分が高いと発生しやすい	・連作を避ける ・種消毒剤，土壌処理剤あり ・被害株は土ごと抜き取り処分する
	紅色根腐病	・土壌病害。根が赤紫色に腐敗する ・高温で被害程度が高まる ・ネギ属植物を連作すると発生程度が高まる	・連作を避ける ・土壌処理剤あり ・被害株は抜き取り処分する
	春腐病	・細菌病。生育全期で認められる ・過湿条件，多肥条件で多発，被害程度が高くなりやすい	・発病初期に薬剤散布 ・腐敗株は抜き取り処分する ・適正施肥
	さび病	・生育全期で認められる ・罹病性のネギ属植物が感染源になりやすい	・発病初期に薬剤散布
	葉枯病 黄斑病 白斑葉枯病	・収穫後期に発生しやすい	・発病初期に薬剤散布 ・被害茎葉の処分を徹底する
害虫	イモグサレセンチュウ	・土壌に残った残渣にも寄生 ・収穫期間中に土からニンニクに侵入し，収穫後，乾燥・調製中に急激に増殖してニンニクの腐敗を引き起こす ・高温乾燥中はコイル状になって高温に耐える ・登録のある種消毒剤，土壌処理剤があるが，総合的・体系的に組み合わせても，完全に防除できない場合が多い	・未発生圃場を準備する ・発生地のりん片を種苗として利用しない ・発生圃場で使用した機械類は，十分洗浄する
	ネギアブラムシ	・青森県では，露地栽培のニンニクでの繁殖や被害はほとんど認められない ・有翅虫がウイルスを媒介する ・周囲にネギ類が栽培されている場合は防除を徹底する	・茎葉散布剤あり ・光反射資材は飛来虫の忌避効果がある。マルチ資材も一定の効果あり
	ネギコガ	・年に2～複数回発生。葉の内部に入り込んで食害する ・周囲にネギ類が栽培されている場合は注意する	・茎葉散布剤あり
	ネギアザミウマ	・15～25℃で増殖。適温は25℃前後 ・収穫中より，収穫後の管理中に被害を受けやすい ・周囲にネギ類が栽培されている場合は注意する	・適期収穫 ・割れ球は別にして管理する。できるだけ涼しい場所に保管する ・種りん片の調製はできるだけ植付け直前に行なう ・茎葉散布剤あり
	チューリップサビダニ	・きわめて小さく肉眼での観察は困難。茎葉での被害は，葉のねじれ，ワックスの消失，濃緑色の筋状の模様などの症状として現われることがある ・生育中から収穫・乾燥期にりん片内に侵入し，夏の高温期に増殖し，貯蔵葉表面に被害が現われる ・ウイルス病を媒介する	・適期収穫 ・貯蔵葉が露出すると移動しやすいため，割れ球は別にして管理する ・種りん片の調製はできるだけ植付け直前に行なう ・種消毒剤，茎葉処理剤あり

注）青森県農作物病害虫防除指針編成会議編「令和2年度農作物病害虫防除指針」を参考に作成

率を考慮して畑全体の5分の1〜4分の1の増殖圃場を必要とするためである。乾燥のための場所と機材、燃料費も必要である。

青森県は、国産ニンニクの責任ある産地として周年供給しているが、そのため収穫当年の10月後半以降の出荷のために萌芽抑制対策を行なっている。

球ニンニク栽培の所得率は、萌芽抑制剤の使用が認められていた1994年ごろは、輸入品の影響で安価であったにもかかわらず59・4％と高かった。しかし、2002年の萌芽抑制剤の登録失効後は、萌芽・発根抑制のための氷点下（マイナス2℃）貯蔵や高温処理に経費がかかり、53・9％に低下している（表8）。

（執筆：庭田英子）

表7　球ニンニク栽培の10a当たり作業時間の変遷

資料公表年	1971年	2015年
種りん片の準備	25.6	24.0
畑の準備	42.5	5.1
植付け	41.5	9.9
雑草防除	16.8	1.5
病害虫防除	12.1	4.2
追肥	3.0	—
収穫・乾燥	96.5	57.3
萌芽抑制	—	2.4
調製	137.8	101.0
その他管理	24.1	12.9
合計	404.9	217.9
備考	家庭菜園など，ほぼ人力作業の参考として	播種機，収穫機導入。2007年に萌芽抑制剤が登録失効のため氷点下貯蔵開始

注）青森県農林水産部調べ（1971年：農業改善経営指標，2015年：主要作物の技術・経営指標）から引用・参照

表8　球ニンニク栽培の経営指標

項目	1994年	2015年
収量（kg/10a）	1,412	1,170
単価（円/kg）	543	1,263
粗収入（円/10a）	766,716	1,477,710
経営費（円/10a）	311,309	681,555
種苗費	159,774	186,660
肥料費	33,924	66,993
薬剤費	42,079	74,556
動力光熱費	7,731	16,099
建物費	15,156	19,717
農機具費	25,968	66,082
流通経費・諸経費	26,677	251,448
農業所得（円/10a）	455,407	796,155
所得率（％）	59.4	53.9
労働時間（時間/10a）	317.0	217.9
備考	ウネ幅140cm，株間15cm，4条植え。輸入品の影響で価格低迷，萌芽抑制剤使用時代	ウネ幅150cmに変更，2002年萌芽抑制剤登録失効にともない，萌芽抑制技術は氷点下貯蔵・高温処理に変更。流通経費に，販売手数料12.8％，予冷・貯蔵料を含む

注）青森県農林水産部調べ（主要作物の技術・経営指標）から引用

葉ニンニクの栽培、ニンニクの芽の栽培

1 葉ニンニクの栽培

(1) 種りん片の状態と茎葉伸長

夏季休眠の覚醒した種球を用いる。球の肥大は必要ないため、種りん片は5g以下の小さいものでよい。

ニンニクは、15℃以下の低温にあわない条件で、水分と養分が供給されれば、継続して葉を形成する。茎葉の生長温度は15～25℃が適する。

低温に遭遇したニンニクは、冷蔵前に形成された葉の枚数だけ生長する。収穫・乾燥直後に冷蔵したニンニクは、葉数は数枚に留まり、収穫・乾燥後、常温に放置したニンニクは、休眠覚醒後の秋の期間に葉数を増やすので、葉ニンニクとしての収量が多くなる。

低温に遭遇していない場合は、日長が長いほどよく生長するが、低温遭遇後の種りん片は長日で球の形成も促進するので、限界日長以下とする。

(2) 植付け、収穫までの日数

植付けの10日くらい前、適度な湿度条件でポリエチレンシートをベタがけして、地温を高めておいてから植え付ける。植付け後は、トンネル被覆して温度を保つ。

植付け後、収穫までの日数は、9月中旬～10月下旬植えで30日程度、10月下旬植えで40～50日、11～12月以降の植付けで60～70日程度である。

種りん片の大きさを揃えて栽培すると、収穫物の茎径、収穫期が揃う。

(3) 土壌pH、施肥、栽植密度

土壌pHは6～6・8が適していて、球栽培と同様である。肥料は3要素とも1a当たり1・5kg（1㎡当たり15g）程度とする。

栽植密度は、ウネ幅1・3～1・5m（ウネ面1m程度）で、条間、株間とも3～5cmと密植にし、植付け深度は5cm程度とする。

生育中は適宜灌水する。また、生育後半に葉色が淡くなったら、適宜、葉面散布剤か液肥で追肥する。

(4) 収穫・調製

草丈20～25cm程度に生長したら株を引き抜いて収穫する。朽ちた貯蔵葉と黄変した葉を取り除き、軟白部分の土を洗い、根を切り落として100g程度でテープで結束し、防曇袋や鮮度保持袋に入れて出荷する。

収量は、1a当たり2000～2800kg程度である。

(5) 農薬使用の注意点

農薬取締法における作物分類「ニンニク」で登録されている農薬は、球ニンニク栽培を想定しているので、葉ニンニクには使用できない。葉ニンニクとして収穫・販売する場合は、「葉ニンニク」ないし「野菜共通」で登録されている薬剤、使用方法に限られる（2024年4月現在）。

2 ニンニクの芽の栽培

(1) 栽培は球ニンニクに準じる

栽培方法は球ニンニク栽培に準じる。抽台した花茎組織が若く軟らかいうちに収穫(とう摘み)したものが「ニンニクの芽」である。ニラで「花ニラ」が「とう」がついた花茎を食用に供することができるように、ニンニクの「とう」部分も食用に問題はない。

収穫したニンニクの芽は、束ねるか、鮮度保持袋などに入れて販売する。

品種は、抽台性の高い早生品種が適する。

(2) 農薬使用の注意点

栽培方法はむずかしくないが、注意を要するのが農薬を使用する場合である。

農薬取締法における作物分類「ニンニク」で登録されている農薬は、球ニンニク栽培を想定しているため、農薬を使用する場合は「野菜共通」に利用できる薬剤、使用方法のみに限られる(２０２４年４月現在)。

そのため、球ニンニク栽培中に発生した「とう」をニンニクの芽として販売したい場合は、あらかじめ「野菜共通」に使用できる農薬のみを使用して、圃場や種苗の準備、栽培を行なわなければならない。なお、ニンニクの芽を収穫後にりん球を収穫する場合は、「ニンニク」登録薬剤の使用が可能である。

(執筆:庭田英子)

温暖地での球ニンニク栽培、葉ニンニク栽培

1 この作型の特徴と導入

(1) 作型の特徴と導入の注意点

西南暖地で栽培されているニンニクは、主に暖地系品種を用いて行なわれている。暖地系ニンニクは、寒地系に比べ、りん片が10個前後に細かく分かれているのが特徴である。

作型には、普通栽培とマルチ栽培の二通りがある。収穫は4月中旬から6月上旬で、マルチ栽培の収穫時期は、マルチ資材の種類によって普通栽培より数日から2週間程度早まる(図6)。

マルチ栽培は、球肥大期の土壌水分保持効果が高いため、大玉生産に寄与するとともに、収穫から調製・出荷の労力を分散できるため、規模拡大には必要な技術である。

出荷方法には、収穫後、出荷期間の延長を目的に温風などで乾燥させて保存性を高めた乾燥ニンニクと、ただちに出荷する青切りニンニクがある。

栽培は、10月から翌年の6月初めまで、約8カ月の長期間におよぶため、土つくり、雑草対策、病害虫防除を徹底することが重要である。

(2) 他の野菜・作物との組合せ方

連作障害を回避するため、前年にヒガンバナ科作物(ニンニク、タマネギ、ネギなど)の栽培を行なっていない圃場を選定するなど、輪作体系で栽培することが大切である。

なお、前作として、米麦や、緑肥作物のソルゴーなどを作付けるとよい。

図6　温暖地での球ニンニク栽培　栽培暦例

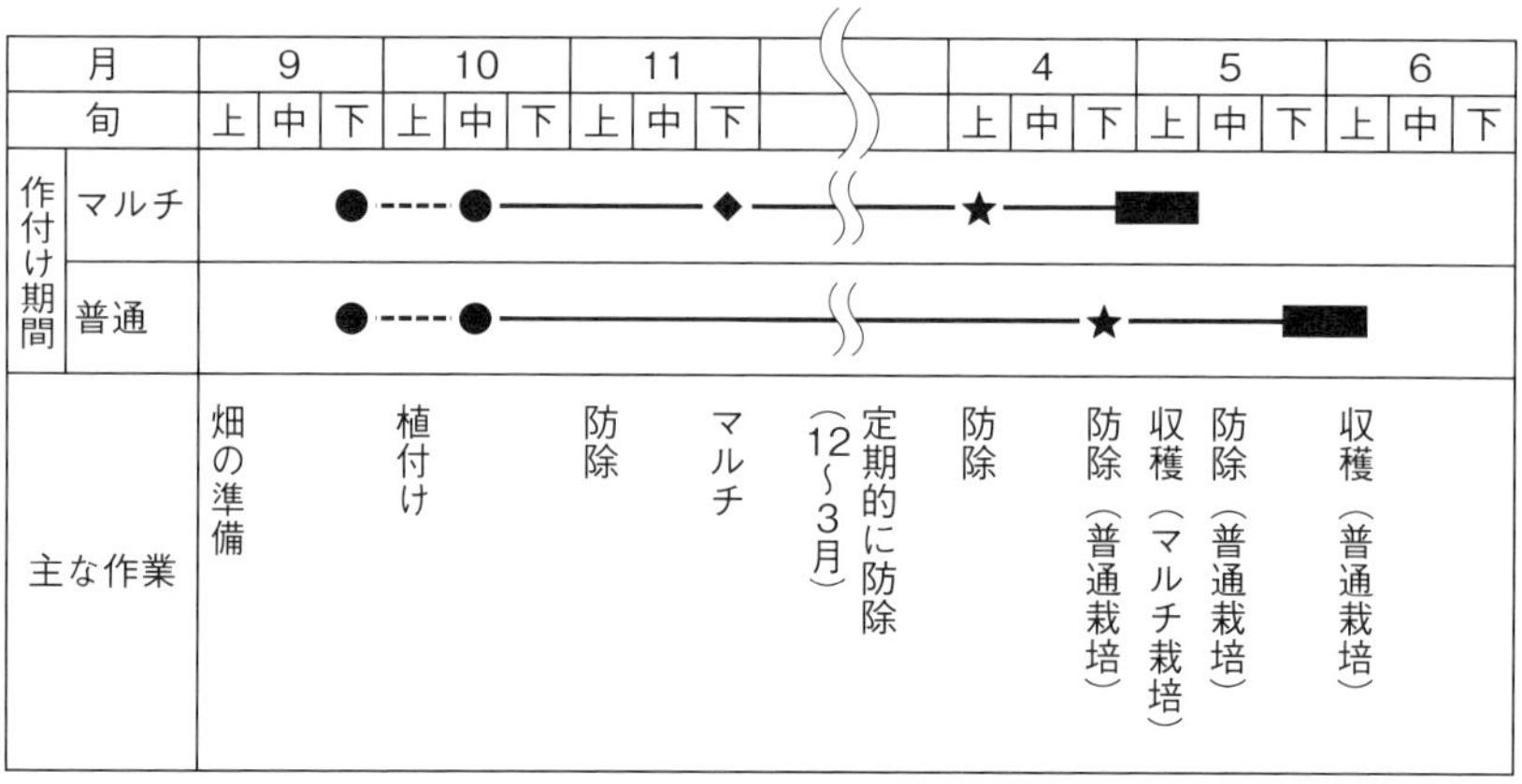

●：植付け，◆：マルチ，★：とう摘み

2 栽培のおさえどころ

(1) どこで失敗しやすいか

① 長期栽培のため根傷み、根腐れは禁物

ニンニクは、生育期間が長く、土壌の乾燥にも過湿にも弱い。保水性と排水性のよい圃場を選ぶ。抽台期前後の地上部生育量が最大になるころから、蒸散量はかなり多くなるので、保水性の高い土壌が大玉生産につながる。

また、土入れ作業を行なうため、土入れした土壌の通気性も問題になる。

② 無理な早植えは禁物

植付け後の気温の低下とともに生育量は減少するので、年内の生育量の確保は必要である。しかし、そのために極端な早植えを行なえば、高温で萌芽が不揃いになったり、萌芽に日数がかかったりする。

一方、植付けの遅れは小球化し、収量低下につながる。

③ 病害の発生には注意

球の肥大期ころからは、春腐病や白絹病などの病害発生が目立ってくる。これらの病害は、発生してからの防除は困難なので、予防を基本に定期的に行なう。年内からの防除と、強風や豪雨などの気象変化に応じた防除が大切である。

④ 除草対策はしっかり行なう

栽培期間が長いため、雑草が繁茂しやすく、管理できない状態におちいることもある。マルチ栽培や除草剤を有効に利用し、雑草対策の省力化を図り、労力軽減と高品質生産を行ないたい。

(2) おいしく安全につくるためのポイント

大玉生産を期待して、多肥栽培になりがちである。しかし、過剰施肥は、春腐病などの発生を助長する。また、排水の悪い圃場では、生育不良だけでなく病害の発生も多い。こうした病害が発生しやすい環境では、農薬の散布回数が多くなるから注意する。

病気を誘発させないために、窒素過多にならないような施肥と、病害虫を早期に発見し、初期防除を徹底することが大切である。

排水のよい圃場の選定や、排水性改善のための土つくりは、ニンニクが育ちやすい環境をつくり上げ、「おいしい、高品質、安心」

なニンニク生産につながる。

(3) 品種の選び方

西南暖地で栽培されているのは、主に暖地系品種である。寒地系品種を暖地で栽培すると、生育特性が気候に合わず、球の肥大が悪くなってしまう。'上海早生'や'平戸'などの暖地系品種を選ぶ（表9）。

表9　温暖地での球ニンニク栽培に適した主要品種の特性

品種名	特性
上海早生	りん片数が10～12片の暖地系極早生種。球の大きさは直径で6～7cm，球重は約80gである
平戸	りん片数が8～10片の暖地系早生種。球の大きさは直径で7～8cm，球重は100～150gである

3 栽培の手順

(1) 種球の準備

充実したりん片を厳選するために、10ａ当たり125～150kgを目安に種球を用意する。

大きいりん片を用いると大玉生産が期待できることが知られているが、選別して5～8ｇのりん片を用いる（図7）。とくに大きなものや、小りん片が付着しているものは、複数萌芽するので用いない。

(2) 畑の準備

物理性改善のため、完熟堆肥を10ａ当たり3ｔ程度、植付け1カ月前を目安に施用しておく。また酸性土壌では生育が悪くなるので、石灰資材を施用して矯正しておく。

元肥は植付け1週間前に施用し、よく砕土して整地する。

萌芽後から溝の土を管理機でのせる、土入れ作業を行なってウネを仕上げていくので、初めはウネ立てを行なわず、植え溝になるところに印をつける。

(3) 施肥

初期生育は緩慢で、球肥大期が近づくと旺盛になる。窒素吸収量も生育に応じて増加するので、追肥主体の施肥が望ましい。しかし、年内の生育量確保と厳寒期も茎径は増大しているので、年内の追肥は遅れないよう、普通栽培では2回、マルチ栽培では被覆前に1回施す。

普通栽培の施用量は、窒素成分で10ａ当たり19～24kg、マルチ栽培では17～23kgである（表11、12）。

(4) 植付けのやり方

萌芽を揃えるため、植付け前日に、りん片を水に12～24時間程度浸漬する。

9月下旬から植付けを開始し、10月中旬には完了させる。

植え溝は2～3cm程度の深さに浅く切り、りん片は、芽の出る部分を真上にして軽く押さえる程度に並べ、3cmを目安に土のかけすぎに注意して覆土する（図8）。深植えは萌芽が遅れ、不揃いになるので注意する。

栽植様式は、ウネ幅130cm、条間20cm、株間15cm、あるいはウネ幅110cm、条間30

表10　温暖地での球ニンニク栽培のポイント

	技術目標とポイント	技術内容
植付けの準備	◎圃場の選定と土つくり	・連作を避ける ・排水がよく，肥沃な作土の深い圃場を選定する ・植付け1カ月前を目安に，完熟堆肥を3t/10a程度施用する ・酸性土壌では生育が悪くなるので石灰資材を施用して矯正しておく（pH6.0〜6.5目標）
	◎元肥の施用	・元肥は植付け1週間前に全面施用する
	◎ウネつくり	・土壌水分が適当なときにウネつくりをする ・土入れ作業を行なってウネを仕上げていくので，初めはウネ立てを行なわず，植え溝になるところに印をつける（110〜130cmのウネ幅を想定すること）
	◎排水対策	・降雨対策として，圃場周囲と数ウネごとに排水溝をつくっておく
	◎種球の準備と選別	・5〜8gのりん片を選別して種球に用いる ・りん片が細いものや，先端および根部が腐敗しているものは除く
植付け	◎植付け適期	・9月下旬から植付けを開始し，10月中旬には完了させる ・無理な早植えは避け，山間部や海沿いなどの圃場条件，暖冬など気象状況により調整する ・植付けが遅れると小球化し，収量低下につながる
	◎植付け方法	・りん片は，芽の出る部分を真上にして植え溝に15cm間隔で並べる ・覆土はおおよそ3cm程度とする ・植付け後，灌水を行なって発芽を揃える
植付け後の管理	◎除けつ	・1株から2本以上の芽が出ている場合は，傷めないように根元を押さえて除去し，1芽にする
	◎土入れ	・普通栽培では萌芽後から12月中旬までに3〜4回，マルチ栽培では11月中旬までに3回程度土入れする。各回とも10cm以上の厚さに土入れを行なう
	◎マルチ被覆	・マルチ栽培の場合，マルチ被覆は11月中旬までに行なう
	◎とう摘み	・生育最盛期になると，とう立ちしてくるのでこれを残しておくと球肥大が劣る。随時，とうが伸びきった状態で摘む
	◎雑草対策	・土壌処理型除草剤などの除草剤を有効に使用し，雑草対策の省力化を図る
	◎病害虫防除	・防除は予防を基本に定期的に行なう。年内からの防除と，気象変化に応じた防除が大切である
収穫・乾燥・調製	◎適期収穫	・収穫適期は，結球肥大して茎葉が2分の1〜3分の1程度黄変したころで，とう摘み後4週間弱ころ ・降雨にあわないよう，天候を見計らいながら一気に作業を進める
	◎青切りニンニクの調製	・青切りニンニクは，抜き取り後，根切り，外皮などを調製して，当日または翌日までには出荷する
	◎乾燥・貯蔵・調製 ・乾燥と終了の判断	・乾燥ニンニクは，収穫後，根を切り取り，茎を20cm程度残して切り落とし，乾燥施設に応じた所定の方法で張り込む ・乾燥終了の目安は，張り込み時の重量の7割になったころ
	・乾燥ニンニクの貯蔵	・乾燥が終わったものは，風通しがよく，涼しい納屋のようなところで貯蔵する
	・乾燥ニンニクの調製	・出荷する前に，土のついた球の外皮を2枚程度はいで，地域の規格に応じて出荷する

図7　種りん片の選別

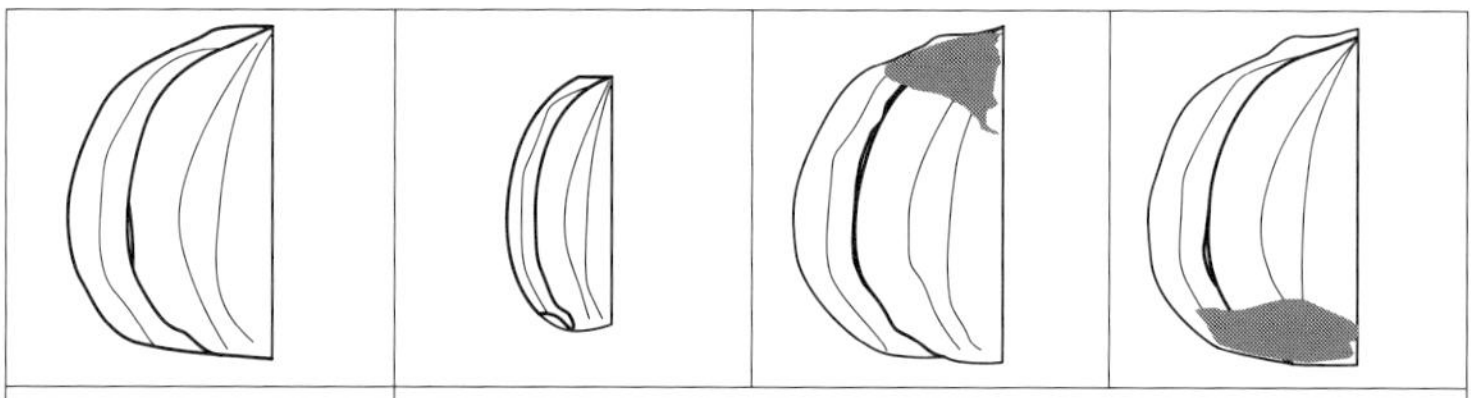

充実した種りん片（4g以上）	細いものや，先端および根部が腐敗しているものは除く

cm、株間13cmのいずれかにする（図9）。

(5) 植付け後の管理

灌水　萌芽時、土壌が著しく乾燥すると、水に浸漬した効果が得られず、萌芽が停止するため、適時、灌水を行なって萌芽を促進させる。

除けつ　複数萌芽してきた株は、早めに1本にする。放置すると肥大が悪く、いびつな球になる。

土入れ　裂球は、商品性を損なう大きな障害であるが、土入れにより地温や水分の変化をゆるやかにすることで軽減できる。普通栽培では、萌芽後から新葉の展開に合わせ、12月中旬までに3〜4回、トータル10cm以上の厚さに土入れを行なう（図10）。

マルチ栽培では、11月中旬までに同じく3回程度、トータル10cm以上の厚さになるように土入れを行ない、その後マルチ被覆する。

なお、土入れ時には、下層部への通気不足、土壌の締まりを防ぐため、完熟堆肥などを条間に施してから行なうようにする。

マルチ被覆　マルチ栽培の場合、被覆は11月中旬までに行なう。被覆時に、マルチを押し上げた芽の部分は、針金、塗り箸などを用いて、ていねいに引き出す（図11）。

とう摘み　生育最盛期になると、とう立ち（抽台）してくる。これを残しておくと球肥大が劣

表11　球ニンニクの普通栽培の施肥例　（単位：kg/10a）

	肥料名	総量	元肥	追肥		成分量		
				11月下旬	12月中旬	窒素	リン酸	カリ
元肥	完熟堆肥	3,000	3,000					
	苦土石灰	160	160					
	緩効性化成肥料	140	140			11.2	16.8	11.2
追肥	有機苦土入り化成	40		40		6.0	4.0	4.4
	窒素加里化成	40			40	6.4		6.4
施肥成分量						23.6	20.8	22.0

表12　球ニンニクのマルチ栽培の施肥例　（単位：kg/10a）

	肥料名	総量	元肥	追肥（マルチ前）	成分量		
					窒素	リン酸	カリ
元肥	完熟堆肥	3,000	3,000				
	苦土石灰	160	160				
	苦土過燐酸石灰	40	40			6.8	
	緩効性化成肥料	140	140		14.0	14.0	14.0
追肥	有機苦土入り化成	40		40	6.0	4.0	4.4
施肥成分量					20.0	24.8	18.4

図8　ニンニクの植付け作業

図9　りん片の植付け（栽培様式）

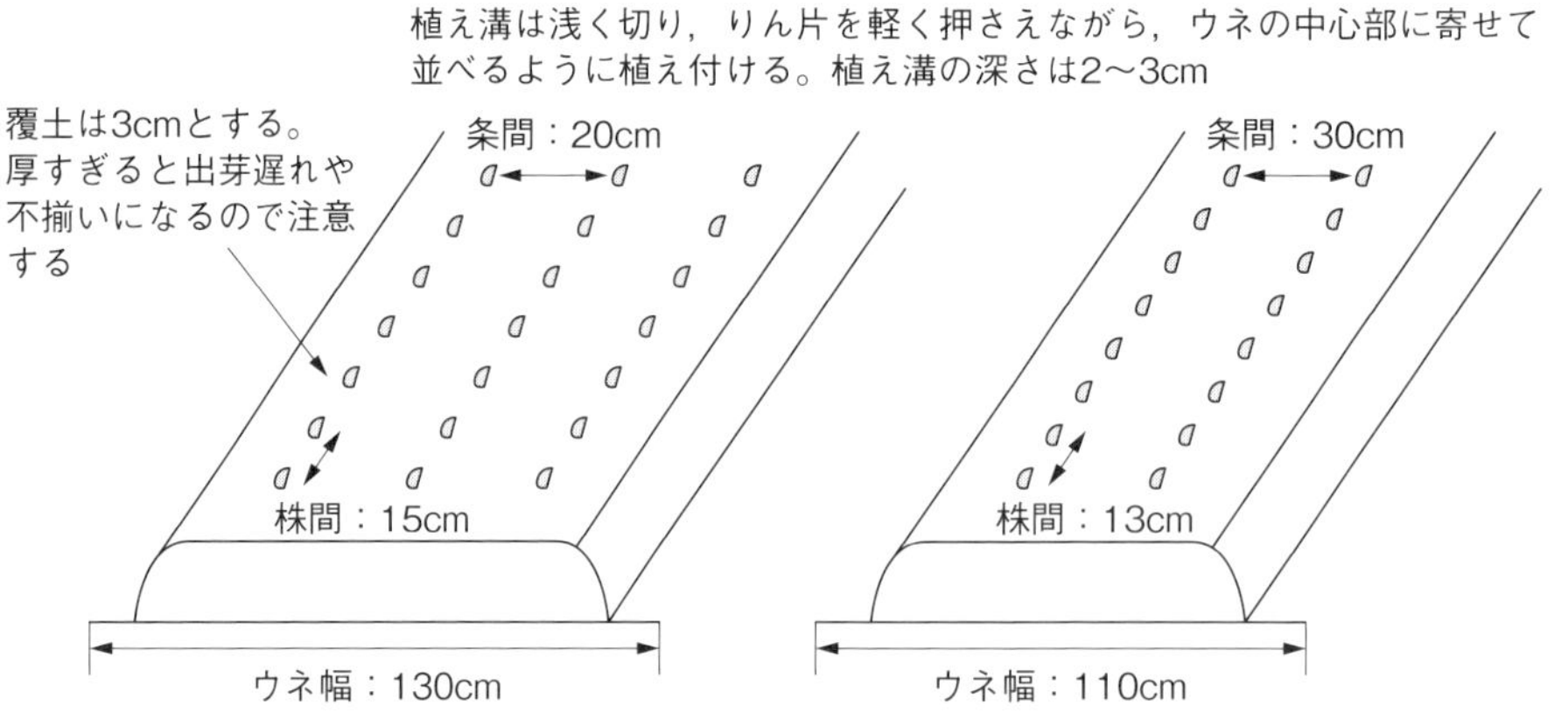

図10　土入れ作業

図11　マルチからの芽の引き出し作業

るので、圃場を随時巡回して、とうが伸びきったらできるだけ早く摘むようにする。

(6) 収穫、乾燥

①収穫方法

収穫適期は、結球が肥大し、茎葉が2分の1～3分の1程度黄変したころで、とう摘み後4週間弱のころになる。収穫が早すぎると収量が少なく、遅くなると裂球の発生が多くなり品質が低下する。降雨にあわないよう、天候を見計らいながら作業を進める（図12）。

抜き取り後、根切りを行なうが、根が乾か

図12　収穫作業

表13　病害虫防除の方法

	病害虫名	防除法	主な農薬
病気	春腐病	・発生圃場では，7～10日間隔で薬剤防除を行なう。連作圃場や，湿潤な天候が続き急増が予想される場合は，抗生物質剤を主体に5～7日間隔で防除を行なう ・病原菌は茎葉の傷口から侵入するので，強風雨や土入れなどの農作業の前後に防除を行なう ・腐敗株は伝染源になるので早期に抜き取り，圃場外に持ち出すなど適正に処分する ・排水不良は発病を助長するので，明渠などによって排水対策を徹底する ・初期生育の旺盛な圃場では発生しやすいので，過度の多肥栽培は控える	カスミンボルドー，バリダシン液剤5，アグリマイシン-100，コサイド3000
	白絹病	・前年発病した圃場では，できるだけ連作を避ける ・排水をよくする ・生ワラ，生モミガラなどの施用は発生を助長する原因となるため控える	モンガリット粒剤
	さび病	・生育の旺盛な圃場では発生しやすいので，過度の多肥栽培は控える ・春先から発生が確認され，降雨や結露などの水滴で植物体が濡れ続けるほど感染に好適になるため，こうした環境条件に注意し，発生前や発生初期に予防剤をていねいに散布する ・圃場全般に発生するようであれば，治療効果のある殺菌剤を選択する	ダコニール1000，ラリー乳剤，アミスター20フロアブル，テーク水和剤
害虫	アザミウマ類	・春先から気温の上昇とともに増加する ・圃場をよく観察し，発生が確認されたら早期に防除して密度を下げる ・飛来を防ぐため，圃場内と圃場周辺の除草に努める	モスピラン顆粒水溶剤

ないうちに専用鎌で根の基部から切り落とすと、切断面が滑らかに乾くとともに堅く締まる。根切りが終われば不要な茎葉を切り落とす。

②青切りニンニクの調製・出荷

青切りニンニクは、抜き取り後、根切り、外皮などを調製し、当日または翌日までに出荷する。時間が経過すると品質が低下する。

③乾燥と乾燥終了の目安

乾燥ニンニクは、大型除湿乾燥施設を導入している産地もあるが、自前の乾燥施設を整備している農家も多い。平型乾燥機、もしくはビニール温室やシート、温風機による専用乾燥施設を用いて乾燥している。

収穫時の球の水分はおよそ75％であり、水分の戻りや球表皮の色調低下を防ぐには、60％まで乾燥させる必要がある。乾燥終了の目安は、張り込み時の重量の7割になったころである。乾燥が不十分だとカビが発生する。

4　病害虫防除

(1)　基本になる防除方法

越冬後、気温の上昇とともに春腐病や白絹病、さび病が発生する。これらの病害は、発生してからの防除は困難であるため、予防を基本に定期的に防除を行なう。とくに、土入れ作業やマルチ被覆作業、強風などで茎葉が傷んだ後の防除は大切である。

使用する農薬は、地元の農業改良普及センターや病害虫防除所、農協に問合せして最新の情報にもとづいて選定すること。

(2)　農薬を使わない工夫

2項「(2)おいしく安全につくるためのポイント」を参照。

5　経営的特徴

経費の内訳を見ると、種球代と流通経費で5割以上を占めている。したがって、種苗費のコストを考慮して栽培を計画する。また、乾燥ニンニクでは、個人乾燥の場合は乾燥施設のイニシャル・ランニングコスト、共同施設での乾燥の場合は利用料などが増加する。

労働時間は、10a当たり251時間である。そのうち収穫が34時間（14％）、出荷・調製作業が80時間（32％）で、収穫・出荷調製に要する時間は、全体の5割近くを占め、多くの時間を必要とする。

そのため、経営に無理のない作付け規模や、複合経営の場合には、組合せ品目を決めることが大切である。さらに、収穫・調製作業が一時期に集中するため、生産規模を拡大する場合は、必要な労働力を確保しなければならない。

表14　温暖地での球ニンニク普通栽培の経営指標

項目	
収量（kg/10a）	800
単価（円/kg）	1,000
粗収益（円/10a）	800,000
経営費（円/10a）	338,400
種苗費	84,300
肥料費	44,600
薬剤費	41,800
資材費	16,000
動力光熱費	20,900
農機具費	13,400
施設費	3,000
修繕費	5,100
租税公課	4,400
支払地代	2,400
流通経費	99,200
その他	3,300
農業所得（円/10a）	461,600
労働時間（時間/10a）	251

6 葉ニンニク栽培（トンネル栽培）

球ニンニク栽培に準じて栽培する。ただし、葉を収穫するため、球ニンニク栽培より密植にし、1m幅のウネに10×6cmの間隔で1㎡150〜170個植えとする。

その他のポイントは、以下のとおりである。

・温暖地に適した'上海早生'のような品種を選定する。

・寒さが厳しくなる12月の後半から、保温のためにトンネル被覆して、生育を促進させる。

・土壌が乾燥すると生育が進まないので、乾燥したときは十分に灌水する。

・葉ニンニクでは若どりするため、葉数が5〜6枚、草丈が30cm以上になったら収穫する。

（執筆：伊藤博紀）

ラッキョウ

表1　ラッキョウの作型，特徴と栽培のポイント

主な作型と適地

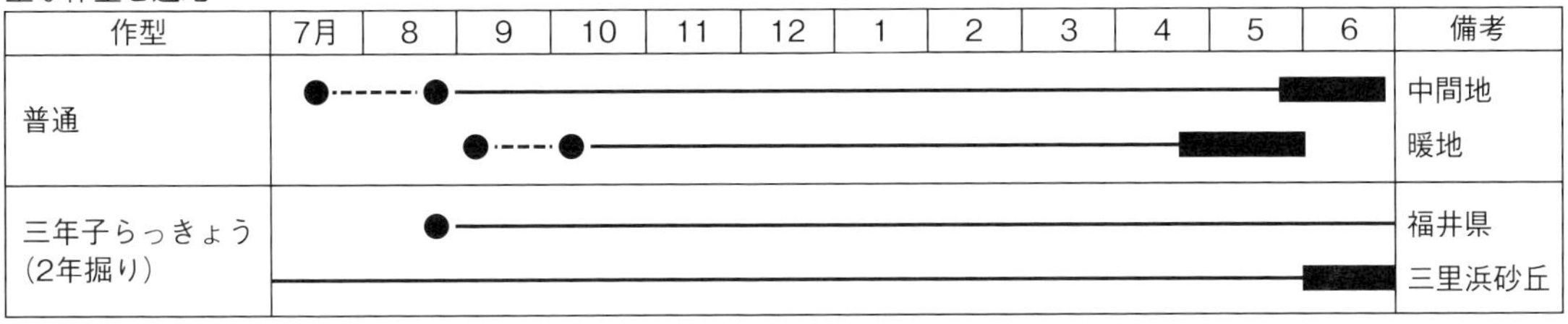

●：植付け，■：収穫

特徴	名称	ラッキョウ（ヒガンバナ科ネギ属）別名：オオニラ，サトニラ，ラッキョ，ダッキョなど
	原産地・来歴	中国内陸部，ヒマラヤ地方が原産とされている。中国では紀元前より薬として栽培・利用されていた。日本へは奈良時代から平安時代にかけて伝わり，薬として利用されていたが，室町時代後期には食用として利用され始め，江戸時代には野菜として普及し全国へ広まった
	栄養・機能性成分	生ラッキョウは100g当たり20.7gの食物繊維が含まれており，その約9割にあたる18.6gが水溶性食物繊維（フルクタン等）である。その他，ビタミン類では100g当たり23mgのビタミンCが含まれ，ミネラル類では100g当たり230mgのカリウムが含まれている
	機能性・薬効など	ラッキョウの辛味や匂いの元である硫化アリルなどの有機硫黄化合物には，消化促進，疲労回復などの効能が期待されている
生理・生態的特徴	萌芽条件	初夏に浅い休眠があり，その後萌芽する
	温度への反応	生育適温は18～22℃。気温12℃以上でりん茎が肥大する。低温には比較的強い
	日照への反応	長日条件（日長13時間以上）でりん茎の肥大が促進され，短日条件ではりん茎は肥大しない。長日条件で花芽の形成が促進される
	土壌適応性	土壌への適応性は広い。砂丘地のようなやせ地でも栽培ができ，比較的品質がよい
	開花習性	長日条件によって花芽分化し，夏の休眠後抽台し，10月下旬から11月上旬にかけて開花する。栽培種は結実しない
	休眠	初夏に浅い休眠がある
栽培のポイント	主な病害虫	病気：乾腐病，白色疫病，灰色かび病 害虫：ネダニ類，ハモグリバエ類
	他の作物との組合せ	栽培期間が長く，他の品目との組合せは少ない

この野菜の特徴と利用

(1) 野菜としての特徴と利用

①原産と来歴

原産地は中国で、浙江省の山野に自生しているといわれている。ヒマラヤ地方、ベトナムやインドでも野生種が見られる。紀元前の春秋戦国時代には、すでにラッキョウの利用があったと記されている。

わが国への伝来の時期や、最初に渡来した場所は定かではないが、平安時代中期（918年）に編纂された『本草和名』などに名があげられ、10世紀初頭にはラッキョウは利用されていた。同じころ編纂された格式『延喜式』によると、当時は薬として用いられていたという記録が残っている。

その後、江戸時代までには野菜として全国各地に普及していた。

②現在の生産・消費状況

生産状況　国内の主要産地は鳥取県、鹿児島県、宮崎県、沖縄県、徳島県などで、2018年の全国の栽培面積は637haで、出荷量は7272tである。出荷量のうち約66％が生食用、残りの約34％が加工用である。

出荷の最盛期は5月から6月にかけてで、九州・四国地方の産地から出荷が始まり、その後他産地の出荷が行なわれている。生産量は産地の高齢化、担い手不足などにより減少傾向にあり、品薄感がある。

外国からは、主に塩蔵ラッキョウで輸入されている。主要な輸入先は中国であり、わずかながらベトナムもある。輸入量は2003年ころには年間1万4000tだったが、近年は国産志向の高まりから500t前後と大幅に減少している。

消費状況　生食用として出荷されたものは、小売業者を通じて消費者の手にわたり、消費者自身で甘酢漬けなどの漬け物に加工されている。

近年、単身世帯、核家族世帯の増加により、家庭内で漬け物をつくる機会が少なくなってきており、消費は横ばいか減少傾向にある。

③栄養・機能性

タンパク質、脂肪といった栄養成分は少ない。

ラッキョウに多く含まれる栄養成分には食物繊維があり、生ラッキョウ100g当たり20・7g含まれ、そのうち約9割にあたる18・6gが水溶性食物繊維（フルクタンなど）である。食物繊維には整腸作用や、血糖値上昇の抑制、血液中コレステロール濃度の低下などの効果があるといわれている。

そのほかの栄養成分として、ビタミン類ではビタミンCが100g当たり23mg含まれ、ミネラル類ではカリウムが100g当たり230mg含まれていている。カリウムは血圧を正常に保つ効果があるといわれている。

また、辛味や匂いの元となる、硫化アリルなどの有機硫黄化合物も多く含まれ、抗菌作用や血栓の生成を予防する効果があるといわれている。

④利用法

古来より伝統的な漬け物用食材として甘酢漬け、塩漬け、醤油漬けに加工・利用される。

一方、沖縄県で栽培されている島ラッキョウは、他産地と比較して小ぶりで辛味と香りが強いのが特徴で、生のまま軽く塩もみをして鰹節とともに食べたり、天ぷらや卵料理の材料として用いられるなど、わずかずつではあるが生食用としての利用が増加している。

(2) 生理的な特徴と適地

① 形態と生理的特徴

ラッキョウはヒガンバナ科に属する多年生草本で、食用部分は普通葉の基部（りん茎）が肥大したものである。栽培種は染色体数が四倍体または三倍体で、種子ができないため、株分けで増殖する。

りん茎の肥大は日長と温度条件の両方が関係し、13時間以上の長日と、平均気温が12℃以上で促進される。同様に花芽分化は、長日、温暖条件で起こる。また、分球の元になる分球芽（生長点）の形成時期は、日本海側の地方では秋と春の2回である。

りん茎の肥大が終わる初夏に、ごく浅い休眠期が見られる。

開花期は10月下旬から11月上旬にかけて、花色は紅紫で球状の小花が多数咲く。

② 土壌適応性と適地

肥料の吸肥力が強く、乾燥や低温にも強いが、湿害には比較的弱い。土壌条件は、砂土のようなやせ地や、黒ボク土のように肥沃な土壌でも栽培が行なわれていて、適応性は高い。

しかし、肥沃な土壌では分球数が少なく、球が大きくなりすぎるため、球の大きさが適度で、形状の良好な砂土での栽培が品質面で優れている。

③ 主な作型

中間地での普通栽培は、7月下旬から8月下旬にかけて植付けを行ない、年内の生育を確保する。収穫期は翌年の5月下旬から6月中旬までである。

暖地での普通栽培は、9月上旬から10月上旬にかけて植付けが行なわれる。収穫期は、中間地よりも平均気温が高く生育が良好なため、4月下旬から5月下旬までである。

また、全国で唯一、福井県坂井市の三里浜砂丘地では「三年子らっきょう」と呼ばれる、植付けした年の翌々年に収穫する作型に取り組んでいる。「三年子らっきょう」は、普通栽培のラッキョウと比較して小粒で身の締まりがよく、繊維が細かく歯切れのよさが特徴である。

④ 品種・系統

古くから栽培されているものの、系統の分離・分化は多様ではなく、品種数は少ない。大別して大球系と小球系に分けることができる（表2）。

表2　品種・系統の特性，用途

タイプ	早晩性	用途	出荷形態	品種・系統例
大球系	早生	漬け物，生食	根付き，洗い	らくだ（各地方在来）
小球系	晩生	漬け物	洗い	玉らっきょう

大球系は、日本各地で栽培されている早生の〝らくだ〟系で、これを起源に選抜したり、地方品種として固定されたものがある。福井県で栽培されている「三年子らっきょう」は福井県在来の〝らくだ〟系を用いている。

小球系として〝玉らっきょう〟があり、1938（昭和13）年に台湾から導入された品種で、分球がきわめて多く、晩生であり、徳島県と鳥取県で産地化されている。

また、食用ではないが、切り花や鉢花を目的に、栽培種と野生種を交雑したラッキョウの育成が行なわれ、品種登録されている。

（執筆：北山淑一）

普通栽培

1 この作型の特徴と導入

(1) 作型の特徴と導入の注意点

ラッキョウは耐暑性、耐寒性に優れるとともに、乾燥に強い作物であるため、砂地のような乾燥・やせ地で比較的品質の高いものを生産しやすい。栄養繁殖の作物であり、栽培初年目に種苗を入手すれば、次作から自家増殖で種苗をまかなうことができる。

普通栽培は、夏から初秋にかけて植付けし、翌年の5月から6月にかけて収穫するため、栽培期間は約1年と長い（図1）。

近年、生産量が全国的に減少しているため、販売単価は堅調に推移している。

(2) 他の野菜・作物との組合せ方

栽培期間が約1年と長いため、他の野菜・作物との組合せは少ない。

そのため、数十年にわたり連作している圃場も産地では多く、線虫類や土壌病害の発生が多くなる傾向にあり、作付け前の薬剤による土壌消毒を行なう。

2 栽培のおさえどころ

(1) どこで失敗しやすいか

①健全な種球の使用

乾腐病、ウイルス病などの発生していない、無病の種球を用いることが重要である。そのため、種球育成については細心の注意をはらい、石灰資材の施用や窒素過多にならない肥培管理、ウイルス発生株の抜き取りが必要である。

②生育初期の害虫被害の低減

植付けから11月ころまでの生育初期に、ハモグリバエ類によって地上部が著しく食害を受けると、収量が減少する。発生密度が高くなると防除効果が低下するので、発生初期の

図1　ラッキョウの普通栽培　栽培暦例

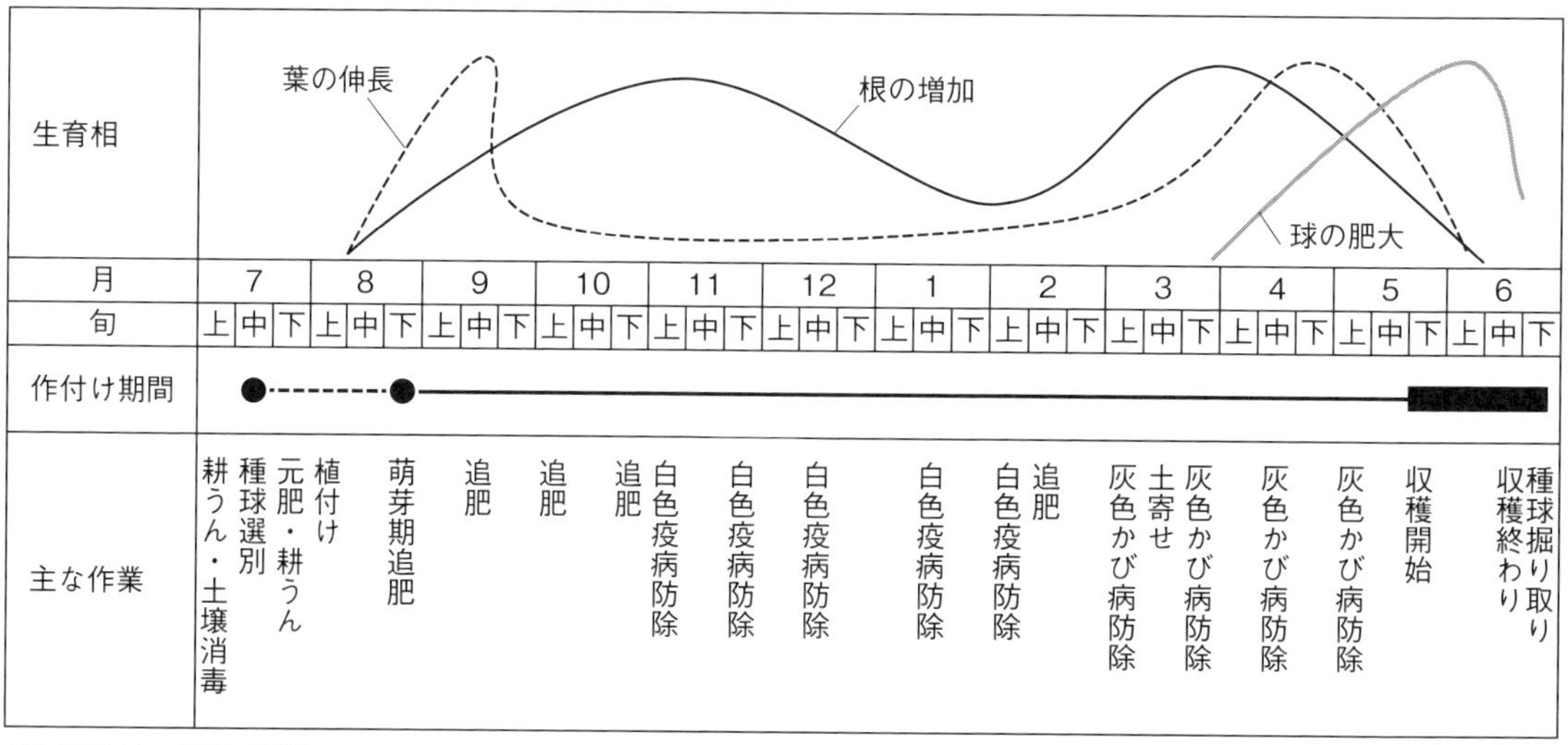

●：植付け，■：収穫

防除に努める。

(2) おいしく安全につくるためのポイント

適熟品は歯切れのよい「シャリシャリ」した良食感で、加工適性も高い。春先遅くまで窒素が効くことがないように、早めに施肥を切り上げて、りん茎の充実に努め、早掘りをしない。

(3) 品種・系統の選び方

本作型に向く品種・系統は、大球系の'らくだ'、小球系の'玉らっきょう'の2種類である(表3)。

'らくだ'は、洗いラッキョウ用には分球数が多い球数型、根付きラッキョウには分球数が少ない球重型の系統が選抜されている。

また、小球系の'玉らっきょう'は分球数が多く、1株当たり重量は重く、洗いラッキョウ向きの品種である。ただし、土

表3　普通栽培に適した主要品種・系統の特性

品種・系統名	主な入手先	特性
らくだ (各地方在来)	全国各地	四倍体。一般的に栽培されている。早生で分球数は少ないが, 1球当たりの玉(りん茎)が大きい。各産地で系統選抜が行なわれている在来種。球数型の系統は洗いラッキョウ向き, 球重型の系統は根付きラッキョウ向き
玉らっきょう	徳島県, 鳥取県など	三倍体。'らくだ'系と比較して晩生で, 分球数は多いが, 1球当たりの玉(りん茎)は小さい。1938(昭和13)年台湾から導入された。洗いラッキョウ向き

表4　普通栽培のポイント

	技術目標とポイント	技術内容
圃場の準備	◎圃場の選定	・排水不良畑は病害虫の発生が多いので避ける ・連作圃場は, 前作の残渣が残らないように努める
	◎土壌消毒	・連作が続く場合は, 病害虫発生を減らすため土壌消毒を行なう
	◎深耕	・根群の発達(球の肥大)を促すため, できるだけ深耕する
種球の準備	◎系統選抜	・洗いラッキョウ用は, 分球数が多い球数型の系統を選ぶ ・根付きラッキョウ用は, 分球数が少ない球重型の系統を選ぶ
	◎優良種球の確保	・採種専用圃場を設けることを原則とするが, 設けない場合は病害虫の発生が少なく, 収穫時に生葉数が多く葉色の淡い圃場のラッキョウを残す
	◎種球の浸漬処理	・乾腐病とネダニ類発生予防のため, 植付け前に種球を薬剤浸漬処理し, 間隔をおかず植付けを行なう
植付け方法	◎栽植様式と植付け方法	・条間24～25cm, 深さ10～15cm程度に植え溝を切り, 株間8～15cmで1球ずつ植える。覆土は行なわない
	◎浅植えにしない	・極端な浅植えは青子(青ラッキョウ)になるので注意する
	◎適期植付けを守る	・植付け時期が遅くなると, 分球数が少なく, 白色疫病も発生しやすくなるので注意する
植付け後の管理	◎追肥	・生育に合わせて追肥する
	◎雑草対策	・雑草が目立つときは手取り除草する
	◎病害虫防除	・10月下旬から春先にかけて, 白色疫病の発生に注意する ・3月下旬以降, 灰色かび病の発生に注意する
	◎青子対策	・風の強いところでは, 青子(青ラッキョウ)防止のため, 土寄せを必ず行なう
収穫	◎収穫時期の決定	・十分成熟していないラッキョウは加工適性が劣るため, りん茎乾物率が30%以上に達したときが収穫の目安になる
	◎収穫方法	・ハンマーナイフモアなどを利用して, 地上部の刈り取りを行なった後, トラクター装着のラッキョウ専用掘取機を用いて収穫を行なう
出荷調製	◎洗いラッキョウの調製	・洗いラッキョウは, 盤茎部のやや上で根ごと, りん茎は球のくびれた部分で包丁などを用いて切除し, 2.5～3.5cmの長さの円筒形(太鼓形)にして, 食用の形とする
	◎根付きラッキョウの調製	・根付きラッキョウは, 包丁などを用いて根を1cm程度残し, 全長をりん茎幅に合わせ5～7cmに調製する。根付きの場合は, 機械での調製も行なわれている

壌の肥沃度が低かったり、冬に降雪が多い地域では、生育量が十分に確保できないため小球になり、商品価値の低いものが多く生産される恐れがあるので注意が必要である。

3 栽培の手順

(1) 種球の選定と圃場の準備

① 種球の選定と準備

自家採種が基本になっている。採種専用圃場を設けることを原則とするが、設けない場合は、病害虫の発生が少なく、収穫時に生葉数が多く、葉色の淡い圃場のラッキョウを残す。

ウイルス病、赤枯病の症状を示す株は、種球として用いない。

よい種球の見分け方は図2のとおりである。

植付けに必要な種球は、10a当たり大球系の'らくだ'で300～500kg、小球系の'玉らっきょう'で150～200kgである。

乾腐病とネダニ類の予防のため、植付け前に種球を薬剤浸漬処理し、消毒後は間隔をおかず植え付ける。

② 圃場準備

排水不良畑は、病害虫の発生が多いので避ける。連作圃場は、前作の残渣が残らないように努める。根群の発達（球の肥大）を促すため、できるだけ深耕する。

なお、連作が続く場合は、病害虫発生を低減するため土壌消毒を行なう。

堆肥の施用は、ネダニ類の発生を助長し品質低下の恐れがあるため、発生が心配される圃場では施用を控える。

砂地は保肥力が乏しいため、窒素成分を含む元肥は植付け直前に施用する（表5）。

(2) 植付けのやり方

植付け時期は7月下旬から8月下旬である。植付け時期が遅くなると、分球数は少なくなり、白色疫病などの病害の発生も心配されるので注意する。

植付け前に、トラクターを用いて、条間24～25cm、深さ10～15cm程度に植え溝（ガンギと呼ばれる）を切る。そこに、'らくだ'系で8～12cm、'玉らっきょう'12～15cmの株間で、1球ずつ植え付ける（図3、4）。

風による飛砂で植え溝は埋まるので、植付け後の覆土を行なう必要はない。

極端な浅植えは青子（青ラッキョウ）になり、深植えは分球が少なくなるので注意する。

近年、ラッキョウ専用の半自動移植機が開発されている。移植機を利用する場合も条

図2　種球選別のポイント

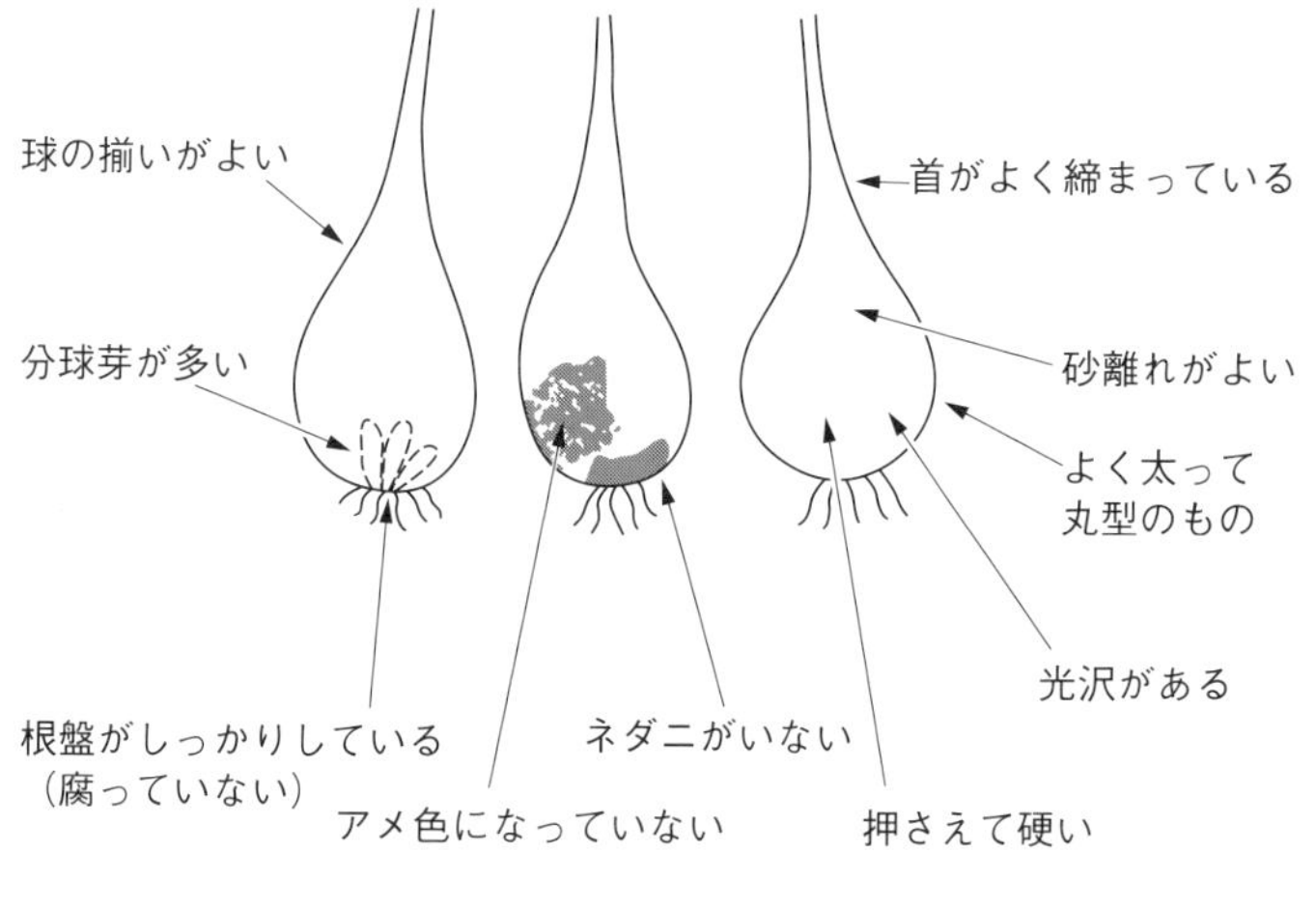

表5　施肥例（鳥取県砂丘未熟土）　（単位：kg /10a）

	肥料名	総量	追肥						成分量		
			発芽期	植付け30日	植付け50日	植付け60日	植付け70日	年明け2月	窒素	リン酸	カリ
元肥	堆肥	(1,000)									
	混合リン酸配合肥料	160								12.8	
	粒状固形肥料	80							8.0	8.0	8.0
追肥	燐加安14号	120	20	40	40			20	16.8	12.0	15.6
	粒状固形肥料	40					40		4.0	4.0	4.0
	PK 化成40号	40				20		20		8.0	8.0
施肥成分量									28.8	44.8	35.6

間、株間は手植えと変わらないが、植え溝を切る必要はない。

(3) 植付け後の管理

①追肥

追肥は、生育に合わせて、発芽期、植付け後30日、50日、60日、70日を目安に年内5回程度、年明け1回行なう（表5参照）。

年明けの施肥は、ラッキョウの熟期と収量に影響するので、窒素成分の施肥は2月中旬ころまでに行なう。施肥が遅くなると、茎葉ばかり繁茂して、りん茎の肥大が遅れ熟度も下がる。

②除草・土寄せ

雑草の発生は秋と春に多いため、手取り除草と除草剤を併用すると効率的である。

図3　植付け方法（らくだ）

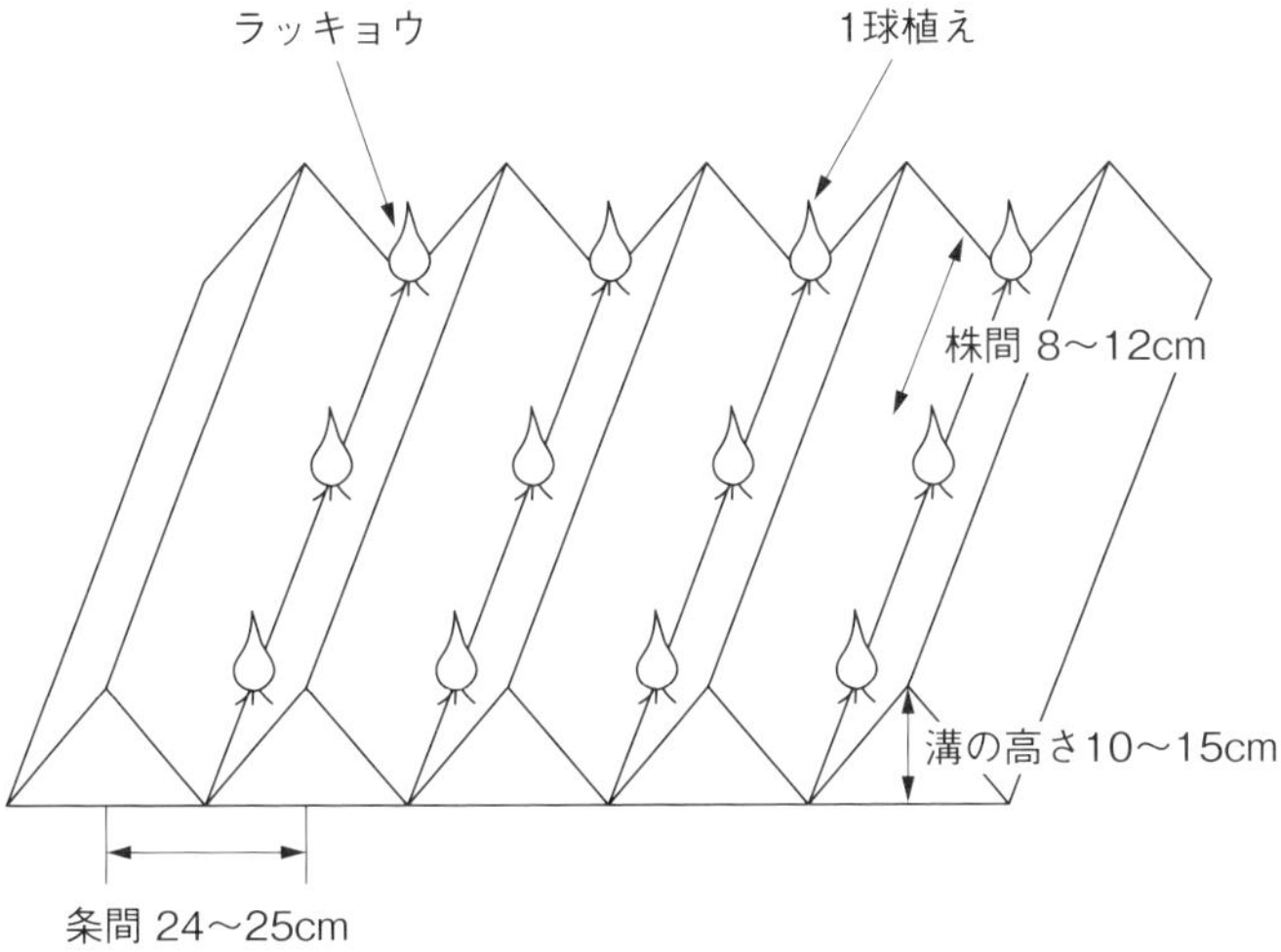

図4　植付けの様子

風の強い場所や浅植えになったところは、青子（青ラッキョウ）防止のため、ラッキョウの地上部がまだ繁茂していない3月ころまでに、土寄せを必ず行なう。

③灌水

4月以降は球肥大期に入るので、晴天が続いた場合、灌水施設が整備されていれば灌水する。

灌水間隔は2日に1回、1回当たり10㎜程度で、収穫期まで行なう。

図5　専用掘取機による収穫の様子

図6　調製方法

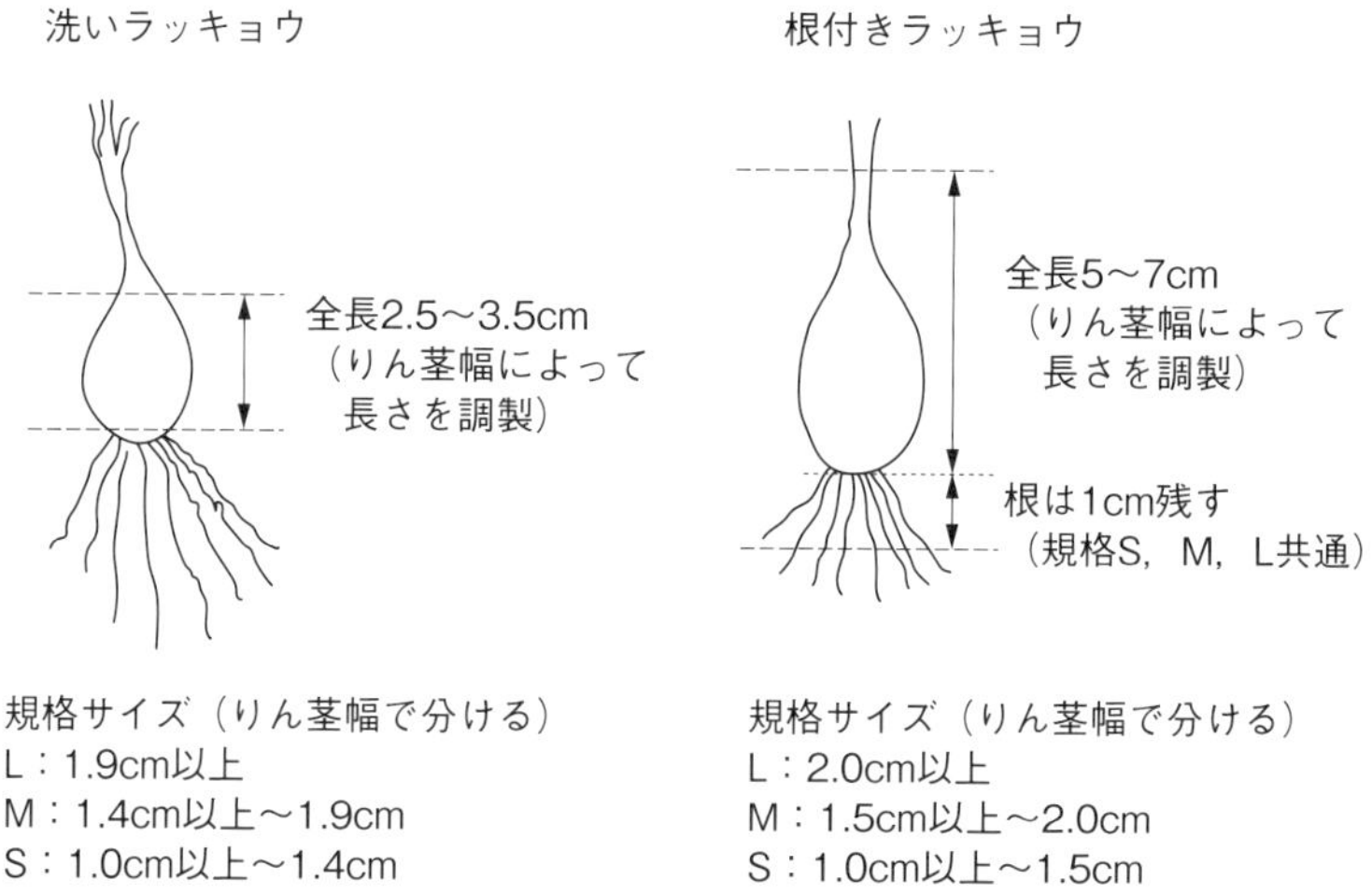

(4) 収穫

収穫期は、5月下旬から6月中旬ころまでである。

生育した年の気象条件によって熟度が異なるため、事前に試し掘りをするなどして、熟度を調査したうえで収穫を開始する。

十分成熟していないラッキョウは、加工適性が劣るので、りん茎乾物率が30％以上に達したころが収穫の目安になる。とくに、‘玉らっきょう’は晩生で熟期が遅いので、6月に入ってから収穫を開始する。

経営規模が大きい場合の収穫作業は、ハンマーナイフモアなどを利用して、地上部の刈り取りを行なった後、ラッキョウ専用掘取機を用いて効率的に行なう（図5）。

収穫したラッキョウは、洗いまたは根付きの、出荷の形態に合わせて調製を行なう。洗いラッキョウは、包丁などを用いて、盤茎部のやや上で根ごと、りん茎は球のくびれた部分で切除し、2・5～3・5㎝の長さの円筒形（太鼓形）にして、食用の形とする（図6）。

根付きラッキョウは、包丁などを用いて根を1㎝程度残し、全長をりん茎幅に合わせ5～7㎝に調製する。根付きは調製機が市販さ

表6　病害虫防除の方法

	病害虫名	防除法
病気	根腐病	・植付け前土壌消毒の実施（ディ・トラペックス油剤） ・発病圃場で収穫，耕うんなどを行なった後は，使用したトラクターなどの農機具はよく洗浄する
	赤枯病	・温湯を用いた種球浸漬処理での効果が高い ・症状が見られた株は抜き取り処分する。そのとき，被害株の枯葉など残渣が圃場に散乱しないように注意する
	乾腐病	・種球の薬剤浸漬処理（スポルタック乳剤） ・種圃場の春の窒素肥料は必要以上に多くしない ・病原菌は植物体とともに土壌中で生存し伝染源になるので，被害物（残渣）をできるだけ除去・焼却する ・種球選別を徹底し，圃場に病原菌を持ち込まない ・高温を好む病気のため，種球の貯蔵は涼しく，風通しのよい場所で保管する ・ネダニ類の加害は発病を助長するので，防除（種球薬剤浸漬，粒状殺虫剤散布）を行なう
	白色疫病	・薬剤防除を11月上旬から翌年の2月まで行なう（フォリオゴールド，ホライズンドライフロアブルなど） ・植付け時期が遅くなると発生しやすい傾向にあるため，適期に行なう ・石灰類は翌年の春以降の追肥とする ・排水不良や地下水位が高い場合などで発生が助長される
	灰色かび病	・薬剤防除を3月上旬から収穫期まで定期的に行なう（ロブラール水和剤，カンタスドライフロアブルなど） ・多肥，とくに窒素過多を避ける ・高温で多湿条件になると発生が多くなり，発生すると急速に広がるので，早期発見・早期防除を心がける
	ウイルス病	・有効な防除手段がないため，発病株は抜き取り処分する ・種球は健全株を用いる ・アブラムシ類の吸汁によって媒介するため，アブラムシ類の発生にも注意する
害虫	ネダニ類	・植付け前土壌消毒（D-D），種球薬剤浸漬処理（スミチオン乳剤など），および粒状殺虫剤の散布（ネマトリンエース粒剤，ダイアジノン粒剤5など） ・乾腐病が発生すると増殖傾向となる
	ハモグリバエ類	・生育初期と春先に薬剤防除（プレバソンフロアブル5など） ・とくに，生育初期に被害を受けると生育が停滞するので，早めに防除を開始し，連続して防除を行なう

れているので，機械での調製も可能である。

調製作業の終わったラッキョウは，選荷施設に運ばれ，洗いラッキョウは水洗いし，塩水で芽止め処理を行ない，大きさ別に選別した後，1kg入りの袋に入れ出荷する。

根付きラッキョウは温熱送風乾燥させ，表皮に付着している砂や薄皮を取り除き，大きさ別に選別した後，段ボールなどに10kg詰めにして出荷する。

4　病害虫防除

(1) 基本になる防除方法

乾腐病，白色疫病，灰色かび病が重要病害だが，近年，赤枯病の発生も問題になっている。また，ネダニ類，ハモグリバエ類が重要害虫になっている（表6）。

乾腐病　乾腐病は貯蔵中の種球が腐敗したり，罹病球を植え付けると欠株になる。窒素過多で発生が多くなるため，種圃場の春の窒素肥料は必要以上に多くしない。種球選別を徹底し，圃場に病原菌を持ち込まない。高温を好む病気のため，種球の貯蔵は涼しく，風通しのよい場所で保管する。

ネダニ類　ネダニ類の加害は発病を助長するので、乾腐病とネダニ類発生予防のため、植付け前に種球の薬剤浸漬処理を行なう。

白色疫病　10月下旬から春先にかけて発生が見られる。低温期に発生が多く、平均気温が15℃を下回ったら重点防除時期になる。

灰色かび病　3月下旬以降、気温の上昇とともに発生が見られる。本病に罹病すると、りん茎が褐色（あめ色）になり、外観が悪く品質が低下するため、定期的な薬剤防除を行なう。

赤枯病　近年発生が多く見られる病害で、枯死はしないが、生育が劣るため収量性が著しく減少する。種球感染が多く、植付け前に種球を温湯浸漬することにより、発生が低減する。生育期間中に発生した場合は、罹病株を発見しだい抜き取り、圃場外へ持ち出し処分する。

(2) 農薬を使わない工夫

ラッキョウは野菜の中では強健な部類に入り、病害虫にも比較的強い作物であるが、連作が一般的なため、病害虫の発生も多くなっている。

基本的に多肥栽培を行なうと病害が発生しやすいので、肥料の多用は避ける。収穫後は、圃場に罹病球やネダニ類の寄生した球を残さないようにする。また、ネダニ類は酸性土壌で増殖が激しいので、土壌pHを6程度に矯正する。

さらに、ネダニ類、赤枯病対策として、植付け前に種球を45～50℃の温湯で30分間浸漬処理すると効果が高い。

白色疫病は、植付けの遅れが発生を助長するので植付け時期を守る。

5 経営的特徴

(1) 労力

ラッキョウ栽培で最も作業時間を要するのは調製・出荷で、２０９時間と全労働時間の約7割を占めている。次いで、植付けが34時間と約1割を占めている。

とくに、調製・出荷は機械化されていないので、手作業がほとんどである。しかも、出荷期間は約1カ月と短いため、栽培規模拡大のネックになっている。

(2) 経費

農薬費、雇用労賃、販売費一般・管理費の負担が大きい。種苗費は、栽培初年目以降は

表7　普通栽培の経営指標

項目		備考
収量（kg/10a）	2,100	（単価内訳）根付き：500　洗い：600　種球：250
単価（円 /kg）	492	
粗収益（円 /10a）	1,033,600	
生産費（円 /10a）	812,600	
種苗費	125,000	自家増殖
肥料費	52,000	
農薬費	102,000	
材料費	350	
動力光熱費	10,400	
農具費	23,150	
雇用労賃	144,000	
減価償却費	99,000	
その他生産原価	33,700	諸税負担金等
販売費一般・管理費	223,000	出荷資材，販売諸費
農業所得（円 /10a）	221,000	
労働時間（時間 /10a）	283	

注1）平成30（2018）年鳥取県経営指導の手引きを参照

注2）収量，単価，粗収益の内訳　根付き 514kg×500円 /kg＝257,000円，洗い1,086kg×600円 /kg＝651,600円，種球500kg×250円 /kg=125,000円，合計（粗収益）1,033,600円 /10a。単価1,033,600円÷2,100kg≒492.19円 /kg

自家増殖できるためかからないが、ラッキョウは増殖力がそれほど高くないため、栽培面積の20％程度は種苗用として残す必要がある。

また、栽培規模を拡大しようとすると、調製・出荷にかかる雇用労賃が増加するため、経営的に無理のないように栽培規模を決定する必要がある。

（執筆：北山淑一）

レンコン

表1　レンコンの作型，特徴と栽培のポイント

主な作型と適地

作型	1月	2	3	4	5	6	7	8	9	10	11	12	備考
半促成（ハウス）		●	●			■	■						暖地，中間地
露地	■	■	■	●	●			■	■	■	■	■	暖地，中間地

●：植付け，■：収穫

特徴	名称	ハス（ハス科ハス属）
	原産地・来歴	ハスの原産地は，中国やインドと諸説ある。日本には古来から在来しているが，肥大性のよい食用ハスは仏教伝来にともない中国から導入された
	栄養・機能性成分	レンコンの可食部100g当たり，炭水化物15.5ｇ（うち食物繊維2.0g），タンパク質1.9ｇ含まれる。その他，ビタミンＣも48mgと比較的多い
生理・生態的特徴	発芽条件	ハスの種子は非常に硬い皮に覆われており，そのままではほぼ発芽しない。発芽させるには，硫酸に浸けて種皮を柔らかくするか，種皮に傷をつけて室温で3～4日間程度水に浸けておく必要がある
	温度への反応	高温・多日照を好み，生育適温は25～30℃である。地下茎は地温が8℃以上になると伸長を始める。平均気温15℃以上が6カ月以上続く地域であれば，経済栽培が可能である
	日照への反応	12時間以下の日長になると肥大を開始する
	土壌適応性	好適pHは5.5～6.5。土壌はあまり選ばないが，砂利土や目の粗い砂土では，地下茎が伸びていくときに傷がつき，品質を落とすので避ける
	開花習性	立葉の基部に花芽が形成され，6月下旬くらいから開花し始める
	休眠	9～10月にかけて地下茎は肥大が完了し，茎葉は枯れ上がる。春先まで肥大茎は土壌中で動かない状態が続き，地温の上昇とともに萌芽し始める
栽培のポイント	主な病害虫	病気：腐敗病，褐斑病など 害虫：レンコンネモグリセンチュウ，イネネクイハムシ，アブラムシ類，スクミリンゴガイなど
	他の作物との組合せ	早生レンコンの収穫後にセリを栽培すると，年末から年明けまで出荷できる

この野菜の特徴と利用

(1) 野菜としての特徴と利用

①原産と来歴

現在、ハスは観賞用ハスと食用ハスに分かれていて、食用ハスの肥大した地下茎をレンコンといっている。

ハスの原産地は中国やインドと諸説あり、日本にも古くから在来していた。『古事記』（712年）や『常陸国風土記』（713年）にも、ハスの観賞や地下茎の食用についての記載があり、古くは観賞用と食用とを兼ねていたと考えられる。

その後、肥大性のよい食用のハス（レンコン）が、仏教伝来とともに中国から導入された。さらに、明治時代に政府が、中国から経済栽培に向く品種を導入し、日本各地に広がった。

②現在の生産状況

2020年の全国のレンコン栽培面積は3920ha、生産量は5・5t、産出額は204億円、消費量は1世帯当たり年間720円である。

③利用方法

利用法としては、地下茎部分を天ぷらや煮物、きんぴらなどの料理にすることが多い。皮をむき、水か酢水に浸けてあく抜きを行なうと、変色を防ぐことができる。また、乾燥して、レンコンパウダーとして、乾麺の材料の一部として利用されることもある。

葉を乾燥してお茶として用いたり、花を観賞用の切り花として利用したりすることもある。

(2) 生理的な特徴と適地

①特徴と土壌適応性

レンコンは高温・多日照を好み、生育中は湛水状態を維持する必要がある。

土壌はとくに選ばないが、砂利土や目の粗い砂土では、地下茎が伸びていくときに傷つき、品質を落とすので避ける。

②作型と品種

レンコン栽培の作型は、半促成栽培（ハウス、トンネル）と露地栽培がある。露地栽培は、春に植付けし夏から翌年の春まで収穫する。一部の圃場では、春に植付け後、翌年の7～8月に収穫する、床立ち（2年掘り）といわれる栽培も行なわれている。

半促成栽培は、ハウス設置のコストやトンネル設置の労力が必要になるが、高単価で出荷でき、露地栽培と組み合わせることで作期が分散できる。

レンコンの品種には、ダルマ系（丸い形状）と備中系（細長い形状）の2タイプがある（表2）。

（執筆：後藤万紀）

表2　品種のタイプ・用途と品種例

品種のタイプ	用途	品種例	栽培地域
ダルマ系（丸い形状）	天ぷらや煮物など	幸祝，パワー，金澄，ひたちたから	関東（茨城県）や九州（佐賀県）など
備中系（細長い形状）	天ぷらや煮物など	備中種	四国（徳島県）など

露地栽培

1 この作型の特徴と導入

(1) 作型の特徴と導入の注意点

露地栽培は3～5月に植付けし、8～9月から翌年3月まで収穫する作型である（図1）。栽培は、湛水状態で水管理ができる水田で行なう。

8～9月に肥大が完了したレンコンは、そのまま翌年まで土中に置くことができるため、収穫時期を生産者の都合で調節できる。ただし、収穫が遅くなるほど、白く充実していた肥大茎が、下位節（すね）からしぼんだり変色したりする、「すね上がり」といわれる老化現象が進行するため、出荷できる節数は少なくなる。

生育期、とくに肥大開始直前から肥大期の6～8月に、台風などで茎葉が損傷すると大幅に減収するため、強風が当たらない圃場を選ぶことが望ましい。

市場相場は、需要期である年末のほか、出荷量の少ない4～7月が高い。

レンコンの露地栽培では、大型の施設や機械が不要なので、初期投資は少なくて済む。一方、栽培方法が特殊であるため、新規に栽培を始める場合は、レンコン生産者のもとで1年以上研修を受けることが望ましい。

(2) 他の野菜・作物との組合せ方

産地にもよるが、ハス田は腐敗病防止のため常時湛水しており、また作土が深い圃場が多いので、他品目との輪作はむずかしい。

一部産地では、ハス田でセリを栽培することがあるが、作期が重複するため、大規模には導入できない。

また、作土が浅い場合は、イネ田に戻すこともできるが、レンコンと水稲では肥培管理などが大きく異なるため、数年単位での土壌改良が必要になる。

2 栽培のおさえどころ

(1) どこで失敗しやすいか

①圃場の選定・管理

漏水する圃場では、生育が遅れたり病害虫や雑草の発生が多くなる。砂目の粗い圃場や、土の硬い圃場もレンコンに変形や傷が生じるため避ける。

②種バスの選定

必ず、芽が複数ついている種バスを用いる。線虫や腐敗病の発生圃場から収穫した種バスは使用しない。

③植付け適期を守る

植付けが遅くなると、生育が遅れ減収になりやすい。3月下旬～5月中旬を目安に植付けする。

④新規ハス田の土壌改良

イネ田から転換する場合、最初の1～3年程度は作土深が足りず、土壌が硬すぎるため、レンコンに変形や傷が生じやすい。

堆肥などを入れ、よく耕うんして土壌改良に努める。

図1　レンコンの露地栽培　栽培暦例

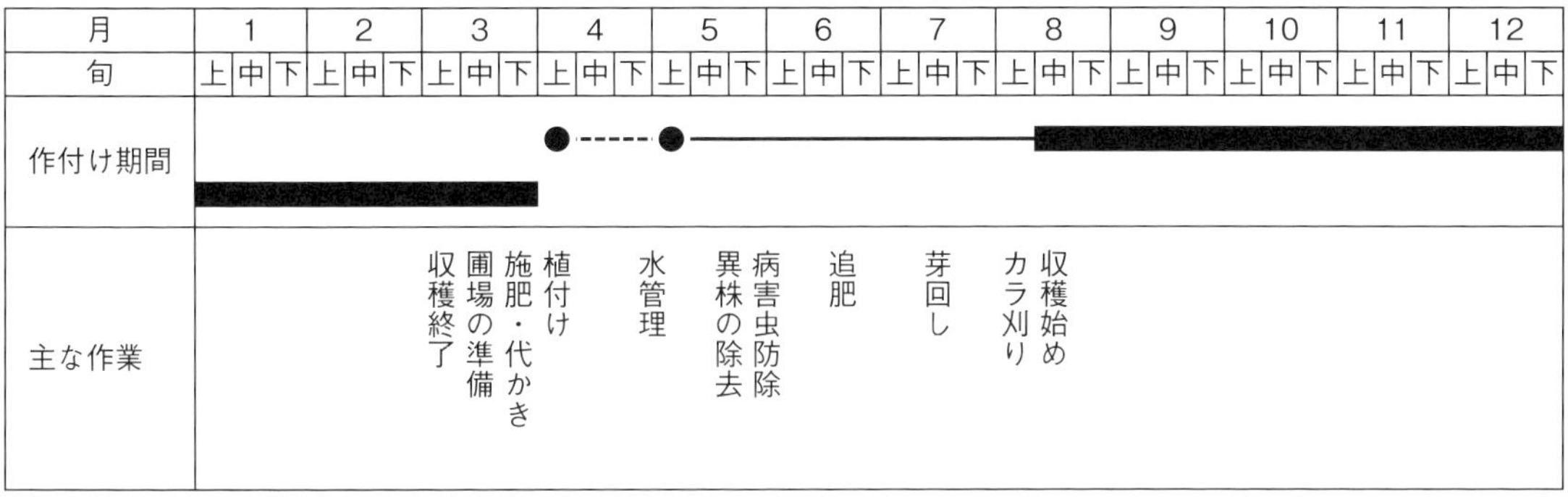

●：植付け，■：収穫

表3　茨城県の主要品種の特性

品種名	販売元	収量性	肥大の早晩	すね上がり（下位節の老化現象）	地下茎の深さ
幸祝	生産者から購入	高	早生	やや早い	やや深い
パワー	生産者から購入	高	早生	普通	普通
金澄（20号）	生産者から購入	中	中生	普通	やや浅い

(2) おいしく安全につくるためのポイント

柔らかく、おいしいレンコンをつくるためには、堆肥などの有機質を施用し、軟らかい土をつくる。

ただし、動物性堆肥の多投入は、リン酸の過剰蓄積の原因になりやすいため、肥料と合わせて成分量を考慮する。

(3) 品種の選び方

収穫時期や圃場の作土深などに応じて、収量性、肥大時期、すね上がりの程度、地下茎の深さなどを検討して品種を選ぶ（表3）。

レンコンの種バスは高価なので、少量を入手した後、自家増殖して用いる。そのため、複数品種を栽培するには、複数の種場をつくり、混種しないように管理する必要がある。

収穫時期によって品種を変える場合は、早く収穫する圃場には'幸祝'を、秋、冬以降に収穫する圃場には、'金澄'を植付けすることが多い。ただし、ダルマ系の品種であれば品種間差はそこまで大きくないため、収穫時期や圃場にかかわらず同一品種を栽培することも可能である。

3　栽培の手順

(1) 圃場の準備

水漏れを防ぐため、植付け前に畦畔を補修する。圃場全面に完熟堆肥、元肥を施用して、耕うん・整地する。

ガス害を防ぐため、堆肥は前作の収穫後など、植付けより1カ月以上前に施用する（表5参照）。

(2) 種バスの準備

種バスは、線虫や腐敗病の発生のない健全なものを用意する。先端の節が充実し、2、3節目が間延びしていない、先端から下位節（すね）までまっすぐな種バスを選ぶ。

子バス（親バスの節間から分岐した小さいハス）では形状の良し悪しが判断しづらい。そのため、子バスを種バスとして使う場合

表4　露地栽培のポイント

	技術目標とポイント	技術内容
植付け準備	◎圃場の選定，整備	・水持ちがよく，日当たりのよい圃場を選ぶ
		・砂利や砂目の粗い圃場は避ける
		・水漏れ防止のために畦畔を整備する
		・地温抑制やアブラムシ類多発の原因になるため，ウキクサは植付け前から6月上旬までに，すくい取りなどにより除去する
	◎土つくり，土壌改良	・pH5.5～6.5，石灰350mg/乾土100gを目安に土壌改良を行なう
	◎施肥	・完熟堆肥を施用する
		・10a当たり窒素24kg，リン酸13kg，カリ32kgを目安に元肥を施用。元肥一発型肥料を用いない場合は分施する（表5参照）
		・施肥設計は，化学肥料だけでなく堆肥など投入資材の成分量も合わせて計算し，圃場の収量に応じて加減する
	◎病害虫防除	・レンコンネモグリセンチュウの発生圃場では薬剤防除を行なう
植付け方法	◎種バスの選定	・種バスは，なるべく植付け当日に掘り取る
		・病害虫の発生がなく，先端の節が充実したものを選ぶ
	◎栽植密度	・ウネ幅270～300cm，株間100～150cm，10a当たり250株を目安に植付けする
	◎植付け時期	・3月下旬～5月中旬に植付けする
	◎植付け方法	・先端の節が10～15cmくらいの深さになるように，先端を下または水平に植え付ける
栽培中の管理	◎水管理	・畦畔からの水漏れを防ぎ，水深が3～4cmになるように保つ
	◎異株の除去	・植付けした列以外から出てきた株は抜き取る
	◎芽回し	・異品種の混入防止と畦畔保護，収量向上のため，先端の芽が畦畔に伸びたら，圃場内に芽を曲げる（芽回し）
	◎除草	・雑草は，除草剤の施用や抜き取り，すくい取りで除去する
	◎追肥	・元肥一発型肥料を使わない場合は，6月中旬から7月上旬までに追肥を行なう
	◎病害虫防除	・腐敗病対策のため常時湛水に保つ。アブラムシ類防除を植付け後から随時，イネネクイハムシ防除を6月上旬に行なう
収穫	◎カラ刈り	・酸素供給を遮断してレンコン表面の赤しぶを落とすために行なう
		・収穫前に，カゴ車輪のついた管理機で圃場を回り，葉柄をつぶして土中に埋めるか，鎌などで刈る
		・実施時期は，9月収穫で収穫7日前，10月収穫で20日前，11月収穫で30日前，茎葉が枯れた後は実施不要
	◎収穫	・用水や井戸水などをエンジンポンプでくみ上げ，土を除去し，レンコンを掘り上げる

は、子バスがついていた親バスの形状を確認したうえで使用する。

種バスはなるべく植付け当日に掘り取り、やむを得ず前日に掘った場合は、乾燥しないように濡れた布などで覆っておく。

(3) 植付けのやり方

栽植密度は、ウネ幅270～300cm、株間100～150cm、10a当たり250株を目安に植付けする（図3）。

先端の深さが15cmくらいになるよう、種バ

表5　施肥例　（単位：kg/10a）

元肥一発型

	肥料名	施肥量	成分量		
			窒素	リン酸	カリ
元肥	レンコンキングⅡ	160	24	13	32
追肥	—				
施肥成分量			24	13	32

元肥，追肥分施型

	肥料名	施肥量	成分量		
			窒素	リン酸	カリ
元肥	IB　1号	80	8	8	8
	ケイカリンプラス	25		4.5	2
追肥	尿素	35	16		
	塩化加里	35			21
施肥成分量			24	12.5	31

スの芽を折らないように、土中に先端から約15度の角度で斜めに差し込むか、平行にして植える（図２）。

土が軟らかい圃場では、種バスが浮かないよう、やや深めに植える。

植付けして数日間は、種バスが浮き上がっていないか確認し、浮き上がっていた場合は植え直す。

(4) 植付け後の管理

植付け後、立葉が発生するまでは水深10cmくらいに保ち、その後は3～4cmに保つように管理する。

元肥一発型肥料を用いない場合は、6月中旬から7月上旬までに追肥を行なう。

地下茎が伸びていくと、畦畔を突き抜けて他の圃場に入ってしまうので、地下茎の伸びる方向を確認しながら、畦畔に刺さりそうな芽は先端を圃場内に曲げ戻す、「芽回し」を行なう。

また、植付けした列以外に出てきた異株は抜き取る。雑草は、除草剤の施用や圃場に人が入っての抜き取りや、すくい取りで除去する。圃場には、地下茎が広がる5～6月までしか入れないため、早めに作業を行なう。

(5) 収穫

用水や井戸水、水尻をふさいで圃場にためた水を、エンジンポンプや掘取機でくみ上げ、水圧を利用して掘り取る（図５参照）。水圧のかかった水をレンコンに直接当てる

図2　種バスの植え方

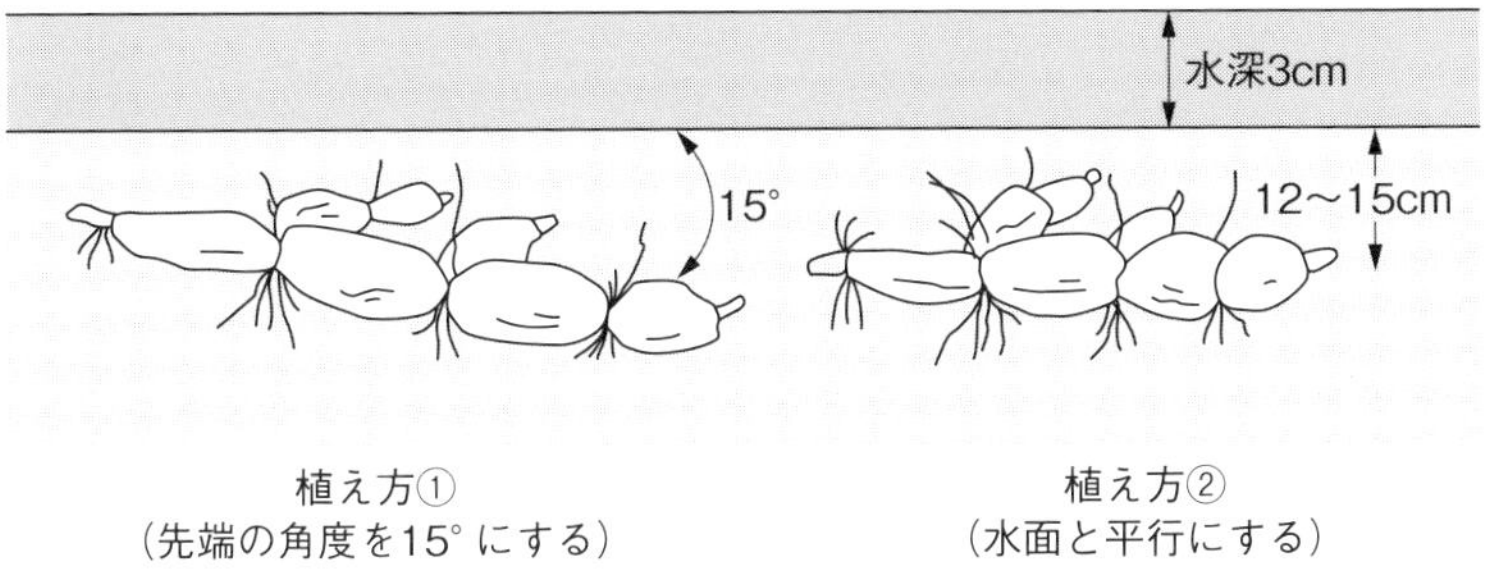

図3　種バスの栽植密度と植える方向

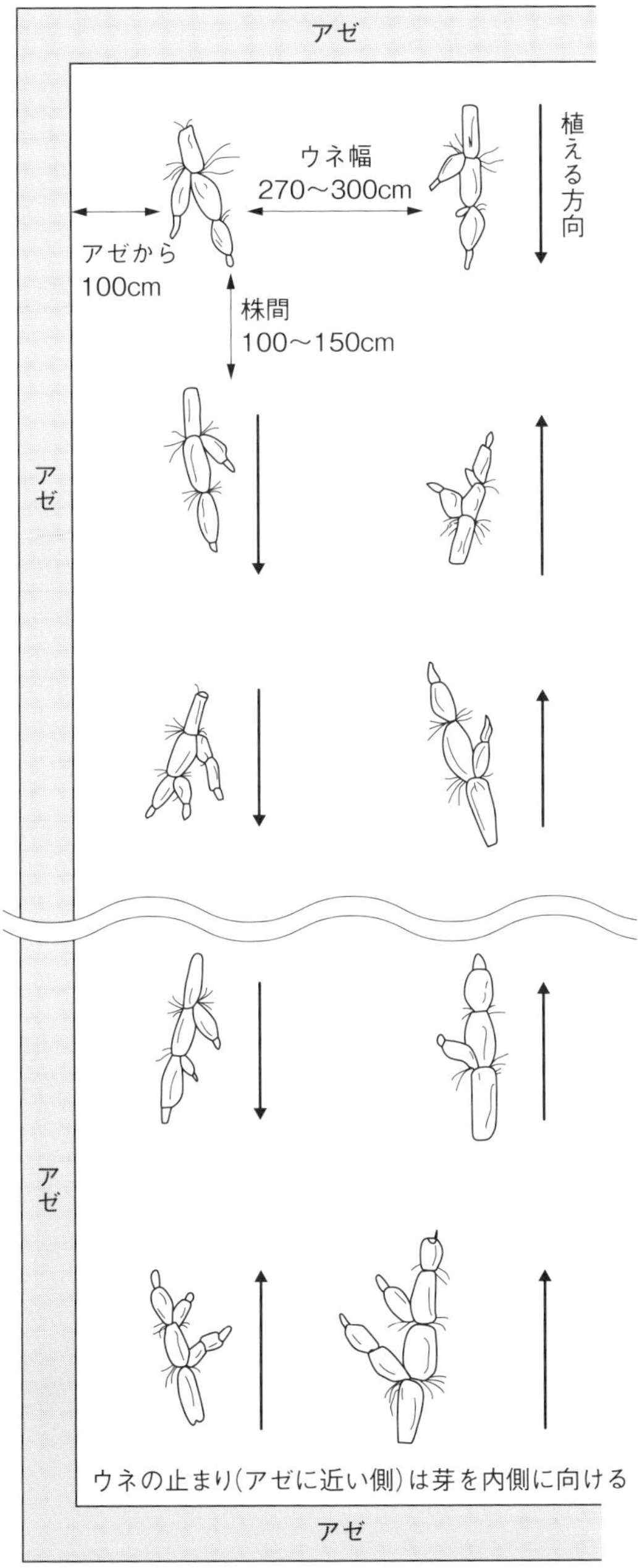

と、芽が折れたりレンコン表面が傷つき、変色の原因となったりするため注意する。

なお、酸素供給を遮断してレンコン表面の赤しぶを落とすために、収穫前に葉柄を処理する「カラ刈り」を行なう（方法は表4参照）。

収穫したレンコンは、子バスや芽を取って細根を包丁で切り落とし、泥を落とした後、箱詰めする。

図4　生育初期のレンコン

図5　収穫したレンコン

4　病害虫防除

(1)　基本になる防除方法

レンコンネモグリセンチュウ　レンコン表面に小さな黒点や凹凸を生じさせ、悪化すると黒点はより多く、大きく深い傷になるため、被害レンコンは出荷できなくなる。一度線虫が圃場に侵入すると根絶は困難である。そのため、健全な種バスの使用や、圃場を移動するときの機具洗浄の徹底など、侵入防止に努める。植付け前には石灰窒素などを施用する。9月ごろまでに、早期収穫すると被害が軽い。また、ひげ根に多く寄生するため、収穫後に残った地下茎は圃場から持ち出す。

腐敗病　本病も大きな減収になりうる病害である。薬剤による防除が困難であるため、発生予防として、常時湛水状態に保つことが重要である。健全な種バスを使用し、収穫後は茎葉や地下茎を持ち出す。

ハス条斑病　褐色のすじや斑点を生じ、この病気に感染した種バスから広がるほか、アブラムシ類を介して感染する。

イネネクイハムシ　レンコン表面に小さな穴をあけ、商品価値を損なうため、6月上旬にトレボン粒剤を施用する。

アブラムシ類　発生が多いとレンコンの生育を抑制するほか、ハス条斑病の原因になるウイルスを媒介する。植付け後から6月まで、発生に応じて1～3回薬剤防除を行なう。

スクミリンゴガイ　浮葉や芽を食害する。発生地域では、用水路からの侵入を防ぐため、取水口に金網を設置する。また、冬～春先に石灰窒素を施用し、発生が多い場合は栽培中

表6　病害虫防除の方法

	病害虫名	防除法
病気	腐敗病	・年間を通して水を切らさない ・健全な種バスを使う ・発生圃場では収穫後，茎葉や地下茎を圃場から持ち出す
	褐斑病	・発生初期にトップジンＭ水和剤を1,500倍で施用する ・収穫後，茎葉を圃場から持ち出すか，土中に埋設する
害虫	レンコンネモグリセンチュウ	・健全な種バスを使う ・石灰窒素を100kg/10a施用する ・グランドオンコル粒剤を15kg/10a施用する ・収穫後，地下茎（残渣）を圃場から持ち出す ・甚発生圃場では休作する ・早期に収穫すると被害が軽い
	イネネクイハムシ	・トレボン粒剤を3kg/10a施用する
	アブラムシ類 （クワイクビレアブラムシ）	・ウララ粒剤（3kg/10a）やダントツ水溶剤（2,000倍希釈）を施用する ・ウキクサを除去する
	スクミリンゴガイ （ジャンボタニシ）	・冬～春先に石灰窒素を10a当たり100kg施用する ・栽培中はスクミノンやスクミンベイト3を4kg/10a施用する ・取水口に金網を設置し，用水路から圃場への侵入を防ぐ

表7　露地栽培の経営指標

項目	
収量（kg/10a）	1,800
単価（円/kg）	400
粗収入（円/10a）	720,000
諸経費（円/10a）	343,600
種苗費	58,700
肥料費	38,000
薬剤費	11,400
資材費	5,600
動力光熱費	19,100
地代	30,000
流通経費（運賃，手数料）	108,100
荷造経費	63,900
その他	8,800
農業所得（円/10a）	376,400
家族労働時間（時間/10a）	179

にも薬剤防除を行なう。

(2) 農薬を使わない工夫

線虫や腐敗病、ハス条斑病の予防として、健全な種バスを植付けするように気をつける。

腐敗病は、好気性のカビであるフザリウムによって発生することが多いため、年間をとおして湛水状態に保つ。

線虫対策は、2～3年連続して休作することで、甚発生圃場であっても、土中の線虫数をほぼ0頭まで減らすことができる。

ハスモンヨトウに対しては、フェロモン剤としてコンフューザーがあり、10ha以上の広域で共同防除ができる場合は、効果的な防除手段である。

5 経営的特徴

病害虫などの発生がなければ、レンコンの所得率は5割程度と高い（表7）。そのため、安定経営には、レンコンネモグリセンチュウや腐敗病など、病害虫の侵入を防ぐことが重要である。

栽培面積は1人当たり0・8～1・2haが目安である。

（執筆：後藤万紀）

付録

農薬を減らすための防除の工夫

白絹病は、白い絹状のカビがはびこり、泡状の菌核が形成されて伝染源となる。ネギだけでなく、ダイコン、ニンジンなど多くの作物を加害する。

ラッキョウ、ニンニクなどの栄養繁殖性作物では、種イモ、種球の選別をしっかり行なう。

1 各種防除法の工夫

(1) 耕種的な防除方法

①完熟堆肥の施用、輪作

完熟した堆肥の施用は土壌の物理性や化学性を改善するだけでなく、有用な微生物が多数繁殖し、土壌病原菌の増殖を抑える働きがある。ただし、十分に腐熟していない堆肥を使用すると、作物の生育に障害が出る場合があるので注意する。

なお、同一作物を同一圃場で連続して栽培すると、土壌病原菌の密度が高まり、作物の生育に障害がでる。そのためいくつかの作物を順番にまわして栽培する必要がある。

②栽培管理

根深ネギ栽培では、白絹病が高温期に発生し欠株の原因になる。高温・多湿時に一度に大量の土寄せを行なうと発生しやすいので、その時期の土寄せは少量ずつ行なう。

③圃場衛生、雑草の除去

圃場およびその周辺に作物の残渣があると病害虫の発生源になるので、すみやかに処分する。

アブラムシ類、アザミウマ類、ハモグリバエ類などの微小な害虫は、作物だけでなく、雑草にも寄生しているので除草を心がける。

(2) 物理的防除、対抗植物の利用

表1参照。

(3) 農薬使用の勘どころ

表2参照。

表1　物理的防除法，対抗植物の利用

近紫外線除去フィルムの利用	・ハウスを近紫外線除去フィルムで覆うと，アブラムシ類やコナジラミ類のハウス内への侵入や，灰色かび病，菌核病などの増殖を抑制できる
有色粘着テープ	・アブラムシ類やコナジラミ類は黄色に（金竜），ミナミキイロアザミウマは青色に（青竜），ミカンキイロアザミウマはピンク色に（桃竜）集まる性質があるため，これを利用して捕獲することができる ・これらのテープは降雨や薬剤散布による濡れには強いが，砂ボコリにより粘着力が低下する
シルバーマルチ	・アブラムシ類は銀白色を忌避する性質があるので，ウネ面にシルバーマルチを張ると寄生を抑制できる。ただし，作物が繁茂してくるとその効果は徐々に低下してくるので，作物の生育初期のアブラムシ類寄生によるウイルス病の防除に活用する
黄色蛍光灯	・ハスモンヨトウやオオタバコガなどの成虫は，光によって活動が抑制される。作物を防蛾用黄色蛍光灯（40W1本を高さ2.5～3mにつる。約100m^2を照らすことができる）で夜間照らすことにより，それらの害虫の被害を大きく軽減できる
防虫ネット，寒冷紗	・ハウスの入り口や換気部に防虫ネットや寒冷紗を張ることにより害虫の侵入を遮断できる ・確実にハウス内への害虫侵入を軽減できるが，ハウス内の気温がやや上昇する。ハウス内の気温をさほど上昇させず，害虫の侵入を軽減できるダイオミラー410ME3の利用も効果的である
ベタがけ，寒冷紗の被覆	・露地栽培では，パスライトやパオパオなどの被覆資材や寒冷紗で害虫の被害を軽減できる。直接作物にかける「ベタがけ」か，支柱を使いトンネル状に覆う「浮きがけ」で利用する。「ベタがけ」は手軽に利用できるが，作物と被覆資材が直接触れるとコナガなどが被覆内に侵入する場合がある
マルチの利用	・マルチや敷ワラでウネ面を覆うことにより，地上部への病原菌の侵入を抑制できる。黒マルチを利用することにより雑草の発生を抑えられるが，早春期に利用すると若干地温が低下する
対抗植物の利用	・土壌線虫類などの防除に効果がある植物で，前作に60～90日栽培して，その後土つくりを兼ねてすき込み，十分に腐熟してから野菜を作付ける ・マリーゴールド（アフリカントール，他）：ネグサレセンチュウに効果 ・クロタラリア（コブトリソウ，ネマコロリ，他）：ネコブセンチュウに効果

表2　農薬使用の勘どころ

散布薬剤の調合の順番	①展着剤→②乳剤→③水和剤（フロアブル剤）の順で水に入れ混合する
濃度より散布量が大切	ラベルに記載されている範囲であれば薄くても効果があるのでたっぷりと散布する
無駄な混用を避ける	・同一成分が含まれる場合（例：リドミルMZ水和剤＋ジマンダイセン水和剤） ・同じ種類の成分が含まれる場合（例：トレボン乳剤＋ロディー乳剤） ・同じ作用の薬剤同士の混用の場合（例：ジマンダイセン水和剤＋ダコニール1000）
新しい噴口を使う	噴口が古くなると散布された液が均一に付着しにくくなる。とくに葉裏
病害虫の発生を予測	長雨→病気に注意，高温乾燥→害虫が増殖
薬剤散布の記録をつける	翌年の作付けや農薬選びの参考になる

表3　野菜用のフェロモン剤

	商品名	対象害虫	適用作物
交信かく乱剤	コナガコン	コナガ オオタバコガ	アブラナ科野菜など加害作物 加害作物全般
	ヨトウコン	シロイチモジヨトウ	ネギ，エンドウなど加害作物全般
大量誘殺剤	フェロディンSL	ハスモンヨトウ	アブラナ科野菜，ナス科野菜，イチゴ，ニンジン，レタス，レンコン，マメ類，イモ類，ネギ類など
	アリモドキコール	アリモドキゾウムシ	サツマイモ

2 合成性フェロモン剤利用による防除

合成性フェロモンとは、性的興奮や交尾行動を起こさせる物質で、雌の匂いを化学的に合成したものが、特殊なチューブに封入され販売されている。

合成性フェロモン利用による防除には、①大量誘殺法（合成性フェロモンによって大量に雄成虫を捕獲し、交尾率を低下させる方法）、②交信かく乱法（合成性フェロモンを一定の空間に充満することにより、雌雄の交信をかく乱させ、雄が雌を発見できなくなる交尾阻害方法）がある（表3参照）。

合成性フェロモンは作物に直接散布するものではなく、天敵や生態系への影響もない防除手段であり、注目されているが、いずれの方法も数ha規模で使用しないとその効果は期待できない。

（執筆：加藤浩生）

天敵の利用

1 土着天敵の保護・強化

(1) ネギ類への土着天敵活用と保護・強化

タマネギ、ネギなどのネギ類では、主にネギアザミウマ、ネギハモグリバエ、ネギアブラムシ、チョウ目害虫などが発生する。発生量と被害の大きさから、最も重要視されるネギアザミウマおよびネギハモグリバエを念頭においた防除体系を組み立てる必要がある。

施設栽培ではネギハモグリバエ、ネギアブラムシに対して有効と考えられる天敵製剤があるものの、防除効果に関する知見は十分ではない。一方、主な栽培形態である露地栽培のうち、被害許容水準が比較的低い根深ネギやタマネギでは、土着天敵を活用できると考えられ、ネギアザミウマ、ネギハモグリバエに対しては有望種が明らかとなり、活用方法が提示されている。

土着天敵を活用するためには、天敵の働きを妨げる要因（悪影響をおよぼす薬剤の使用など）を回避して保護し、活動に好適な条件（天敵の密度を高める植生の配置など）を整えて働きを強化する。強化のための植生管理には、天敵温存植物または緑肥用ムギ類などの被覆植物（表1）の活用があり、目的とする土着天敵の種類に合わせて草種を選ぶ。

(2) ネギアザミウマ土着天敵の保護・強化

ネギアザミウマに対しては、緑肥用オオムギの間作が有効であることが確認されている。

その効果は、オオムギ群落を生息場所とするゴミムシ類などの地表徘徊性捕食者、イネ科を寄主とするクサキイロアザミウマを餌とするキイカブリダニ、同じくイネ科を寄主とするヒエノアブラムシの捕食者であるヒラタアブ類が増加して、ネギアザミウマを捕食することによって発揮される。

表1　主な天敵温存植物および被覆植物とその効果，留意事項

対象害虫				天敵温存植物（★）または被覆植物（●）	強化が期待される天敵								天敵に供給される餌・効果				主な利用時期				留意事項
アブラムシ類	チョウ目	ハモグリバエ類	ネギアザミウマ		キイカブリダニ 	寄生蜂 	クサカゲロウ類 	ゴミムシ類 	テントウムシ類 	徘徊性クモ類 	ヒメオオメナガカメムシ 	ヒラタアブ類 	花粉・花蜜	隠れ家	植物汁液	代替餌（昆虫）	春	夏	秋	冬	
○				★コリアンダー		○	○					○	○								・秋播きすると春に開花する
○				★スイートアリッサム		○						○	○								・白色の花が咲く品種が推奨される ・温暖地では冬期も生育・開花する ・アブラナ科であることに留意する
○				★スイートバジル		○					○	○	○								・開花期間が長い
○				★ソバ		○						○	○								・秋ソバ品種を早播きすると長く開花する ・倒伏・雑草化しやすい
○				★ソルゴー		○	○		○			○			○	○					・ヒエノアブラムシや傷口から出る汁液が餌になる
○	○	○		★●ハゼリソウ		○		○	○	○		○	○	○		○					・ナモグリバエの寄主になる ・被覆植物としての効果も期待できる
	○		○	★フレンチマリーゴールド				○		○				○		○					・花に生息するコスモスアザミウマが餌になる ・被覆植物としての機能も期待できる ・キク科であることに留意する
				★ホーリーバジル		○					○	○	○								・開花期間が長い
	○		○	●クリムソンクローバ		○		○	○	○		○	○	○							・暑さには弱いが，冬期も地上部が維持される
	○		○	●シロクローバ		○		○	○	○		○	○	○							・冬期には地上部が枯死する
	○		○	●緑肥用ムギ類	○			○		○	○	○		○							・種，品種により播種期や冬期への適否が異なる

なお、タマネギでは、オオムギの繁茂程度によっては生育不良を生じる恐れがあるため、オオムギをタマネギの半分程度の草丈になるよう刈り込むことが推奨される。

(3) ネギハモグリバエ土着天敵の保護・強化

ネギハモグリバエに対しては、ネギ類の前作の緑肥として利用されることがあるハゼリソウが、寄生蜂に代替餌を供給する天敵温存植物として機能する（図1参照）。

ハゼリソウの葉には、アブラナ科やマメ類などの害虫として知られるナモグリバエの幼虫が寄生するため、これがハモグリバエ類寄生蜂の発生源になる。また、開花後には、葉から羽化した寄生蜂の成虫が花粉や花蜜を利用する。

ただし、通常は、前述のように緑肥としてネギ類の栽培前にすき込まれるため、寄生蜂の保護・強化に用いる場合は、一部を刈り残すなどの工夫が必要である。

図1　ハモグリバエ類寄生蜂の温存植物としてハゼリソウを利用するイメージ

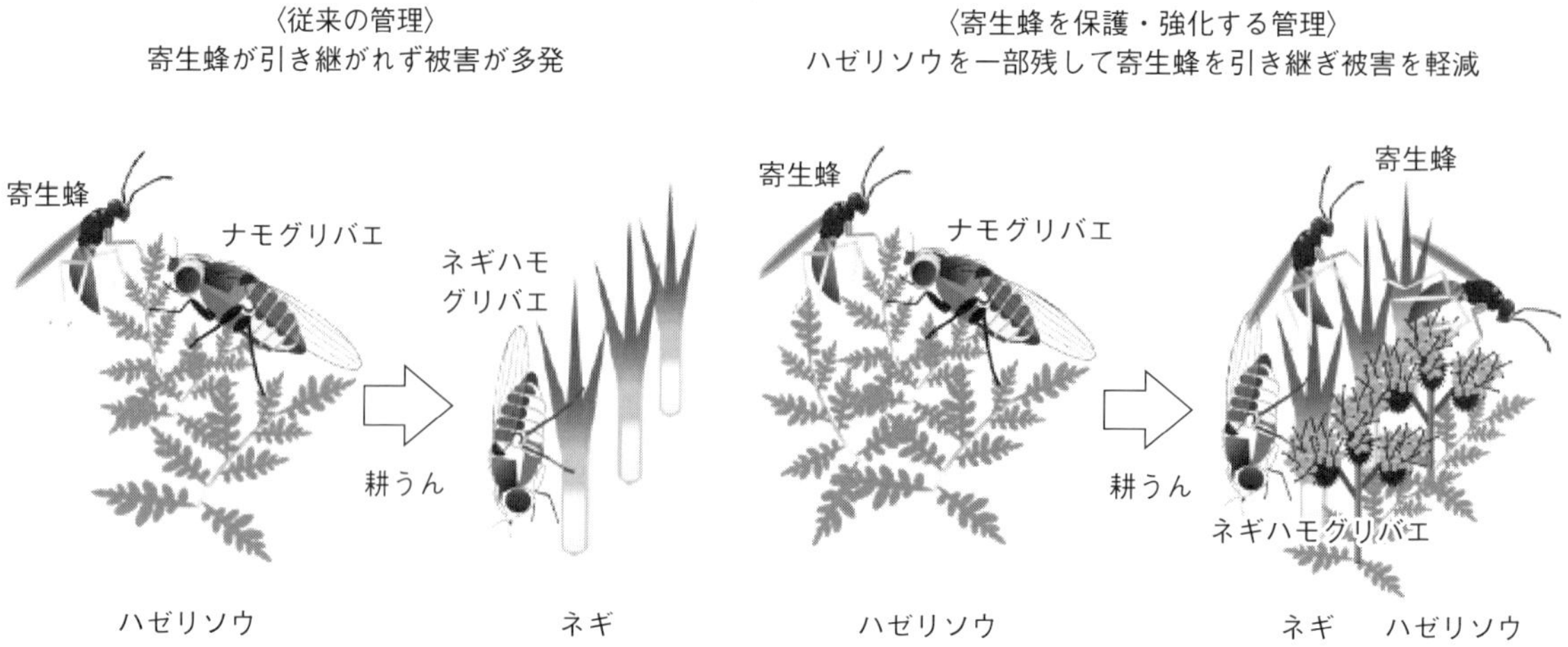

2　IPMの実践が基本

土着天敵による対応がむずかしい病害虫への対策も含めた、IPM（総合的病害虫・雑草管理）の実践を基本とする。①健全苗の利用、②害虫発生源の除去、③防虫ネットや不織布などによる被覆、④圃場への合成性フェロモン剤の設置による交信かく乱などによって、あらかじめ害虫が発生しにくい環境を整える。

3　天敵と化学合成農薬などの上手な併用

天敵では対応できない病害虫の対策として、薬剤を適切に組み合わせて用いることが天敵利用成功のポイントである。ただし、天敵の定着や増殖に悪影響をおよぼすものもあるため、併用薬剤の選択には細心の注意を払う必要がある。選択的なものを用いることが基本になるが、天敵の種類によって個々の薬剤による影響の程度は大きく異なるため、主に活用したい天敵種をイメージして薬剤を選ぶ。

キイカブリダニ、アブラバチ類、ゴミムシ類、テントウムシ類、徘徊性クモ類、ヒメオオメナガカメムシに関しては、表2のように各種殺虫剤の影響に関する知見があり、これらが参考となる。

アブラムシ類、ハモグリバエ類の土着天敵のうち、施設栽培の野菜類への農薬登録がある種（アブラムシ類の天敵であるショクガタマバエ、クサカゲロウ類、ハモグリバエ類の天敵であるイサエアヒメコバチ、ハモグリミドリヒメコバチ（商品名ミドリヒメ））については、天敵に対する各種薬剤の影響の目安として、日本生物防除協議会がウェブサイト（図2を用いてアクセス可、http://www.biocontrol.jp/）に一覧で公開している中に情報があり、これが参考となる。

図2　日本生物防除協議会
ウェブサイトへのQRコード

表2　各種土着天敵に対する薬剤の影響の目安

IRAC作用機構分類	サブグループ	薬剤名	土着天敵種（対象害虫種） キイカブリダニ（アザミウマ類） 	ギフアブラバチ（アブラムシ類） 		ナケルクロアブラバチ（アブラムシ類） 		オオアトボシアオゴミムシ（チョウ目など） 	ナミテントウ（アブラムシ類） 		ウヅキコモリグモ（チョウ目など） 	ヒメオオメナガカメムシ（アザミウマ類など） 
			成虫	成虫	マミー	成虫	マミー	成虫	成虫	幼虫	若齢幼体	幼虫
1A	カーバメート系	ランネート45DF	—	—	—	—	—	b	—	—	×	×
		オリオン水和剤40	—	—	—	—	—	—	—	—	×	—
1B	有機リン系	マラソン乳剤	—	×	○	—	—	—	×	×	×	—
		オルトラン水和剤	—	—	—	—	—	b	×	×	—	—
		エルサン乳剤	—	—	—	—	—	—	—	—	×	—
		スミチオン乳剤	×	—	—	—	—	—	—	—	—	×
		ダイアジノン乳剤40	—	—	—	—	—	—	—	—	×	×
		トクチオン乳剤	—	—	—	—	—	—	—	—	×	—
3A	ピレスロイド系	アディオン乳剤	—	×	◎	—	—	—	△	△	×	—
		トレボン乳剤	×	—	—	—	—	—	—	—	×	×
		アグロスリン水和剤	—	—	—	—	—	a	×	×	×	×
		バイスロイド乳剤	—	—	—	—	—	—	—	—	×	—
		スカウトフロアブル	—	—	—	—	—	—	—	—	×	—
		マブリック水和剤20	—	—	—	—	—	—	—	—	×	—
4A	ネオニコチノイド系	モスピラン顆粒水溶剤	○	◎	—	△	◎	b	×	×	○	◎
		アクタラ顆粒水溶剤	○	△	○	—	—	—	×	△	◎	×
		アドマイヤーフロアブル	○	○	◎	—	—	—	—	—	—	○
		ダントツ水溶剤	—	○	◎	—	—	—	—	—	○	×
		スタークル／アルバリン顆粒水溶剤	○	△	◎	—	—	a	×	×	—	×
		ベストガード水溶剤	—	×	◎	—	—	—	—	—	—	◎
5	スピノシン系	スピノエース顆粒水和剤	○	×	◎	△	◎	b	—	◎	×	◎
		ディアナSC	×	—	—	—	—	—	—	—	—	◎
6	アベルメクチン系	アファーム乳剤	×	×	◎	△	◎	—	○	×	×	×
		アニキ乳剤	—	△	◎	△	◎	—	—	—	—	—
9B	ピリジン アゾメチン誘導体	チェス水和剤／顆粒水和剤	—	◎	—	◎	◎	—	—	◎	—	—
		コルト顆粒水和剤	◎	◎	—	—	—	—	—	—	—	◎
11A	*Bacillus thuringiensis* と殺虫タンパク質生産物	各種BT剤	◎	—	—	—	—	a	◎	○	◎	◎
12A	ジアフェンチウロン	ガンバ水和剤	—	—	—	—	—	—	—	—	×	—
13	ピロール	コテツフロアブル	×	×	◎	×	◎	—	—	○	×	◎
14	ネライストキシン類縁体	パダンSG水溶剤	—	—	—	—	—	a	—	—	×	—
		リーフガード顆粒水和剤	—	—	—	—	—	—	—	—	○	○
15	ベンゾイル尿素系（IGR剤）	アタブロン乳剤	○	—	—	—	—	—	—	—	×	△
		ノーモルト乳剤	—	—	—	—	—	—	—	—	◎	—
		カスケード乳剤	△	◎	—	—	—	—	○	○	◎	△
		ファルコンフロアブル	—	◎	—	—	—	—	—	—	◎	—
		マトリックフロアブル	—	—	—	—	—	—	—	—	◎	—
		マッチ乳剤	◎	◎	—	◎	◎	—	◎	○	◎	×
17	シロマジン	トリガード液剤	—	—	—	—	—	—	—	◎	—	—
21A	METI剤	ハチハチ乳剤	×	△	○	—	—	—	—	×	×	×
28	ジアミド系	プレバソンフロアブル	◎	—	—	◎	◎	a	—	—	—	—
		フェニックス顆粒水和剤	◎	◎	—	—	—	a	—	○	—	◎
29	フロニカミド	ウララDF	—	—	—	◎	◎	—	—	◎	—	—
UN	ピリダリル	プレオフロアブル	◎	◎	—	◎	◎	a	—	○	◎	◎
	水（対照）		◎	◎	◎	◎	◎	a	◎	◎	◎	◎

注）◎（無影響）：死亡率30％未満，○（影響小）：同30％以上80％未満，△（影響中）：同80％以上99％未満，×（影響大）同99％以上（IOBCの室内試験基準），a：影響が小さい（水処理と有意差なし），b：影響が大きい（水処理と有意差がある），—：データなし

殺虫剤の場合、天敵の種を問わず影響が小さいものは、気門封鎖剤、ＢＴ剤など数種類に限られる。やむを得ず非選択的な薬剤を用いる場合は、利用する剤型や処理方法をできるだけ工夫する。たとえば、栽培初期には粒剤処理や土壌灌注処理で対応すれば、非選択的な殺虫剤であっても影響を軽減できる可能性がある。

なお、ネギ類で活用したい土着天敵の場合、キイカブリダニに対して一部の薬剤が影響する点を除き、殺菌剤はほとんど影響をおよぼさないと考えられる。

（執筆：大井田　寛）

各種土壌消毒の方法

土壌消毒を実施するかどうかの判断は非常にむずかしい。作物の生育期間中に土壌害虫や線虫の寄生に気がついても手の施しようがないので、前作で病気や線虫による株の萎れや根の異常があれば実施するのが賢明である。

1 太陽熱利用による土壌消毒

太陽の熱でビニール被覆した土壌を高温にし、各種病害、ネコブセンチュウ、雑草の種子を死滅させる方法である。冷夏で日射量が少ないと効果が不十分になる。

処理は梅雨明け後から約1カ月間に行なうのがよい。処理手順は図1、2のように行なう。

近年、有機物を施用して太陽熱消毒を行なう土壌還元消毒が施設栽培を中心に実施されている。有機物を餌に微生物が急増してその呼吸で酸素が消費され、土壌が還元化することで、これまでの太陽熱消毒に比べて、より低温で短期間に安定した効果が得られる。

有機物がフスマや米ぬか、糖蜜の場合、10a当たり1t施用してから土壌に混和し、十分な水を与えて農業用の透明フィルムで被覆し、ハウスを密閉する。エタノールを使用する場合、処理前日ないし当日、圃場全体に灌水チューブなどで50㎜程度灌水する。その後、液肥混入器などで0・25～0・5％に希釈したエタノールを50㎝程度の間隔で設置した灌水チューブで黒ボク土では1㎡当たり150ℓ、砂質土では濃度を2倍にして半量散布後、フィルムで被覆する。

いずれの方法もハウスを2～3週間密閉後、フィルムを除去してロータリーで耕うんし、土壌を下層まで酸化状態に戻し、3～4日後に播種・定植ができる。

土壌消毒効果は、有機物を混和した部分までに限定され、低濃度エタノールは処理費用が高いが、深層まで処理効果を示す。

2 石灰窒素利用による土壌消毒

作付け予定の5～7日以上前に、100㎡当たり5～10kgを施用し、ていねいに土壌混和する。土壌が乾燥している場合は灌水をする。

太陽熱利用や化学農薬による土壌消毒より防除効果は低いが、手軽に利用できる。

図1　露地畑での太陽熱土壌消毒法

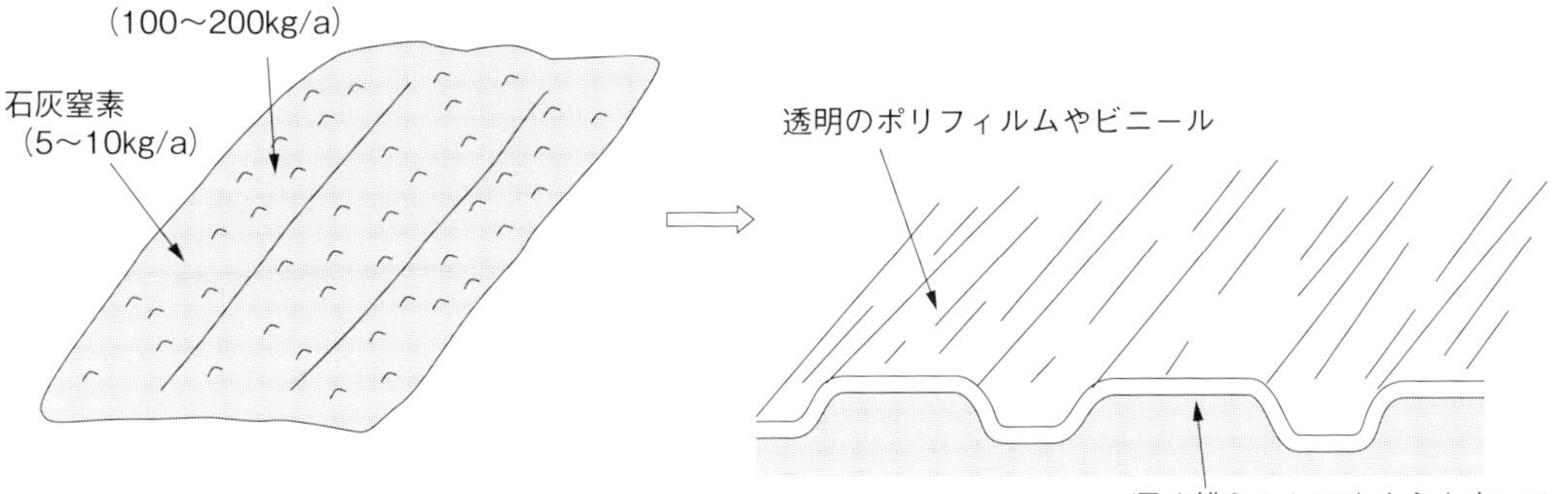

①有機物，石灰窒素の施用

②耕うん・ウネ立て後，灌水してフィルムで覆う
約30日間放置する

図2　施設での太陽熱土壌消毒法

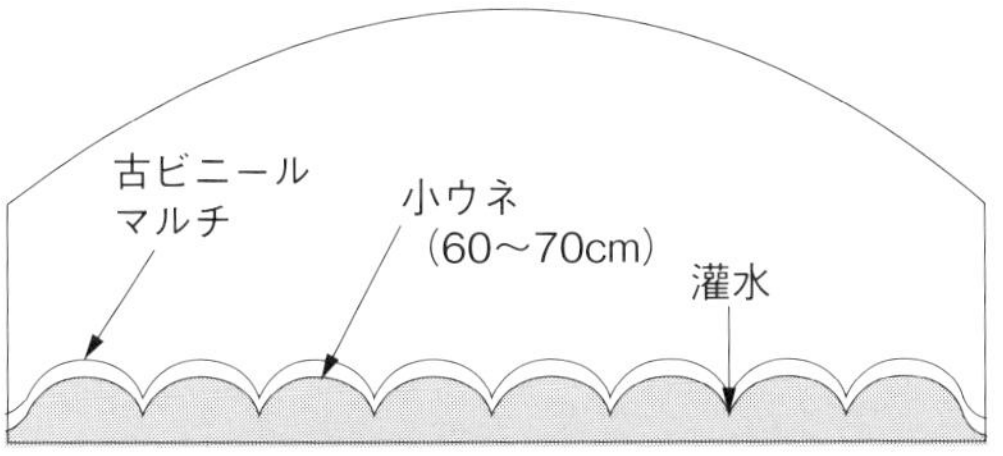

処理期間は20〜30日間

表1　主なくん蒸剤

種類／対象	線虫類	土壌病害	雑草種子	主な商品名
D-D剤	○	—	—	DC，テロン
クロルピクリン剤	○	○	○	クロルピクリン
ダゾメット剤	○	○	○	ガスタード微粒剤

3　農薬による土壌消毒

(1) くん蒸剤による土壌消毒

土壌病害と線虫類、雑草の種子を防除対象とするものと、線虫類だけを対象とするものとがある（表1）。

くん蒸剤を施用してから作物を作付けできるまでの最短の必要日数は、使用する薬剤によって異なり、D-D剤やクロルピクリン剤では約2週間、ダゾメット剤（ガスタード微粒剤）では約3週間程度である。気温が低い場合は、この日数よりも長く必要になる。

くん蒸剤は土壌病害、線虫害を回避する一つの方法であるが、その使用方法は非常にむずかしいので、表示されている注意事項に十分留意して行なう。

〈くん蒸剤使用の留意点〉

①D-D剤やクロルピクリン剤を使用するときには、専用の注入器が必要である。

②くん蒸剤全体に薬剤の臭いがするが、とくにクロルピクリンは非常に臭いが強いので、その取扱いには注意が必要。

③テープ状のクロルピクリンは、使用時の臭いが少なく使用しやすい。

④くん蒸剤注入後はポリフィルムやビニールで土壌表面を覆う。

⑤ダゾメット剤は処理時の土壌水分を多めにする。

(2) 粒状殺線虫剤

粒状殺線虫剤はくん蒸剤と異なり、手軽に使用できる。植付け直前にていねいに土壌に混和する。植付け前の施肥時の使用が合理的である。100㎡当たり200～400gを土壌表面に均一に散粒し、ていねいに土壌混和するのが効果を高めるポイントである。

植付け時の植穴使用は効果がない。また、生育中の追加使用も同様に効果がない。

果菜類のネコブセンチュウ対策としての実施が主である。キャベツなどのアブラナ科に発生する、根こぶ病とは使用薬剤が異なるので注意する。

（執筆：加藤浩生）

被覆資材の種類と特徴

ハウスやトンネル、ベタがけ、マルチに使用する被覆資材にはいろいろな材質、特性のものがある。野菜の種類や作期などに応じて最適なものを選びたい。

(1) ハウス外張り用被覆資材（表1）

①資材の種類と動向

ハウス外張り用被覆資材は、ポリ塩化ビニール（農ビ）が主に使用されてきたが、保温性を農ビ並みに強化し、長期展張できるポリオレフィン系特殊フィルム（農PO）が開発されてそのシェアを伸ばしてきた。

2018年の調査によるハウス外張り用被覆資材は、農POが全体の52％を占め、次いで農ビが36％、農業用フッ素フィルム（フッ素系）が6％である。

ハウス外張り用被覆資材に求められる特性としては、第一に保温性、光線透過性が優れていることで、防曇性（流滴性）、防霧性なども重要である。

②主な被覆資材の特徴

農ビ　農ビは、柔軟性、弾力性、透明性が高く、防曇効果が長期間持続し、赤外線透過率が低いので保温性が優れていることなどが特長である。一方、資材が重くてべたつきやすく、汚れの付着による光線透過率低下が早いのが欠点である。

べたつきを少なくして作業性をよくする、チリやホコリを付着しにくくして汚れにくくする、3～4年展張可能といった、これまでの農ビの欠点を改善する資材も開発されている。

農PO　農POは、ポリオレフィン系樹脂を3～5層にし、赤外線吸収剤を配合するなどして保温性を農ビ並みに強化したもので、軽量でべたつきなく透明性が高い。こすれに弱いが、破れた部分からの傷口が広がりにくく、温度による伸縮が少ないので、展張した資材を固定するテープなどが不要で、バンドレスで展張できる。厚みのあるものは長期間展張できるといった特徴がある。

硬質フィルム　近年、硬質フィルムで増えているのが、フッ素系フィルムである。エチレンと四フッ化エチレンを主原料とし、光線透過率が高く、透過性が長期間維持される。強度、耐衝撃性に優れ、耐用年数は10～30年と長い。粘着性が小さく、広い温度帯での耐性も優れている。表面反射がきわめて低いので室内が明るく、赤外線透過率が低いため保温性も優れている。使用済みの資材は、メーカーが回収する。

③用途に対応した製品の開発

各種類には、光線透過率を波長別に変えた

表1　ハウス外張り用被覆資材の種類と特性

種類	素材名		商品名	光線透過率（%）	近紫外線透過程度[注]	厚さ（mm）	耐用年数（年）	備考
硬質フィルム	ポリエステル系		シクスライトクリーン・ムテキLなど	92	△～×	0.15～0.165	6～10	強度，耐候性，透明性に優れている。紫外線の透過率が低いため，ミツバチを利用する野菜やナスには使えない
硬質フィルム	フッ素系		エフクリーン自然光，エフクリーンGRUV，エフクリーン自然光ナシジなど	92～94	○～×	0.06～0.1	10～30	光線透過率が高く，フィルムが汚れにくくて室内が明るい。長期展張可能．防曇剤を定期的に散布する必要がある。ハウス内のカーテンやテープなどの劣化が早い。キュウリやピーマンは保湿が必要。近紫外線除去タイプ（エフクリーンGRUVなど）や光散乱タイプ(エフクリーン自然光ナシジ)もある。使用済み資材はメーカーが回収する
軟質フィルム	ポリ塩化ビニール（農ビ）	一般	ノービエースみらい，ソラクリーン，スカイ8防霧，ハイヒット21など	90～	○～×	0.075～0.15	1～2	透明性が高く，防曇効果が長期間持続し，保温性がよい。資材が重くてべたつきやすく，汚れによる光線透過率低下がやや早い。厚さ0.13mm以上のものはミツバチやマルハナバチを利用する野菜には使用できないものがある
軟質フィルム	ポリ塩化ビニール（農ビ）	防塵・耐久	クリーンエースだいち，ソラクリーン，シャインアップ，クリーンヒットなど	90～	○～×	0.075～0.15	2～4	チリやホコリを付着しにくくし，耐久農ビは3～4年展張可能。厚さ0.13mm以上のものには，ミツバチを利用する野菜に使用できないものがある
軟質フィルム	ポリ塩化ビニール（農ビ）	近紫外線除去	カットエースON，ノンキリとおしま線，紫外線カットスカイ8防塵，ノービエースみらい	90～	×	0.075～0.15	1～2	害虫侵入抑制，灰色かび病などの病原胞子の発芽を抑制する。ミツバチを利用する野菜やナスには使えない
軟質フィルム	ポリ塩化ビニール（農ビ）	光散乱	無滴，SUNRUN，パールメイトST，ノンキリー梨地など	90～	○	0.075～0.1	1～2	骨材や葉による影ができにくい。急激な温度変化が緩和し，葉焼けや果実の日焼けを抑制し，作業環境もよくなる。商品によって散乱光率が異なる
軟質フィルム	ポリオレフィン系特殊フィルム（農PO）	一般	スーパーソーラーBD，花野果強靭，スーパーダイヤスター，アグリスター，クリンテートEX，トーカンエースとびきり，バツグン5，アグリトップなど	90～	○	0.1～0.15	3～8	フィルムが汚れにくく，伸びにくい。パイプハウスではハウスバンド不要。保温性は農ビとほぼ同等。資材の厚さなどで耐用年数が異なる
軟質フィルム	ポリオレフィン系特殊フィルム（農PO）	近紫外線除去	UVソーラーBD，アグリスカット，ダイヤスターUVカット，クリンテートGMなど	90～	×	0.1～0.15	3～5	害虫侵入抑制，灰色かび病などの病原胞子の発芽を抑制する。ミツバチを利用する野菜やナスには使えない
軟質フィルム	ポリオレフィン系特殊フィルム（農PO）	光散乱	美サンランダイヤスター，美サンランイースターなど	89～	○	0.075～0.15	3～8	骨材や葉による影ができにくい。急激な温度変化が緩和し，葉焼けや果実の日焼けを抑制し，作業環境もよくなる

注）近紫外線の透過程度により，○：280nm付近の波長まで透過する，△：波長310nm付近以下を透過しない，×：波長360nm付近以下を透過しない，の3段階

り散乱光にしたりするなど、さまざまな用途に対応する製品が開発されている。

近紫外線を除去したフィルムは、害虫侵入抑制、灰色かび病などの病原胞子の発芽を抑制する利点があるが、ナスでは果皮色が発色不良になり、ミツバチやマルハナバチの活動が低下するので注意する（表2）。

光散乱フィルムは、骨材や作物の葉などによる影ができにくく、急激な温度変化が少ないので、葉焼けや果実の日焼けを抑制し作業環境もよくなる。

そのほか、外気温に反応して透明性が変化し、低温時は透明で直達光を多く取り込み、高温時は梨地調に変化して散乱光にするといった資材も開発されている。

(2) トンネル被覆資材（表3）

① 資材の種類

野菜の栽培用トンネルは、アーチ型支柱に被覆資材をかぶせたもので、保温が主な目的である。保温性を高めるために二重被覆も行なわれる。

保温を目的とする場合は、一般に軟質フィルムが使用されるが、虫害や鳥害、風害を防止するために寒冷紗や防虫ネット、割繊維不織布をトンネル被覆することもある。

換気を省略するためにフィルムに穴をあけた有孔フィルムもある。

② 各資材の特徴

農ビ　保温性が最も優れているので、保温効果を最優先する厳寒期の栽培や寒さに弱い野菜に向く。裂けやすいので穴あけ換気はむずかしい。

農PO　農ビに近い保温性があり、べたつきが少なく、汚れにくいので、作業性や耐久性を重視する場合に向く。裂けにくいので、穴あけ換気ができる。穴のあいた有孔フィルムは、昼夜の温度格差が小さく、換気作業を省略できる。開口率の違うものがあり、野菜の種類や栽培時期によって使い分ける。

農ポリ　軽くて扱いやすく、安価だが、保温性が劣るので、気温が上がってくる春の栽培やマルチで利用される。

防虫ネット　防虫ネットと寒冷紗は、ベタがけも行なわれるが、トンネル被覆で利用することが多い。防虫ネットは、対象になる害虫によって目合いが異なる（表4）。目が細かいほど幅広い害虫に対応できるが、通気性が悪くなり、蒸れたり気温が高くなったりするので、被害が予想される害虫に合った目合

表2　被覆資材の近紫外線透過タイプとその利用

タイプ	透過波長域	近紫外線透過率	適用場面	適用作物
近紫外線強調型	300nm 以上	70％以上	アントシアニン色素による発色促進	ナス，イチゴなど
			ミツバチの行動促進	イチゴ，メロン，スイカなど
紫外線透過型	300nm 以上	50％±10	一般的被覆利用	ほとんどの作物
近紫外線透過抑制型	340±10nm	25％±10	葉茎菜類の生育促進	ニラ，ホウレンソウ，コカブ，レタスなど
近紫外線不透過型	380nm 以上	0%	病虫害抑制 害虫：ミナミキイロアザミウマ，ハモグリバエ類，ネギコガ，アブラムシ類など 病気：灰色かび病など	トマト，キュウリ，ピーマンなど ホウレンソウ，ネギなど
			ミツバチの行動抑制	イチゴ，メロン，スイカなど

表3　トンネル被覆資材の種類と特性

種類	素材名		商品名	光線透過率（%）	近紫外線透過程度[注1)]	厚さ（mm）	保温性[注2)]	耐用年数（年）	備考
軟質フィルム	ポリ塩化ビニール（農ビ）	一般	トンネルエース，ニューロジスター，ロジーナ，ベタレスなど	92	○	0.05〜0.075	○	1〜2	最も保温性が高いので，保温効果を最優先する厳寒期の栽培や寒さに弱い野菜に向く。裂けやすいので穴あけ換気はむずかしい。農ビはべたつきやすいが，べたつきを少なくしたもの，保温力を強化したものもある
		近紫外線除去	カットエーストンネル用など	92	×	0.05〜0.075	○	1〜2	害虫の飛来を抑制する。ミツバチを利用する野菜には使用できない
	ポリオレフィン系特殊フィルム（農PO）	一般	透明ユーラック，クリンテート，ゴリラなど	90	○	0.05〜0.075	△	1〜2	農ビに近い保温性がある。べたつきが少なく，汚れにくいので，作業性や耐久性を重視する場合に向く。裂けにくいので穴あけ換気ができる
		有孔	ユーラックカンキ，ベジタロンアナトンなど	90	○	0.05〜0.075	△	1〜2	昼夜の温度格差が小さく，換気作業を省略できる。開口率の違うものがあり，野菜の種類や栽培時期によって使い分ける
	ポリエチレン（農ポリ）	一般	農ポリ	88	○	0.05〜0.075	×	1〜2	軽くて扱いやすく，安価だが，保温性が劣る。無滴と有滴がある
		有孔	有孔農ポリ	88	○	0.05〜0.075	×	1〜2	換気作業を省略できる。保温性は劣る。無滴と有滴がある
	ポリオレフィン系特殊フィルム（農PO）＋アルミ		シルバーポリトウ保温用	0	×	0.05〜0.07	◎	5〜7	ポリエチレン2層とアルミ層の3層。夜間の保温用で，発芽後は朝夕開閉する

注1）近紫外線の透過程度により，○：280nm付近の波長まで透過する，△：波長310nm付近以下を透過しない，×：波長360nm付近以下を透過しない，の3段階

注2）保温性　◎：かなり高い，○：高い，△：やや高い，×：低い

表4　害虫の種類と防虫ネット目合いの目安

対象害虫	目合い（mm）
コナジラミ類，アザミウマ類	0.4
ハモグリバエ類	0.6
アブラムシ類，キスジノミハムシ	0.8
コナガ，カブラハバチ	1
シロイチモジヨトウ，ハイマダラノメイガ，ヨトウガ，ハスモンヨトウ，オオタバコガ	2〜4

注）赤色ネットは0.8mm目合いでもアザミウマ類の侵入を抑制できる

表5　ベタがけ，防虫，遮光用資材の種類と特性

種類	素材名	商品名	耐用年数（年）	備考
長繊維不織布	ポリプロピレン（PP）	パオパオ90，テクテクネオなど	1～2	主に保温を目的としてベタがけで使用
	ポリエステル（PET）	パスライト，パスライトブルーなど	1～2	吸湿性があり，保温性がよい。主に保温を目的としてベタがけで使用
割繊維不織布	ポリエチレン（PE）	農業用ワリフ	3～5	保温性が劣るが通気性がよいので防虫，防寒目的にベタがけやトンネルで使用
	ビニロン（PVA）	ベタロン，バロン愛菜	5	割高だが，吸湿性があり他の不織布より保温性が優れる。主に保温，寒害防止，防虫を目的にベタがけやトンネルで使用
長繊維不織布＋織布タイプ	ポリエステル＋ポリエチレン	スーパーパスライト	5	割高だが，吸湿性があり他の不織布より保温性が優れる。主に保温，寒害防止，防虫を目的にベタがけやトンネルで使用
ネット	ポリエチレン，ポリプロピレンなど	ダイオサンシャイン，サンサンネットソフライト，サンサンネットe-レッドなど	5	防虫を主な目的としてトンネル，ハウス開口部に使用。害虫の種類に応じて目合いを選択する
寒冷紗	ビニロン（PVA）	クレモナ寒冷紗	7～10	色や目合いの異なるものがあり，防虫，遮光などの用途によって使い分ける。アブラムシ類の侵入防止には♯300（白）を使用する
織布タイプ	ポリエチレン，ポリオレフィン系特殊フィルムなど	ダイオクールホワイト，スリムホワイトなど	5	夏の昇温抑制を目的とした遮光・遮熱ネット。色や目合いなどで遮光率が異なり，用途によって使い分ける。ハウス開口部に防虫ネットを設置した場合は，遮光率35％程度を使用する。遮光率が同じ場合，一般的に遮熱性は黒＜シルバー＜白，耐久性は白＜シルバー＜黒となる

いのものを選ぶ。アブラムシ類に忌避効果がある、アルミ糸を織り込んだものなどもある。

寒冷紗　目の粗い平織の布で、主な用途は遮光である。黒色と白色があり、遮光率は黒が50％、白が20％程度のものが使われる。主に夏の播種や育苗に利用する。遮光率が高いほうが暑さを緩和する効果は高いが、発芽後もかけておくと徒長しやすいので、発芽後に取り除くことが必要である。

(3) ベタがけ資材（表5）

ベタがけとは、光透過性と通気性を兼ね備えた資材を、作物や種播き後のウネに直接かける方法である。支柱がいらず手軽にかけられ、通気性があるために換気も不要である。

果菜類では、冬から春先に定植する苗の保温や防寒を目的に、トンネル内側の二重被覆や露地に定植した苗に直接被覆することが行なわれる。

(4) マルチ資材（表6）

土壌表面をなんらかの資材で覆うことを、マルチまたはマルチングという。地温調節、降雨による肥料の流亡抑制、土壌侵食防止、

表6　マルチ資材の種類と特性

種類	素材		商品名	資材の色	厚さ（mm）	使用時期	備考
軟質フィルム	ポリエチレン（農ポリ）	透明	透明マルチ，KO透明など	透明	0.02～0.03	春，秋，冬	地温上昇効果が最も高い。KOマルチはアブラムシ類やアザミウマ類の忌避効果もある
		有色	KOグリーン，KOチョコ，ダークグリーンなど	緑，茶，紫など	0.02～0.03	春，秋，冬	地温上昇効果と抑草効果がある
		黒	黒マルチ，KOブラックなど	黒	0.02～0.03	春，秋，冬	地温上昇効果が有色フィルムに次いで高い。マルチ下の雑草を完全に防除できる
		反射	白黒ダブル，ツインマルチ，パンダ白黒，ツインホワイトクール，銀黒ダブル，シルバーポリなど	白黒，白，銀黒，銀	0.02～0.03	周年	地温が上がりにくい。地温上昇抑制効果は白黒ダブル＞銀黒ダブル。銀黒，白黒は黒い面を下にする
		有孔	ホーリーシート，有孔マルチ，穴あきマルチなど	透明，緑，黒，白，銀など	0.02～0.03	周年	穴径，株間，条間が異なるいろいろな種類がある。野菜の種類，作期などに応じて適切なものを選ぶ
	生分解性		キエ丸，キエール，カエルーチ，ビオフレックスマルチなど	透明，乳白，黒，白黒など	0.02～0.03	周年	価格が高いが，微生物により分解されるのでそのまま畑にすき込め，省力的で廃棄コストを低減できる。分解速度の異なる種類がある。置いておくと分解が進むので購入後すみやかに使用する
不織布	高密度ポリエチレン		タイベック	白	—	夏	通気性があり，白黒マルチより地温が上がりにくい。光の反射率が高く，アブラムシ類やアザミウマ類の飛来を抑制する。耐用年数は型番によって異なる
有機物	古紙		畑用カミマルチ	ベージュ，黒	—	春，夏，秋	通気性があり，地温が上がりにくい。雑草を抑制する。地中部分の分解が早いので，露地栽培では風対策が必要。微生物によって分解される
	イナワラ，ムギワラ			—	—	夏	通気性と断熱性が優れ，地温を裸地より下げることができる

土の跳ね上がり抑制による病害予防、土壌水分・土壌物理性の保持、アブラムシ類忌避、抑草などの効果があり、さまざまな特性を備えたマルチ資材が開発されている。

　コーンスターチなどを原料とし、栽培終了後、畑にそのまますき込めば微生物によって分解されてしまう、生分解性フィルムの利用も進んでいる。

　栽培時期や目的に応じて適切な資材を使い分ける。マルチ張りの作業は、土壌水分が適度なときに行ない、土壌表面とフィルムを密着させる。

　高温性の果菜類を冬から春に定植する場合は、定植の1～2週間前にマルチをして地温を高めておくと、活着とその後の生育が早まる。

（執筆：川城英夫）

主な肥料の特徴

(1) 単肥と有機質肥料

（単位：%）

肥料名	窒素	リン酸	カリ	苦土	アルカリ分	特性と使い方注)
硫酸アンモニア	21					速効性。土壌を酸性化。吸湿性が小さい（③）
尿素	46					速効性。葉面散布も可。吸湿性が大きい（③）
石灰窒素	21				55	やや緩効性。殺菌・殺草力あり。有毒（①）
過燐酸石灰		17				速効性。土に吸着されやすい（①）
熔成燐肥（ようりん）		20		15	50	緩効性。土壌改良に適する（①）
BM ようりん		20		13	45	ホウ素とマンガン入りの熔成燐肥（①）
苦土重焼燐		35		4.5		効果が持続する。苦土を含む（①）
リンスター		30		8		速効性と緩効性の両方を含む。黒ボク土に向く（①）
硫酸加里			50			速効性。土壌を酸性化。吸湿性が小さい（③）
塩化加里			60			速効性。土壌を酸性化。吸湿性が大きい（③）
ケイ酸加里			20			緩効性。ケイ酸は根張りをよくする（③）
苦土石灰				15	55	土壌の酸性を矯正する。苦土を含む（①）
硫酸マグネシウム				25		速効性。土壌を酸性化（③）
なたね油粕	5～6	2	1			施用2～3週間後に播種・定植（①）
魚粕	5～8	4～9				施用1～2週間後に播種・定植（①）
蒸製骨粉	2～5.5	14～26				緩効性。黒ボク土に向く（①）
米ぬか油粕	2～3	2～6	1～2			なたね油粕より緩効性で，肥効が劣る（①）
鶏糞堆肥	3	6	3			施用1～2週間後に播種・定植（①）

(2) 複合肥料

（単位：%）

肥料名（略称）	窒素	リン酸	カリ	苦土	特性と使い方注)
化成13号	3	10	10		窒素が少なくリン酸，カリが多い，上り平型肥料（①）
有機アグレット S400	4	10	10		有機質80％入りの化成（①）
化成8号	8	8	8		成分が水平型の普通肥料（③）
レオユーキL	8	8	8		有機質20％入りの化成（①）
ジシアン有機特806	8	10	6		有機質50％入りの化成。硝酸化成抑制材入り（①）
エコレット808	8	10	8		有機質19％入りの有機化成。堆肥入り（①）
MMB 有機020	10	12	10	3	有機質40％，苦土，マンガン，ホウ素入り（①）
UF30	10	10	10	4	緩効性のホルム窒素入り。苦土，ホウ素入り（①）
ダブルパワー1号	10	13	10	2	緩効性の窒素入り。苦土，マンガン，ホウ素入り（①）
IB 化成 S1	10	10	10		緩効性の IB 入り化成（①）
IB1号	10	10	10		水稲（レンコン）用の緩効性肥料（①）
有機入り化成280	12	8	10		有機質20％入りの化成（①）
MMB 燐加安262	12	16	12	4	苦土，マンガン，ホウ素入り（①）
CDU 燐加安 S222	12	12	12		窒素の約60％が緩効性（①）
燐硝安加里 S226	12	12	16		速効性。窒素の40％が硝酸性（主に①）
ロング424	14	12	14		肥効期間を調節した被覆肥料（①）
エコロング413	14	11	13		肥効期間を調節した被覆肥料。被膜が分解しやすい（①）
スーパーエコロング413	14	11	13		肥効期間を調節した被覆肥料。初期の肥効を抑制（溶出がシグモイド型）（①）
ジシアン555	15	15	15		硝酸化成抑制材入りの肥料（①）
燐硝安1号	15	15	12		速効性。窒素の60％が硝酸性（主に②）
CDU・S555	15	15	15		窒素の50％が緩効性（①）
高度16	16	16	16		速効性。高成分で水平型（③）
燐硝安 S604号	16	10	14		速効性。窒素の60％が硝酸性（主に②）
燐硝安加里 S646	16	4	16		速効性。窒素の47％が硝酸性（主に②）
NK 化成2号	16		16		速効性（主に②）
CDU 燐加安 S682	16	8	12		窒素の50％が緩効性（①）
NK 化成 C6号	17		17		速効性（主に②）
追肥用 S842	18	4	12		速効性。窒素の44％が硝酸性（②）
トミー液肥ブラック	10	4	6		尿素，有機入り液肥（②）
複合液肥2号	10	4	8		尿素入り液肥（②）
FTE	マンガン19％，ホウ素9％				ク溶性の微量要素肥料。そのほかに鉄，亜鉛，銅など含む（①）

注）使い方は以下の①～③を参照。①元肥として使用，②追肥として使用，③元肥と追肥に使用

（執筆：齋藤研二）

主な作業機

ネギ類やタマネギの作業機は、播種、移植から収穫・調製まで数多く市販されている。大規模対応の機械がほとんどであるが、中小規模で利用可能な作業機について紹介する。

(1) 播種、育苗

ネギ類の植付けは、直接種子を播く葉ネギ、育苗して苗を植え付ける根深ネギやタマネギ、りん片や種球を植え付けるニンニクやラッキョウなどがある。

葉ネギの播種株間は狭く、シードテープの利用が効率的であり、手押し式の1条用、管理機やトラクターに装着する4条程度の多条用がある。トラクター装着型はウネ立てと同時に播種を行なう機種もある。

根深ネギやタマネギは、セルトレイやポットトレイ、ペーパーポットに播種を行なう。ポットトレイはネギ類に特化した育苗資材で、1セル当たりの容積が小さく乾燥しやすいので、トレイを地床に置いて灌水の手間を省く育苗法もある。

(2) 移植機

根深ネギは、育苗方法や育苗資材などによって、移植機の種類も異なってくる。小規模向けには、安価で簡易なチェーンポット苗を用いた、人力牽引式移植機の利用が多い（図1）。中大規模向けには、小型成型ポット苗を利用した、全自動移植機も利用されている。

タマネギも育苗法によって移植機が異なり、大規模向けではあるが、ポットトレイ用、セルトレイや地床苗用の移植機がある。

ラッキョウは、前作で収穫した優良種球を移植する。中小規模では管理機で植え溝をつくり種球を並べるが、大規模向けには専用のラッキョウ移植機がある。

図1　ネギ移植機（ひっぱりくん）

図2　根深ネギ調製機

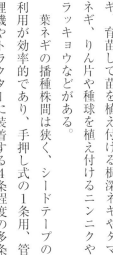

表1　主な作業機

①ネギ類の育苗法の種類と特徴

種類	特徴
地床育苗	地床に直接種子を播き，箸程度の大きさに生育したら本圃に移す。育苗の手間がかかるが，セル成型苗などと比較し，移植時の苗が大きく，本圃での栽培期間が短くなり，湿害や病害のリスクを軽減できる。苗床播種時に，シードテープを用いて条播きにすると育苗管理がやりやすい
セル成型苗（200穴，288穴）	ネギやタマネギの半自動移植機対応の育苗トレイであるが，手植えも可能である。葉菜類用のセルトレイに比べ，穴数が多く１穴の容積が小さいので，小まめな灌水と追肥が必要である
ポットトレイ苗（みのるポット220穴, 324穴, 448穴）	ポット苗移植機専用の育苗トレイであるが，手植えも可能である。穴の容積が小さく乾燥しやすいので，地床に寒冷紗などを敷いた上にトレイを置いて育苗することで，灌水の手間が省け，地床の養分を利用できる
ペーパーポット苗（チェーンポット264穴，364穴）	紙筒苗とも呼び，紙製の鉢がチェーン状に連結されており，専用の移植機「ひっぱりくん」に装着し，連結をほどきながら一定の株間で移植する。「ひっぱりくん」は人力と動力式があり，他の移植機と比較して安価である

②根深ネギ調製機の種類と特徴

種類	特徴	目安の価格
根葉切り機	根深ネギは葉を３枚程度残し，長さ60cmに揃えて出荷するのが一般的であり，その場合の根と葉の切断，長さ調製を行なう。供給部に根の切断位置を合わせてネギを置くと，搬送しながら根と葉を切断するタイプや，だいたいの位置で供給すると根の切断位置を自動で調節する高機能タイプ，根は包丁などで人力切断し，葉のみを切断する簡易タイプなどがある	30万円～
皮むき機	根深ネギの皮むき機は，不要な葉の内側に圧縮空気を噴射し，空気圧で皮をむく。圧縮空気の噴射を作業者の操作で行なうものと，センサでネギを検知して行なうものがある。また，大規模向けには，根葉切り機と皮むき機を連結した高能率機種もある。小規模では，コンプレッサーとエアノズルのみの利用でも作業が容易になる	皮むき機　20万円～ 複合機　200万円～
結束機	根深ネギは２～５本程度を束ね，上下２カ所をテープで結束して出荷することが多い。テープを巻きつけ切断する作業を行なうのが結束機で，手動タイプ，電動タイプがある。また，大規模向けには，上下２カ所を同時に結束する自動タイプもある。手動式は，ネギ以外にも利用可能である	手動式　２万円 電動式　15万円

③タマネギの調製機の種類と特徴

種類	特徴	目安の価格
根葉切り機	収穫後のタマネギの葉（茎）と根を切断する調製機で，一つずつ供給しベルトで挟んで根と葉を切断するタイプや，連続供給し，らせん状のロールに葉と根を巻き込んで切断するタイプがある	20万円～
磨き機，選別機	磨き機は，ブラシで表皮の土や汚れを取り除き光沢を出す。選別機は，タマネギを異なる径の穴に落とすことで，大きさごと選別する。大規模では根葉切り機，磨き機，選別機を並べてラインにすると効率的である	30万円～

(3) 調製機

根深ネギの調製作業は根切り、皮むき、葉切りであるが、皮むきに手間がかかる。圧縮空気を用いて不要な皮をむく、皮むき機がある（図2参照）。大規模向けには、根切り、皮むき、葉切りの一連の作業を自動で行なう調製機もある。

（執筆：溜池雄志）

◉著者一覧　＊執筆順（所属は執筆時）

室　　崇人（農研機構東北農業研究センター）
小林　尚司（兵庫県立農林水産技術総合センター淡路農業技術センター）
佐々木康洋（北海道渡島農業改良普及センター）
西畑　秀次（富山県農林水産総合技術センター園芸研究所）
伊東　寛史（佐賀県上場営農センター）
本庄　　求（秋田県農業試験場）
岡﨑　遼人（千葉県長生農業事務所改良普及課）
野村　幸司（千葉県印旛農業事務所改良普及課）
貝塚　隆史（茨城県県南農林事務所経営・普及部門）
野口　　貴（東京都農林総合研究センター）
南村　佐保（京都府農林水産技術センター）
末吉　孝行（福岡県農林業総合試験場）
川城　英夫（JA全農耕種総合対策部）
鹿野　　弘（宮城県農業・園芸総合研究所）
友田　正英（元福岡県八幡農林事務所北九州普及指導センター）
庭田　英子（青森県産業技術センター野菜研究所）
伊藤　博紀（香川県農業試験場）
北山　淑一（鳥取県園芸試験場砂丘地農業研究センター）
後藤　万紀（茨城県県南農林事務所経営・普及部門）
加藤　浩生（JA全農千葉県本部）
大井田　寛（法政大学）
齋藤　研二（JA全農東日本営農資材事業所）
溜池　雄志（鹿児島県農業開発総合センター大隅支場）

編者略歴

川城英夫（かわしろ・ひでお）

1954年、千葉県生まれ。東京農業大学農学部卒。千葉大学大学院園芸学研究科博士課程修了。農学博士。千葉県において試験研究、農業専門技術員、行政職に従事し、千葉県農林総合研究センター育種研究所長などを経て、2012年からJA全農 耕種総合対策部 主席技術主管、2023年から同部テクニカルアドバイザー。農林水産省「野菜安定供給対策研究会」専門委員、野菜産地再編強化協議会・産地高度化新技術調査検討委員、農林水産祭中央審査委員会園芸部門主査、野菜流通カット協議会生産技術検討委員など数々の役職を歴任。

主な著書は『作型を生かす ニンジンのつくり方』『新 野菜つくりの実際』『家庭菜園レベルアップ教室 根菜①』『新版 野菜栽培の基礎』『ニンジンの絵本』『農作業の絵本』『野菜園芸学の基礎』（共編著含む、農文協）、『激増する輸入野菜と産地再編強化戦略』『野菜づくり畑の教科書』『いまさら聞けない野菜づくりQ&A300』『畑と野菜づくりのしくみとコツ』（監修含む、家の光協会）など。

新 野菜つくりの実際　第2版

根茎菜Ⅱ　ネギ類・レンコン

誰でもできる露地・トンネル・無加温ハウス栽培

2024年6月20日　第1刷発行

編　者　川城　英夫

発行所　一般社団法人 農山漁村文化協会

〒335-0022　埼玉県戸田市上戸田2丁目2－2

電話　048 (233) 9351（営業）　048 (233) 9355（編集）

FAX　048 (299) 2812　　振替 00120-3-144478

URL　https://www.ruralnet.or.jp/

ISBN978-4-540-23109-4　DTP制作／(株)農文協プロダクション

〈検印廃止〉　印刷・製本／TOPPAN(株)